职业教育机电类专业课程改革创新规划教材

电机维修技术

主　编　杨杰忠　李仁芝　潘协龙
副主编　勾东海　马庆玉　覃承龙　谭邦喜
参　编　王　喆　乔晶涛　冯春楠　潘　鑫　黄　波　赵月辉

電子工業出版社
Publishing House of Electronics Industry
北京·BEIJING

内容简介

本书是依据《国家职业技能标准——维修电工》中级工的知识要求和技能要求，按照岗位培训需要的原则编写的。本书以任务驱动教学法为主线，以应用为目的，以具体的任务为载体，主要任务有：单相变压器的使用与维护；电力变压器的使用与维护；特殊变压器的使用与维护；三相异步电动机的使用与维护；单相异步电动机的使用与维护；直流电机的使用与维护；特种电机的使用与维护。

本书既可作为技工院校、职业院校及成人高等院校、民办高校的机电技术应用专业、电气自动化专业、电气运行与控制等相关专业一体化教材，也可作为维修电工中级工、高级工的培训教材。

图书在版编目（CIP）数据

电机维修技术 / 杨杰忠，李仁芝，潘协龙主编. —北京：电子工业出版社，2016.1

职业教育机电类专业课程改革创新规划教材

ISBN 978-7-121-27933-1

I. ①电… II. ①杨… ②李… ③潘… III. ①电机－维修－职业教育－教材 IV. ①TM307

中国版本图书馆 CIP 数据核字（2015）第 309797 号

策划编辑：张　凌
责任编辑：郑　华
印　　刷：涿州市般润文化传播有限公司
装　　订：涿州市般润文化传播有限公司
出版发行：电子工业出版社
　　　　　北京市海淀区万寿路 173 信箱　　邮编：100036
开　　本：787×1 092　1/16　印张：15.25　字数：390.4 千字
版　　次：2016 年 1 月第 1 版
印　　次：2023 年 1 月第 2 次印刷
定　　价：32.00 元

凡所购买电子工业出版社图书有缺损问题，请向购买书店调换。若书店售缺，请与本社发行部联系，联系及邮购电话：（010）88254888，88258888。

质量投诉请发邮件至 zlts@phei.com.cn，盗版侵权举报请发邮件至 dbqq@phei.com.cn。

本书咨询联系方式：（010）88254483，zling@phei.com.cn。

前　言

为贯彻全国职业技术学校坚持以就业为导向的办学方针，实现以课程对接岗位、教材对接技能的目的，更好地适应“工学结合、任务驱动模式”教学的要求，满足项目教学法的需要，特编写此书。本书依据国家职业标准编写，知识体系由基础知识、相关知识、专业知识和操作技能训练 4 部分构成，知识体系中各个知识点和操作技能都以任务的形式出现。本书精心选择教学内容，对专业技术理论及相关知识并没有追求面面俱到，过分强调学科的理论性、系统性和完整性，但力求涵盖国家职业标准中必须掌握的知识和具备的技能。

本书共分七大项目：单相变压器的使用与维护；电力变压器的使用与维护；特殊变压器的使用与维护；三相异步电动机的使用与维护；单相异步电动机的使用与维护；直流电动机的使用与维护；特种电机的使用与维护。每个项目又划分为不同的任务。在任务的选择上，以典型的工作任务为载体，坚持以能力为本位，重视实践能力的培养；在内容的组织上，整合相应的知识和技能，实现理论和操作的统一，有利于实现“理实一体化”教学，充分体现了认知规律。

本书是在充分吸收国内外职业教育先进理念的基础上，总结了众多学校一体化教学改革的经验，集众多一线教师多年的教学经验和企业实践专家的智慧完成的，在编写过程中，力求实现内容通俗易懂，既方便教师教学，又方便学生自学。特别是在操作技能部分，图文并茂，侧重于对电路安装完成后的学生自检过程、通电试车过程和故障检修内容的细化，以提高学生在实际工作中分析和解决问题的能力，实现职业教育与社会生产实际的紧密结合。

本书在编写过程中得到了广西柳州钢铁集团、方盛车桥（柳州）有限公司、柳州九鼎机电科技有限公司的同行们的大力支持，在此一并表示感谢。

由于编者水平有限，书中若有错漏和不妥之处，恳请读者批评指正。

编　者

前言

目　录

项目1 单相变压器的使用与维护

变压器是一种常见的静止电气设备，它利用电磁感应原理，将某一数值的交变电压变换为同频率的另一种数值的交变电压。变压器不仅对电力系统中电能的传输、分配和安全使用有重要意义，而且广泛应用于电气控制、电子技术、测试技术及焊接技术等领域。

变压器种类很多，通常可按其用途、绕组结构、铁芯结构、相数、冷却方式等进行分类。其中按相数可分为三相变压器和单相变压器。三相变压器常用于输配电系统中变换电压和传输电能；单相变压器常用于单相交流电路中作隔离、电压等级的变换、阻抗变换、相位变换，或作为三相变压器的一相。本模块的任务是掌握单相变压器的使用和维护。

任务1 认识单相变压器

学习目标

知识目标：

1. 了解单相变压器的基本结构、分类和用途。
2. 正确理解单相变压器的工作原理。
3. 熟悉单相变压器的铭牌数据的意义。

能力目标：

能独立完成变压器的空载运行、负载运行和阻抗变换实验。

工作任务

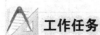

在生产实践中，单相变压器应用相当广泛，如机床控制电路中的单相变压器可以输出几组不同的交流电压值，以满足不同电气设备的需要；各种需要直流电压的家用电器如电视机、功放、VCD和DVD等，也是先通过单相变压器将220V的单相交流电降为6～36V的交流电压值，再经整流获得直流电压；各种电子产品的电源适配器实际上就是一个小型单相变压器；直流充电器主要也是由小型变压器构成的。图1-1-1所示就是四种常见的小型单相变压器。

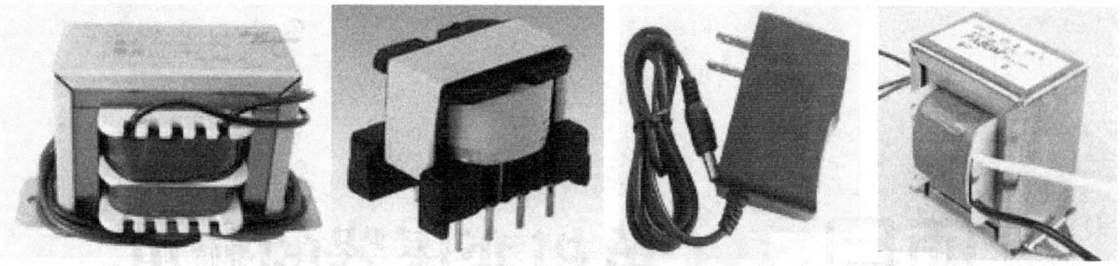

图 1-1-1　常见的小型单相变压器

本次任务的主要内容是：熟悉变压器的基本结构、分类和用途，通过实验，完成对变压器的变压、变流及变换阻抗原理的理解。

相关理论

一、单相变压器的基本结构

单相变压器的基本结构包括一只由彼此绝缘的薄硅钢片叠成的闭合铁芯，以及绕在铁芯上的高、低压绕组两大部分。

1．铁芯

铁芯是变压器的磁路部分，也充当着变压器的机械骨架。为了提高导磁性能，减少铁芯内部的磁滞损耗和涡流损耗，铁芯一般用 0.35mm 厚的冷轧硅钢片叠成，硅钢片表面之间涂有绝缘漆。铁芯由铁芯柱和铁轭两部分构成，套装绕组的部分叫铁芯柱，连接铁芯柱形成闭合磁路的部分叫铁轭。目前国产低损耗节能变压器均用冷轧晶粒取向硅钢片，其铁损耗低，且铁芯叠装系数高（因硅钢片表面有氧化膜绝缘，不必再涂绝缘漆）。

铁芯结构的基本形式有芯式和壳式两种，其对应结构、特点及应用见表 1-1-1。

表 1-1-1　铁芯结构的基本形式、特点及应用

铁芯类型	结构示意图	特点	应用
芯式	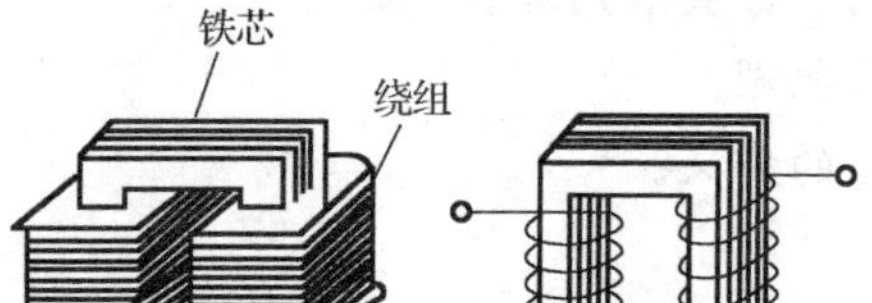	变压器为绕组包围铁芯，其结构比较简单，装配比较容易，绕组散热条件好	应用于较大容量的小型单相变压器
壳式	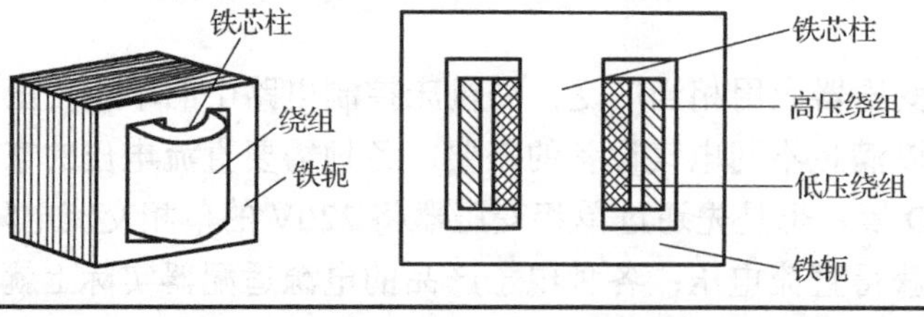	变压器为铁芯包围绕组，其机械强度好，铁芯易散热，但制作工艺复杂	应用于小型电源变压器中

铁芯叠片的形式根据变压器容量大小有所不同，小型变压器为了简化工艺和减小气隙，常采用 E 字形、F 字形或 C 字形硅钢片交替叠压而成。其中，硅钢片的形状如图 1-1-2 所示。

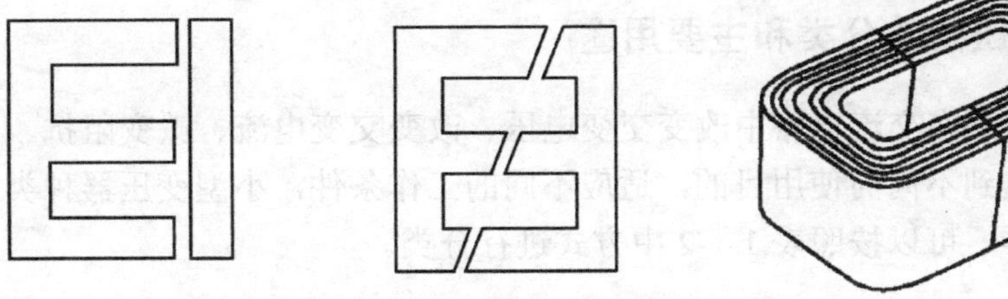

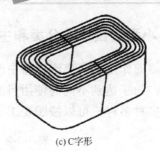

(a) E字形　　(b) F字形　　(c) C字形

图 1-1-2　小型变压器铁芯的硅钢片

2．绕组

变压器的绕组是变压器中的电路部分，小型单相变压器常用绝缘的漆包铜线绕制而成，容量稍大的变压器则用扁铜线或扁铝线绕制。在变压器中，接电源的绕组称为一次绕组或初级绕组，简称原边，与负载相接的绕组称为二次绕组或次级绕组，简称副边。

对于小型芯式变压器，一次绕组和二次绕组分别套装在两个不同的铁芯柱上，如图 1-1-3 所示。这种绕组结构形式一般用于较大功率的小型双绕组变压器。

对于小型壳式变压器，一次绕组和二次绕组套装在中间的同一根铁芯柱上，放置的方式有三种。

（1）上下式绕组。如图 1-1-4 所示，这种绕组结构形式一般用于功率很小的小型壳式双绕组变压器。

图 1-1-3　小型芯式变压器的绕组结构

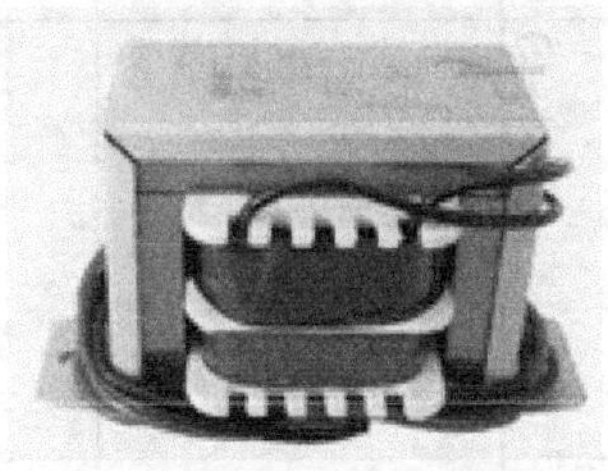

图 1-1-4　小型壳式变压器上下式绕组结构

（2）同芯式绕组。如图 1-1-5 所示，即将一次绕组和二次绕组套在中间铁芯柱的内外层，一般高压绕组在外层，低压绕组在内层。但是，当低压绕组的电流较大时，绕组的导线较粗，也可放到外层。这种绕组结构形式一般用于小功率的小型壳式双绕组变压器。

（3）交叠式绕组。如图 1-1-6 所示，即将一次绕组和二次绕组绕成饼形，沿铁芯轴向交叠放置，一般两端靠近铁轭处放置低压绕组。这种绕组结构形式一般用于小功率的小型壳式双绕组变压器。

图 1-1-5　小型壳式变压器同芯式绕组结构

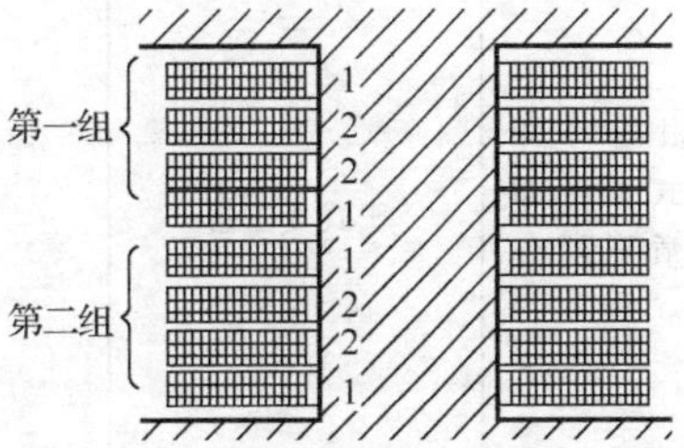

图 1-1-6　小型壳式变压器交叠式绕组结构

二、小型变压器的分类和主要用途

变压器的作用是在交流电路中改变交变电压、改变交变电流、改变阻抗、改变相位和电气隔离。为了达到不同的使用目的，适应不同的工作条件，小型变压器种类繁多，分类的方法也多种多样，可以按照表 1-1-2 中方式进行分类。

表 1-1-2　小型变压器的分类和主要用途

分类方法	变压器名称	结构示意图	主要用途
根据相数不同分类	单相变压器		用于连接电力系统中的两个电压等级
	三相变压器		一般用于电力系统区域变电站中，连接三个电压等级
根据铁芯结构不同分类	芯式变压器		常用于大、中型变压器以及高压的电力变压器
	壳式变压器		常用于小型变压器、大电流的特殊变压器，如电炉变压器、电焊变压器；或用于电子仪器及电视机、收音机等的电源变压器
根据冷却方式和冷却介质不同分类	干式变压器		用于安全防火要求较高的场合，如地铁、机场及高层建筑等

续表

分类方法	变压器名称	结构示意图	主要用途
根据冷却方式和冷却介质不同分类	自冷式变压器		空气冷却，常用于中、小型变压器
	油浸式变压器		常用于大、中型变压器
	风冷式变压器		强迫油循环风冷，用于大型变压器
根据用途不同分类	电力变压器		常用于输配电系统中变换电压和传输电流
	仪用变压器		常用于测量高电压和大电流以及自动保护装置中
	电炉变压器		常用于冶炼、加热及热处理设备电源

续表

分类方法	变压器名称	结构示意图	主要用途
根据用途不同分类	自耦变压器		常用于实验室或工业上的电压调节
	电焊变压器		常用于焊接各类钢铁材料的交流电焊机上

三、单相变压器的工作原理

如前所述，与电源相连的绕组称为一次绕组，简称原边（匝数用 N_1 表示），与负载相连的绕组称为二次绕组，简称副边（匝数用 N_2 表示）。根据副边是否连接负载，变压器可分为空载运行和负载运行。为了分析方便，把忽略绕组直流电阻、铁芯损耗、漏磁通和磁饱和影响的变压器称为理想变压器。下面主要来分析理想变压器在空载运行和负载运行中的情况。

1．变压器空载运行

所谓变压器空载运行是指变压器一次绕组加额定电压，二次绕组开路的工作状态。当一次绕组接上交流电源 u_1 时，在一次绕组中就会有电流 i_0 流过，在铁芯中产生主磁通 Φ_m，从而在一次绕组、二次绕组中分别产生感应电动势 e_1 和 e_2，如图 1-1-7 所示。u_1 与 i_0 的参考方向一致，i_0、e_1、e_2 的参考方向与 Φ_m 的参考方向之间符合右手螺旋法则。

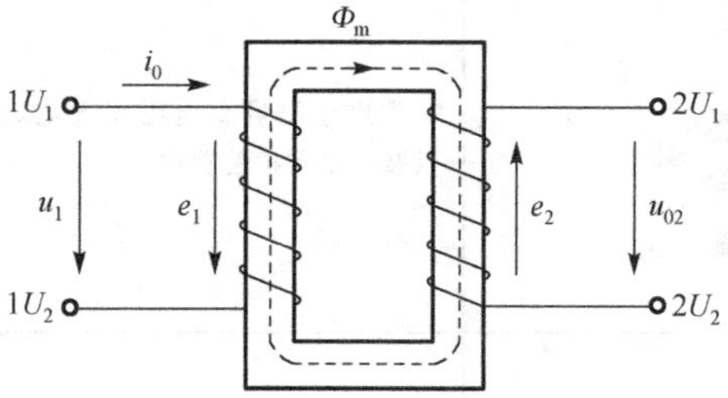

图 1-1-7　理想变压器空载运行

（1）空载电流 i_0。变压器空载运行时流过一次绕组的电流称为空载电流，理想变压器的空载电流主要是产生铁芯中的磁通，所以空载电流也称为空载励磁电流，是无功电流。

（2）电压和感应电动势的关系。因为理想变压器不考虑绕组的直流电阻和铁芯的损耗，所以一次绕组的电压平衡方程式为：

$$\dot{U}_1=-\dot{E}_1 \quad (1\text{-}1\text{-}1)$$

式（1-1-1）说明一次绕组中的感应电动势等于电源电压大小，即 $U_1=E_1$；在相位上，$\dot{E}_1$ 与 $\dot{U}_1$ 反相位，$\dot{E}_1$ 也称为反电动势。

二次绕组的电压为 U_{20}，由于二次绕组开路时无电流输出，所以二次绕组的电压平衡方程式为：

$$\dot{U}_{20}=\dot{E}_2 \tag{1-1-2}$$

式（1-1-2）说明二次绕组输出电压大小等于感应电动势，即 $U_{20}=E_2$；并且 $\dot{U}_{20}$ 与 $\dot{E}_2$ 同相位。

（3）感应电动势的大小。根据电磁感应定律 $e=-N\dfrac{\Delta\Phi}{\Delta t}$ 可推导出变压器一次绕组、二次绕组中感应电动势大小分别为：

$$E_1=4.44fN_1\Phi_m$$
$$E_2=4.44fN_2\Phi_m \tag{1-1-3}$$

式中 E——感应电动势有效值（V）；

f——频率（Hz）；

Φ_m——主磁通（Wb）。

式（1-1-3）表示感应电动势的大小与电源频率 f、绕组匝数 N 及铁芯中的主磁通的幅值 Φ_m 成正比。由于一次绕组的匝数与变压器的主磁通关联，所以不能随意减少一次绕组的匝数，否则在维持主磁通基本不变的情况下，一次绕组的励磁电流必然增大，可能烧坏变压器。

提示

式（1-1-3）说明变压器铁芯中主磁通的大小取决于电源电压、频率和一次绕组的匝数，而与磁路所用的材料和磁路的尺寸无关。

（4）变压比 K。变压比的定义是变压器一次绕组的相电动势 E_1 与二次绕组的相电动势 E_2 之比，因为 $U_1=E_1=4.44fN_1\Phi_m$，$U_2=E_2=4.44fN_2\Phi_m$，所以

$$K=\frac{E_1}{E_2}=\frac{U_1}{U_2}=\frac{N_1}{N_2} \tag{1-1-4}$$

式（1-1-4）说明绕组的电压与匝数成正比，在一次绕组匝数不变的情况下，只要改变二次绕组的匝数就能改变输出电压的数值，因此变压器具有改变电压的作用。

当 $N_1>N_2$，$K>1$ 时，变压器起降压作用；当 $N_1=N_2$，$K=1$ 时，变压器起隔离作用；当 $N_1<N_2$，$K<1$ 时，变压器起升压作用。

2. 变压器负载运行

变压器负载运行是变压器一次绕组加额定电压，二次绕组接负载 Z 的工作状态。如图 1-1-8 所示，二次绕组的电流 i_2 流过负载 Z，此时一次绕组的电流从空载电流 i_0 增加到 i_1。如果负载阻抗变化，则 i_2 变化，i_1 也随着变化。换句话说，变压器二次绕组所消耗的功率增加（减少）时，一次绕组从电源处取得的功率也随之增加（减少）。

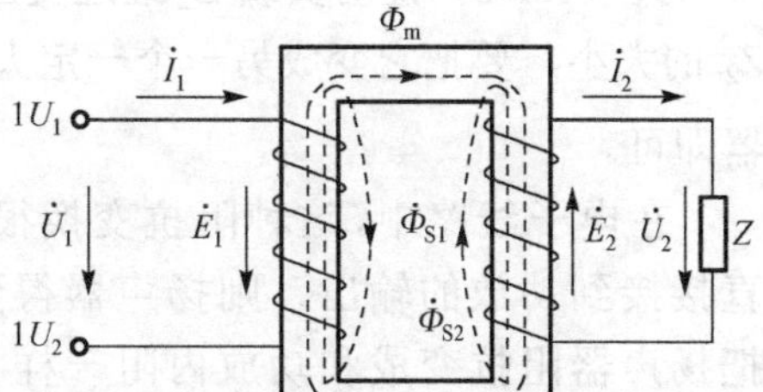

图 1-1-8 变压器负载运行

1）变压器的电流变换

对于理想变压器来说，一次绕组与二次绕组的视在功率相等，即

$$S_1=S_2$$

$$U_1 I_1 = U_2 I_2$$

$$\frac{I_1}{I_2}=\frac{U_2}{U_1}=\frac{N_2}{N_1}=\frac{1}{K} \tag{1-1-5}$$

式（1-1-5）说明变压器也具有改变电流的作用，其一次绕组与二次绕组电流有效值之比等于变压比的倒数，并且一次侧电流随着二次侧电流的变化而变化。当功率一定时，绕组电流与绕组电压成反比，即高压绕组电流小，低压绕组电流大。

2）变压器的阻抗变换

一次绕组接在交流电源上，对电源来说变压器相当于一个负载，其输入阻抗可用输入电压、输入电流来计算，即变压器的输入阻抗为 $Z_1=U_1/I_1$，而变压器的二次侧输出端又接了负载，变压器的输出电压、输出电流与负载之间存在 $Z_2=U_2/I_2=Z_{fz}$ 的关系，如图 1-1-9 所示。可以看出经过变压器把 Z_2 接到电源上和不要变压器直接把 Z_2 接到电源上，两者是完全不一样的，这里变压器起到改变阻抗的作用，把 Z_2 等效变成 Z_1，从而可以在 U_1 的电压下工作。

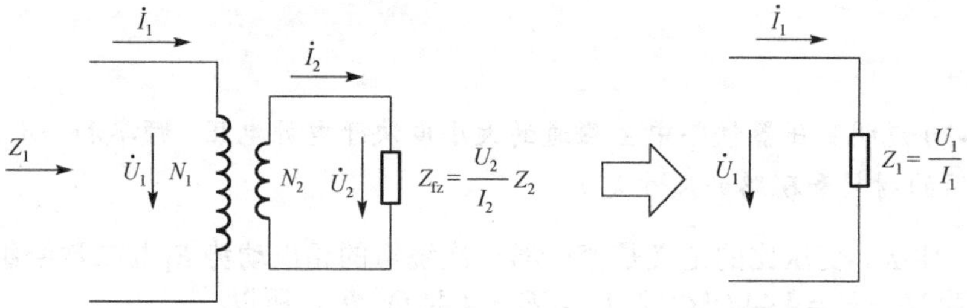

图 1-1-9　变压器的阻抗变换

当忽略漏阻抗，不考虑相位、只计大小时，在空载和负载运行分析中，已知：$U_1=KU_2$，$I_1=I_2/K$。而变压器的一次侧和二次侧的阻抗分别为：$Z_1=U_1/I_1$，$Z_2=U_2/I_2$。故阻抗变换公式为：

$$Z_1=\frac{U_1}{I_1}=\frac{KU_2}{I_2/K}=K^2\frac{U_2}{I_2}=K^2 Z_2 \tag{1-1-6}$$

式（1-1-6）说明负载 Z_2 经过变压器以后阻抗扩大为原来的 K^2 倍。如果已知负载阻抗 Z_2 的大小，要把它变成另一个一定大小的阻抗 Z_1，只需接一个变压比 $K=\sqrt{Z_1/Z_2}$ 的变压器即可。

在电子线路中，这种阻抗变换很常用，如扩音设备中扬声器的阻抗很小（4～16Ω），直接接到功放的输出，则扬声器得到的功率很小，声音就很小。只有经过输出变压器把扬声器阻抗变成和功放内阻一样大，扬声器才能得到最大输出功率，这也称为阻抗匹配。

【例 1-1】 某扩音机的输出变压器，一次侧绕组的匝数 N_1=200 匝，二次侧绕组 N_2=80

匝，原来配接 8Ω 的扬声器，现要改用同样功率而阻抗为 4Ω 的扬声器，则二次侧绕组的匝数应改为多少才合适？

解：为了达到扬声器的阻抗改变后仍然能获得同样功率的目的，必须要保持变压器的输入等效阻抗 Z 不变，即：

$$Z=\left(\frac{N_1}{N_2}\right)^2 Z_L=\left(\frac{N_1}{N_2'}\right)^2 Z_L'$$

代入数据后，求得新的二次侧绕组匝数 N_2' 为：

$$N_2'=N_2\sqrt{\frac{Z_L'}{Z_L}}=80\times\sqrt{\frac{4}{8}}\approx 57\text{匝}$$

则二次侧绕组匝数应改为 57 匝。

四、小型变压器的铭牌数据

1．额定电压 U_{1N}/U_{2N}

U_{1N} 是指变压器一次绕组的额定电压；U_{2N} 是指一次绕组加额定电压时，二次绕组的开路电压，即 U_{20}，单位为 V。使用变压器时电源电压不得超出额定电压 U_{1N}。

2．额定电流 I_{1N}/I_{2N}

I_{1N}/I_{2N} 是指变压器一次绕组、二次绕组连续运行所允许通过的电流，即在规定的环境温度和冷却条件下允许的满载电流值，单位为 A。

3．额定容量 S_N

S_N 是指变压器的视在功率，表示变压器在额定条件下的最大输出功率，其大小与变压器的额定电压和额定电流有关，也受到环境温度、冷却条件的影响。单相变压器额定容量 $S_N=U_{2N}I_{2N}$，单位为 V·A。

4．额定频率 f_N

f_N 是指变压器的电源频率，我国规定额定频率为 50Hz。

对于常用单相变压器，其一次绕组电压多为 220V（家用电器）或 380V（工厂电器），二次绕组电压多为 9～36V，称为降压变压器。有的进口设备要求电源电压为 110V，可使用 220V/110V 的降压变压器。对于降压变压器来说，其一次侧电流小，二次侧电流大，所以一次绕组线径较细，二次绕组线径较粗，可依此来分辨一次绕组和二次绕组。

任务实施

一、任务准备

实施本任务教学所使用的实训设备及工具材料可参考表 1-1-3。

表 1-1-3　实训设备及工具材料

序号	分类	名称	型号规格	数量	单位	备注
1	工具仪表	电工常用工具		1	套	
2		万用表	MF47 型	1	块	
3		电压表		2	块	
4		电流表		2	块	
5	设备器材	单相控制变压器	380V、220V、110V/36V、24V、12V、6V	1	个	
6		小型耦合变压器	变压比 K=5	1	个	
7		交流信号源	最大输出电压 10V，内阻 200Ω	1	个	
8		扬声器	8Ω	1	个	

二、变压器的空载运行试验

（1）按照图 1-1-10 所示的电路图接好线路。

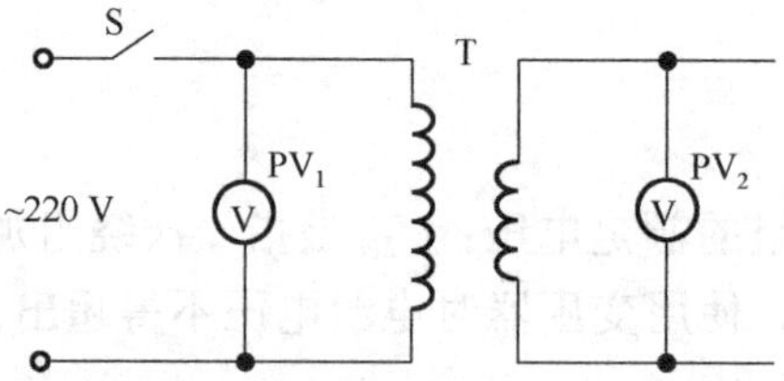

图 1-1-10　变压器的空载运行实验

（2）用万用表或交流电压表测量输入电压 U_1 和输出电压 U_2，将测量值填入表 1-1-4 中。

表 1-1-4　实验数据记录表

内容	数据记录	结论
变压器的空载运行实验	N_1=_____，N_2=_____ U_1=_____V，U_2=_____V	$\frac{U_1}{U_2}$、$\frac{N_1}{N_2}$ 关系________

提示

（1）测量时，要正确选择万用表、电压表、电流表的挡位和量程。

（2）确认接线正确后，方可通电实验，否则会烧坏变压器。

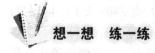

想一想　练一练

变压器的空载电流起哪些作用？

三、变压器的负载运行试验

（1）按照图 1-1-11 所示的电路图接好线路。

（2）用万用表或交流电压表测量输入电压 U_1 和输出电压 U_2，将测量值填入表 1-1-5 中。

（3）用万用表或交流电流表测量输入电流 I_1 和输出电流 I_2，将测量值填入表 1-1-5 中。

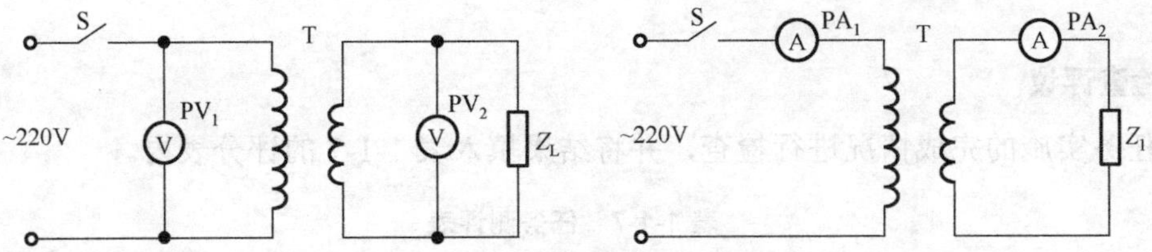

图 1-1-11 变压器的负载运行实验

表 1-1-5 实验数据记录表

内容	数据记录	结论
变压器的负载运行实验	N_1=____，N_2=____ U_1=____V，U_2=____V I_1=____A，I_2=____A	$\frac{U_1}{U_2}$、$\frac{I_2}{I_1}$、$\frac{N_1}{N_2}$ 关系____

想一想 练一练

变压器一、二次绕组之间并没有直接的电联系，那么这种能量传输的自动调节作用是怎样产生的？

四、变压器的阻抗变换试验

（1）按照图 1-1-12(a)所示的电路图接好线路。

（2）用万用表测出信号源的输出电压 U_1 和输出电流 I_1，负载两端的电压 U_2 和负载电流 I_2，将测量值填入表 1-1-6 中。

（3）按照图 1-1-12(b)所示的电路图接好线路。

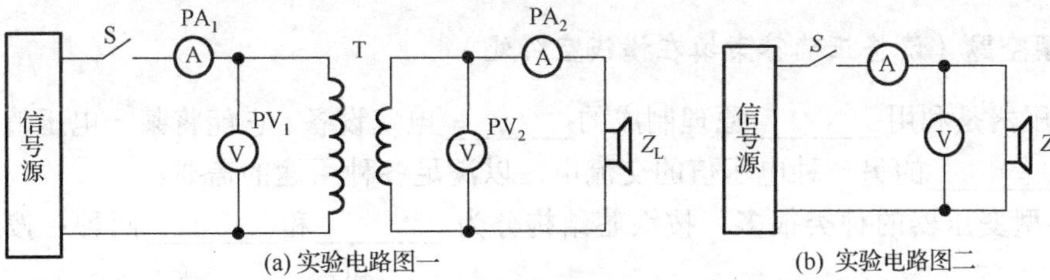

图 1-1-12 变压器的阻抗变换试验

（4）用万用表测出信号源的输出电压 U_2' 和输出电流 I_2'，将测量值填入表 1-1-6 中。

表 1-1-6 实验数据记录表

内容	数据记录	结论
变压器的阻抗变换实验	接变压器时： U_1=____V，I_1=____A U_2=____V，I_2=____A 未接变压器时： U_2'=____V，I_2'=____A	接变压器时： $Z=\frac{U_1}{I_1}=$____Ω　$Z_L=\frac{U_2}{I_2}=$____Ω 接变压器时负载获得的功率： $P=U_1I_1=U_2I_2=$____W 未接变压器时负载获得的功率： $P'=U_2'I_2'=$____W

检查评议

对任务实施的完成情况进行检查，并将结果填入表 1-1-7 的评分表内。

表 1-1-7 任务测评表

步骤	内容	评分标准		配分	得分
1	变压器的空载运行实验	（1）控制电路板接线有误，扣 4 分 （2）选择仪表挡位、量程错误，扣 4 分 （3）数据记录错误，扣 10 分 （4）电压测试错误，扣 4 分		30	
2	变压器的负载运行实验	（1）控制电路板接线有误，扣 5 分 （2）选择仪表档位、量程错误，扣 5 分 （3）数据记录错误，扣 10 分 （4）电压测试错误，扣 5 分 （5）电流测试错误，扣 5 分		35	
3	变压器的阻抗变换实验	（1）控制电路板接线有误，扣 5 分 （2）选择仪表档位、量程错误，扣 5 分 （3）数据记录错误，扣 10 分 （4）电压测试错误，扣 5 分 （5）电流测试错误，扣 5 分 （6）计算错误，扣 10 分		35	
4	安全与文明操作	（1）违反安全文明生产规程，扣 5～40 分 （2）发生人身和设备安全事故，不及格			
5	定额时间	2h，超时扣 5 分			
6	备注		合计	100	

巩固与提高

一、填空题（请将正确答案填在横线空白处）

1．变压器是利用________原理制成的________电气设备。它能将某一电压值的交流电变换成同________的另一种电压值的交流电，以满足各种用途的需要。

2．小型变压器的种类很多，按铁芯结构分为________和________两种；按用途分为________、________、________、________、________和________等。

3．变压器的绕组常用绝缘________或________绕制而成。接电源的绕组称为________，接负载的绕组称为________。

4．变压器的铁芯常用________叠装而成，因线圈位置不同，可分为________和________两大类。

5．已知电源频率 f、变压器绕组匝数 N 和通过铁芯的主磁通幅值 Φ_m，则感应电动势 E 的表达式应为________。

6．________叫做变压器的变压比。降压变压器的变压比________1，升压变压器的变压比________1。

7．在功放输出与扬声器连接时，为了使扬声器获得最大功率，经变压器使功放输出内阻与扬声器阻抗________，这种方法称作________。

二、判断题（正确的在括号内打“√”，错误的打“×”）

1．变压器的工作原理实际上就是利用电磁感应原理，把一次绕组的电能传递给二次绕组的负载。（ ）

2．芯式铁芯指线圈包着铁芯，结构简单，装配容易，节省导线，适用于大容量、高电压的变压器。（ ）

3．升压变压器的变压比大于 1。（ ）

4．变压器既可以变换电压、电流和阻抗，又可以变换相位、频率和功率。（ ）

三、选择题（将正确答案的字母填入括号中）

1．变压器运行时，在电源电压一定的情况下，当负载阻抗增加时，主磁通（ ）。

A．增加　B．基本不变　C．减小　D．不一定

2．有一台 380V/36V 的变压器，在使用时不慎将高压侧和低压侧互相接错，当低压侧加上 380V 电源后，高压侧（ ）。

A．有 380V 的电压输出

B．没有电压输出，绕组严重过热

C．有电压输出，绕组严重过热

D．有电压输出，绕组无过热现象

3．降压变压器的变压比（ ）。

A．大于 1　B．小于 1　C．等于 1　D．不确定

四、计算题

1．变压器一次绕组为 2000 匝，变压比 K=30，一次绕组接入工频电源时，铁芯中的磁通最大值 Φ_m=0.015Wb，试计算一次侧、二次侧的感应电动势各为多少？

2．小型变压器的一次侧电压 U_1=380V，二次侧电流 I_2=21A，变压比 K=10.5，试求一次侧电流和二次侧电压。

3．收音机输出阻抗为 450Ω，现有 8Ω 的扬声器与其连接，用阻抗变压器使其获得最大输出功率，求输出变压器的变压比应为多大？

任务 2　小型单相变压器的绕制

学习目标

知识目标：

1．了解小型单相变压器的设计制作方法。

2．掌握小型单相变压器的拆装工艺。

3．掌握小型单相变压器的重绕方法及工艺。

能力目标：

能独立完成单相变压器的重新绕制，并能通过测量变压器的各种参数判断其质量的好坏。

工作任务

小型单相变压器的绕制分设计制作和重绕修理制作两种，无论哪种，其绕制工艺都是相同的。设计制作是将使用者的要求作为依据，为满足要求进行设计计算后再绕制；而重绕修理制作是以原物参数作为依据，进行恢复性的绕制。本任务的内容是：在给定设备和相关材料基础之上，完成变压器的拆装和线圈的重绕。

相关理论

一、小型单相变压器的设计制作

小型单相变压器的设计制作思路是：由负载的大小确定其容量；从负载侧所需电压的高低计算出两侧电压；根据用户的使用要求及环境决定其材质和尺寸。经过一系列的设计计算，为制作提供足够的技术数据，即可做出满足需要的小型单相变压器。

1．计算变压器的输出容量 S_2

输出容量的大小受变压器二次侧供给负载量的限制，多个负载则需要多个二次侧绕组，各绕组的电压、电流分别为U_2、I_2，U_3、I_3，U_4、I_4，…，则S_2为

$$S_2=U_2I_2+U_3I_3+\cdots\text{（VA）}$$

式中U_2、U_3、…、U_n——变压器二次侧各绕组电压有效值（V）；

I_2、I_3、…、I_n——变压器二次侧各绕组电流有效值（A）。

2．估算变压器输入容量 S_1 和输入电流 I_1

对小型变压器，考虑负载运行时的功率损耗（铜耗及铁耗）后，其输入容量S_1的计算式为

$$S_1=\frac{S_2}{\eta}\text{（VA）}$$

式中，η为变压器的效率，总是小于1，小型变压器的η一般为0.8～0.9。输入电流为：

$$I_1=(1.1\sim1.2)\frac{S_1}{U_1}\text{（A）}$$

式中U_1——变压器一次侧绕组电压（外加电压）的有效值（V）；

1.1～1.2——变压器因存在励磁电流分量的经验系数。

3．变压器铁芯截面积的计算及硅钢片尺寸的选用

（1）铁芯截面积的计算。小型单相变压器的铁芯多采用壳式，铁芯中柱放置绕组。铁芯的几何形状如图1-2-1所示，它的中柱横截面A_{Fe}的大小与变压器输出容量S_2的关系为

$$A_{Fe}=k\sqrt{S_2}\text{（cm}^2\text{）}$$

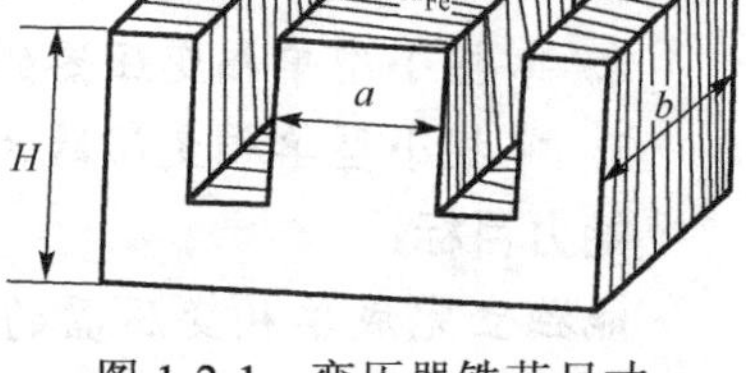

图1-2-1　变压器铁芯尺寸

式中 k——经验系数，大小与 S_2 有关，可参考表 1-2-1。

表 1-2-1　经验系数 k 参考值

S_2 (VA)	0～10	10～50	50～500	500～1000	1000 以上
k	2	1.75～2	1.4～1.5	1.2～1.4	1

由图 1-2-1 可知，铁芯截面积为

$$A_{Fe}=ab$$

式中 a——铁芯柱宽（cm）；

b——铁芯净叠厚（cm）。

由 A_{Fe} 计算值并结合实际情况，即可确定 a 和 b 的大小。

考虑到硅钢片间绝缘漆膜及钢片间隙的厚度，实际的铁芯厚度 b'的计算式为

$$b'=\frac{b}{k_0}\quad \text{(cm)}$$

式中 k_0——叠片系数，其取值范围参考表 1-2-2。

表 1-2-2　叠片系数 k_0 参考值

名称	硅钢片厚度（mm）	绝缘情况	叠片系数 k_0
热轧硅钢片	0.5	两面涂漆	0.93
	0.35		0.91
冷轧硅钢片	0.35	两面涂漆	0.92
	0.35	不涂漆	0.95

（2）硅钢片尺寸的选用。表 1-2-3 列出了目前通用的小型变压器硅钢片的规格，可供查询。其中各部分之间的关系如图 1-2-2 所示。图中 c=0.5a，h=1.5a（当 a>64mm 时，h=2.5a），A=3a，H=2.5a，b≤2a。

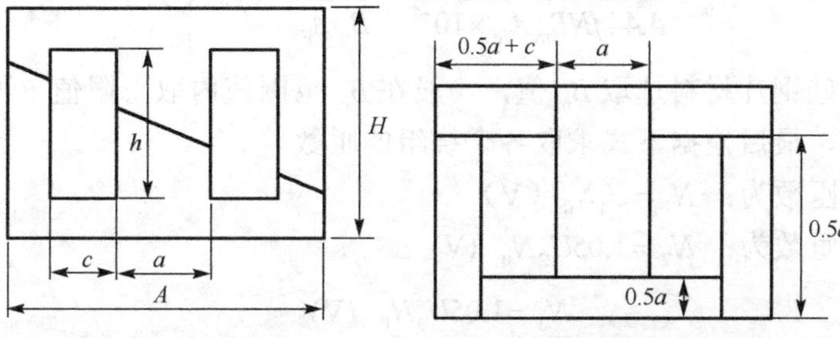

(a) 小型变压器硅钢片尺寸　　(b) 拼条硅钢片尺寸

图 1-2-2　变压器硅钢片尺寸

如果计算求得的铁芯尺寸与表 1-2-2 的标准尺寸不符合，又不便于调整设计，则建议采用非标准铁芯片尺寸，并采用拼条式铁芯结构。

（3）硅钢片材料的选用。小型变压器通常采用 0.35mm 厚的硅钢片作为铁芯材料，硅钢片材料规格型号的选取，不仅受材料磁通密度 B_m 的制约，还与铁芯的结构形状有关。

表 1-2-3　小型变压器通用硅钢片尺寸　　单位：mm

a	*c*	*h*	*A*	*H*
13	7.5	22	40	34
16	9	24	50	40
19	10.5	30	60	50
22	11	33	66	55
25	12.5	37.5	75	62.5
28	14	42	84	70
32	16	48	96	80
38	19	57	114	95
44	22	66	132	110
50	25	75	150	125
56	28	84	168	140
64	32	96	192	160

若变压器采用 E 字形铁芯结构，硅钢片材料可选用：

冷轧硅钢片 D_{310}，$B_{\rm m}$ 取 1.2～1.4T；热轧硅钢片（D_{41}，D_{42}），$B_{\rm m}$ 取 1.0～1.2T；热轧硅钢片 D_{43}，$B_{\rm m}$ 取 1.1～1.2T。

若变压器采用 C 字形铁芯或拼条式铁芯结构，硅钢片材料只能选用有趋向的冷轧硅钢片，因为这种材料使磁路有了方向性，顺向时磁阻小，并具有较高的磁通密度，磁通密度 $B_{\rm m}$ 可达（1.5～1.6）T。而垂直方向时磁阻很大，磁通密度很小。

4．计算每个绕组的匝数 *N*

由变压器感应电势 *E* 的计算公式

$$E = 4.44fN\Phi_{\rm m} = 4.44fNB_{\rm m}A_{\rm Fe}\times10^{-4}\text{（V）}$$

得感应产生 1V 电势的匝数

$$N_0 = \frac{1}{4.44fNB_{\rm m}A_{\rm Fe}\times10^{-4}} = \frac{45}{B_{\rm m}A_{\rm Fe}}\text{（匝/V）}$$

根据所使用的硅钢片材料选取 $B_{\rm m}$ 值，一般在 $B_{\rm m}$ 范围值内取下限值。再确定铁芯柱截面积 $A_{\rm Fe}=ab$ 及 N_0，最后根据下式求取各个绕组的匝数。

一次侧绕组的匝数为：$N_1 = U_1N_0$（V）

二次侧绕组的匝数为：$N_2 = 1.05U_2N_0$（V）

$$N_3 = 1.05U_3N_0\text{（V）}$$

$$N_{\rm n} = 1.05U_{\rm n}N_0\text{（V）}$$

值得一提的是，式中二次侧绕组所增加的 5%的匝数是为了补偿负载时的电压降。

5．计算每个绕组的导线直径并选择导线

由下式得出导线截面积 $A_{\rm S}$

$$A_{\rm S} = \frac{I}{j}\text{（mm}^2\text{）}$$

电流密度一般选取 $j=(2\sim3)\text{A/mm}^2$，但在变压器短时工作时，电流密度可取 $j=(4\sim5)\text{A/mm}^2$。

再由计算出的 A_S 为依据，查表 1-2-4 选取相同或相近截面的导线直径 ϕ，根据 ϕ 值再查表，得到漆包导线带漆膜后的外径 ϕ'。

表 1-2-4 常用圆铜漆包线规格

导线直径 ϕ(mm)	导线截面 $A_S(mm^2)$	导线最大外径 ϕ'(mm)		导线直径 ϕ(mm)	导线截面 $A_S(mm^2)$	导线最大外径 ϕ'(mm)	
		油性漆包线	其他绝缘漆包线			油性漆包线	其他绝缘漆包线
0.10	0.00785	0.12	0.13	0.59	0.273	0.64	0.66
0.11	0.00950	0.13	0.14	0.62	0.302	0.67	0.69
0.12	0.01131	0.14	0.15	0.64	0.322	0.69	0.72
0.13	0.0133	0.15	0.16	0.67	0.353	0.72	0.75
0.14	0.0154	0.16	0.17	0.69	0.374	0.74	0.77
0.15	0.01767	0.17	0.19	0.72	0.407	0.78	0.80
0.16	0.0201	0.18	0.20	0.74	0.430	0.80	0.83
0.17	0.0255	0.20	0.22	0.80	0.503	0.86	0.89
0.18	0.0255	0.20	0.22	0.80	0.503	0.86	0.89
0.19	0.0284	0.21	0.23	0.83	0.541	0.89	0.92
0.20	0.03140	0.225	0.24	0.86	0.581	0.92	0.95
0.21	0.0346	0.235	0.25	0.90	0.636	0.96	0.99
0.23	0.0415	0.255	0.28	0.93	0.679	0.99	1.02
0.25	0.0491	0.275	0.30	0.96	0.724	1.02	1.05
0.28	0.0573	0.31	0.32	1.00	0.785	1.07	1.11
0.29	0.0667	0.33	0.34	1.04	0.849	1.12	1.15
0.31	0.0755	0.35	0.36	1.08	0.916	1.16	1.19
0.33	0.0855	0.37	0.38	1.12	0.985	1.20	1.23
0.35	0.0962	0.39	0.41	1.16	1.057	1.24	1.27
0.38	0.1134	0.42	0.44	1.20	1.131	1.28	1.31
0.41	0.1320	0.45	0.47	1.25	1.227	1.33	1.36
0.44	0.1521	0.49	0.50	1.30	1.327	0.38	1.41
0.47	0.1735	0.52	0.53	1.35	1.431	1.43	1.46
0.49	0.1886	0.54	0.55	1.40	1.539	1.48	1.51
0.51	0.204	0.56	0.58	1.45	1.651	1.53	1.56
0.53	0.221	0.58	0.60	1.50	1.767	1.58	1.61
0.55	0.238	0.60	0.62	1.56	1.911	1.64	1.67
0.57	0.255	0.62	0.64				

6．核算铁芯窗口的面积

核算所选用的变压器铁芯窗口能否放置得下所设计的绕组。如果放置不下，则应重选导线规格，或者重选铁芯。其核算方法如下：

（1）根据铁芯窗高 h(mm)，求取每层匝数 N_i 为

$$N_i = \frac{0.9\times[h-(2\sim4)]}{d'} \text{（层/匝）}$$

式中的系数 0.9 为考虑绕组框架两端各空出 5%的地方不绕导线而留的裕度，而(2～4)为考虑绕组框架厚度留出的空间。

（2）每个绕组需绕制的层数 m_i 为

$$m_i = \frac{N}{N_i}\text{（层）}$$

（3）计算层间绝缘及每个绕组的厚度 δ_1，δ_2，δ_3，…

通常使用的绝缘厚度尺寸主要有：

① 一、二次侧绕组间绝缘的厚度 δ_0 为绕组框架厚度 1mm，外包对地绝缘为二层电缆纸（2×0.07mm）夹一层黄蜡布(0.14 mm)，合计厚度 $\delta_0 = 1.28$ mm。

② 绕组间绝缘及对地绝缘的厚度 $r = 0.28$ mm。

③ 层间绝缘的厚度 δ'。导线直径为 0.2mm 以下的，用一层(0.02～0.04)mm 厚的透明纸（白玻璃纸）；导线直径为 0.2mm 以上的，用一层（0.05～0.07）mm 厚的电缆纸（或牛皮纸），更粗的导线用一层 0.12mm 的青壳纸。

最后可求出一次侧绕组的总厚度 δ_1 为

$$\delta_1 = m_i(d' + \delta') + r\text{（mm）}$$

同理，可求出二次侧每个绕组的总厚度 δ_2，δ_3。

④ 全部绕组的总厚度为

$$\delta = (1.1\sim1.2)(\delta_0 + \delta_1 + \delta_2 + \delta_3 + \cdots)\text{（mm）}$$

式中，系数(1.1～1.2)为考虑绕制工艺因素而留的裕量。

若求得绕组的总厚度 δ 小于窗口宽度 C，则说明设计方案可以实施；若 δ 大于 C，则方案不可行，应调整设计。设计计算调整的思路有二：其一是加大铁芯叠厚 b'，使铁芯柱截面积 A_{Fe} 加大，以减少绕组匝数。经验表明，$b' = (1\sim2)a$ 为较合适的尺寸配合，故不能任意增大叠厚；其二是重新选取硅钢片尺寸，如加大铁芯柱宽 a，可增大铁芯截面积 A_{Fe}，从而减少匝数。

二、小型变压器的重绕修理

小型单相变压器如发生绕组烧毁、绝缘老化、引出线断裂、匝间短路或绕组对铁芯短路等故障均需进行重绕修理。其重绕修理工艺与设计制作工艺大致相同，不同点主要有原始数据记录和铁芯拆卸。

1. 记录原始数据

在拆卸铁芯前及拆卸过程中，必须记录下列原始数据，作为制作木质芯子及骨架、选用线规、绕制绕组和铁芯装配等的依据。

（1）记录名牌数据。主要是记录变压器的型号、容量、一、二次电压和绝缘等级等原始数据。

（2）记录绕组数据。主要是记录变压器绕组导线的规格、匝数、绕组尺寸、绕组引出线规格长度及绕组的重量等原始数据。

测量绕组数据的方法内容为：测量绕组尺寸；测量绕组层数、每层匝数及总匝数；测量导线直径，烧去漆层，用棉纱擦净，对同一根导线应在不同的位置测量三次，取平均值。

在重绕修理中，仍然要进行重绕匝数核算，这是为了防止由于线径较小、匝数较多的绕组，在数匝数时弄错，使修理后的变压器的变比达不到原要求。

2．重绕匝数的核算

（1）测取原铁芯截面。先实测原铁芯叠厚及铁柱宽度，再考虑硅钢片绝缘层和片间间隙的叠压系数，对小型变压器一般取 0.9。

（2）获取原铁芯的磁通密度 B_m。

（3）重绕匝数的核算。

后两项内容与变压器设计制作时的参数计算相同，参照前面内容即可。

3．记录铁芯数据

主要是测量和记录铁芯的有关尺寸，硅钢片厚度及片数。

任务实施

一、任务准备

实施本任务教学所使用的实训设备及工具材料如下。

1．设备及材料

绕线机、放线架、台虎钳、电烙铁及烙铁架、漆包线、引线用焊片、铜箔、绝缘纸等。

2．工具

电工工具 1 套、游标卡尺或千分尺、剪刀、锉刀、胶、木锤。

3．测量仪表及量具

MF30 型万用表、500V 兆欧表等。

4．材料

（1）硅钢片选用 a=38mm，c=19mm，h=57mm，A=114mm，H=95mm 的 E 形通用硅钢片（见图 1-2-3），叠厚 48mm，一次侧 220V，0.6A，绕组用最大外径为 0.67mm，Q 型漆包线绕 534 匝。

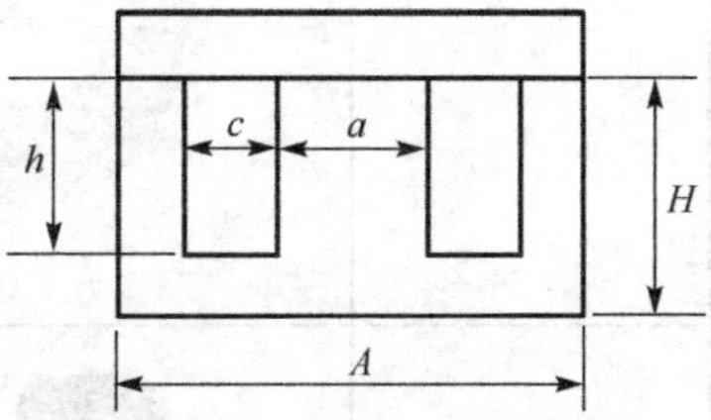

图 1-2-3 E 型通用硅钢片

（2）二次侧 17V，6A，绕组用最大外径为 1.64mm，Q 型漆包线绕 41 匝。

（3）二次侧 30V×2（中心抽头），0.2A，绕组用最大外径为 0.33mm，Q 型漆包线绕 146 匝。

（4）绕线芯子用厚 1mm 的弹性纸制作；对铁芯绝缘用两层电缆纸（0.07mm），一层黄蜡布（0.14mm）；绕组间绝缘与对铁芯绝缘相同。

（5）17V 层间绝缘用两层电缆纸（0.12mm）；其他绕组层间绝缘用一层电缆纸（0.07mm）。

二、熟悉拆装与重绕所需工具材料

拆装与重绕变压器所需材料、仪表与工具见表 1-2-5。

表 1-2-5　拆装与重绕所需材料、仪表与工具

材料、仪表或工具	相关图片	描述
标准变压器及漆包线		通过拆卸标准变压器可知，选用相应的漆包线的初级和次级线圈的线径为多少
绝缘材料的选择	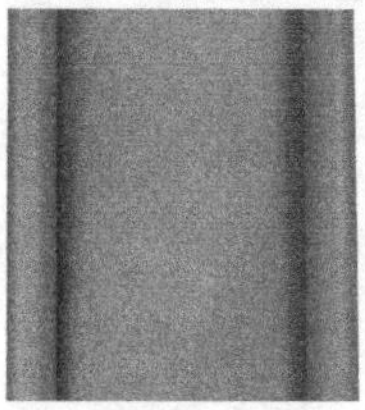 (a) 牛皮纸  (b) 青壳纸	绝缘材料的选择应从两个方面考虑：一方面是绝缘强度，对于层间绝缘应用厚度为 0.08mm 的牛皮纸，线包外层绝缘使用厚度为 0.25mm 的青壳纸
仪表和量具	 (a) 万用表 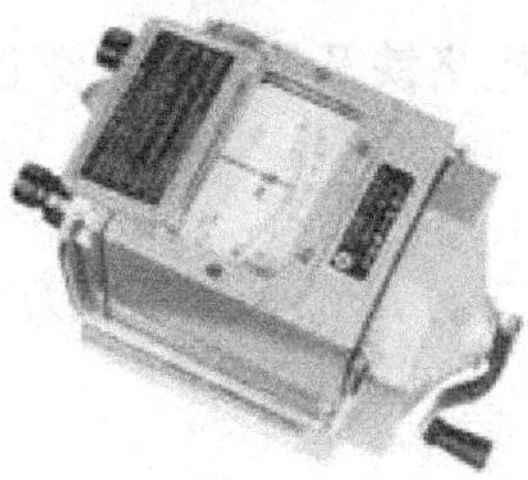 (b) 兆欧表 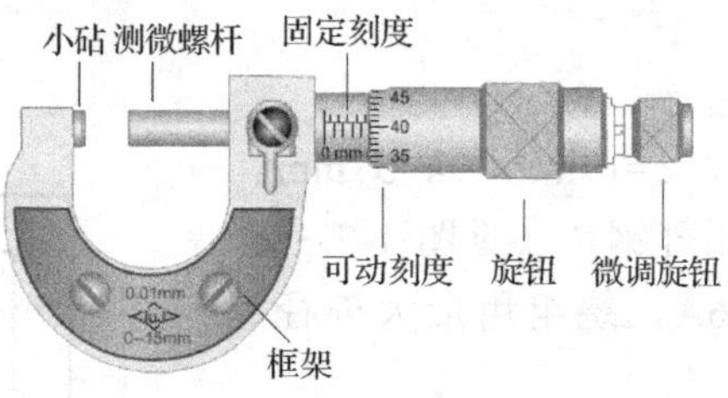 (c) 螺旋测微尺（千分尺）	分别用于测量变压器的绕组直流电阻、绝缘电阻及绕组线径
工具	 (a) 胶锤（或木锤）  (b) 绕线机	用于拆卸变压器铁芯及绕组

三、单相变压器的拆卸

（1）对小型变压器的铁芯和绕组进行拆卸，具体步骤见表 1-2-6。

表 1-2-6　单相变压器产品的拆卸

序号	步骤	图示及步骤描述	
1	外壳拆卸	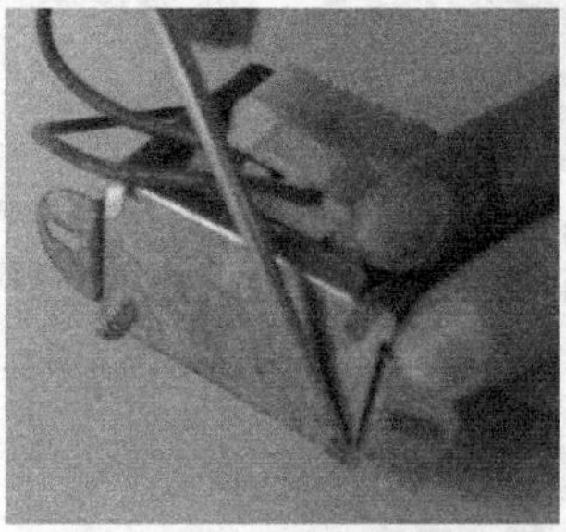 ① 用一字起子将小型变压器底板上的四个卡脚撬起	 ② 取出外壳底板
		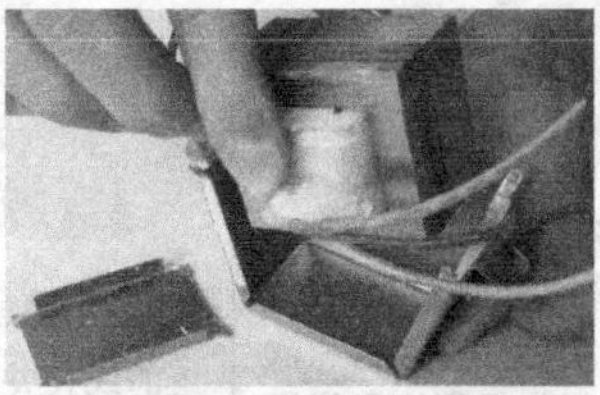 ③ 将整个外壳拆卸下来，并取出铁芯	 ④ 拆卸后照片
2	铁芯起拆	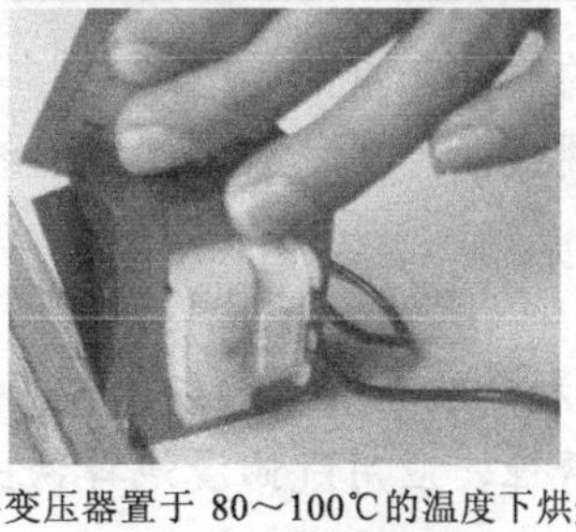 ① 将变压器置于 80～100℃的温度下烘烤 2 小时左右，使绝缘软化，减小绝缘漆黏合力，并用锯条或刀片清除铁芯表面的绝缘漆膜。在变压器下方垫一木块，外边缘留几片不垫，在上方用磨制的断锯条对准最外面一层硅钢片的舌片	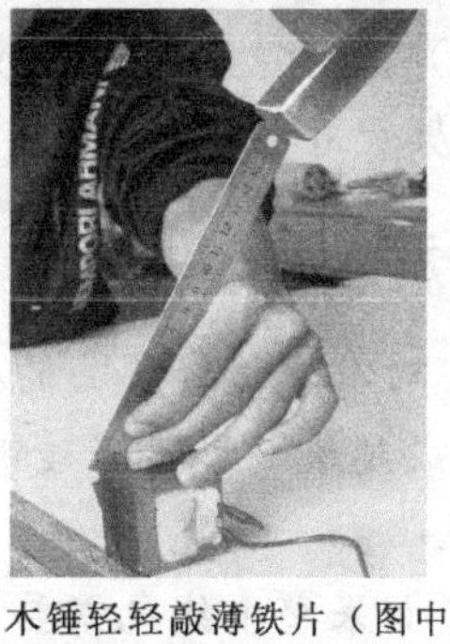 ② 用木锤轻轻敲薄铁片（图中为薄钢尺），将硅钢片先冲出几片来
		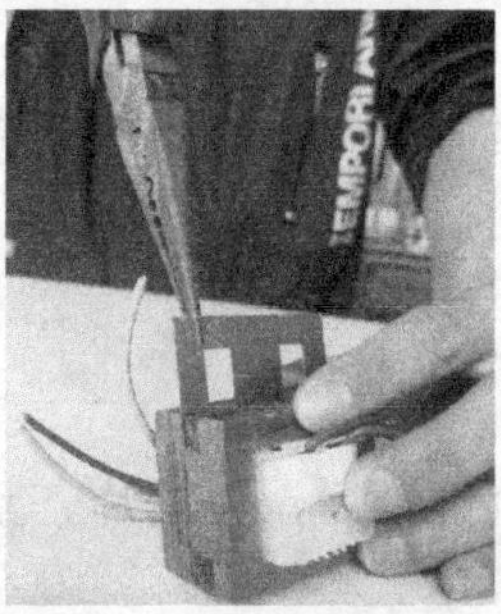 ③ 将冲出的那几片硅钢片沿两侧摇动，使硅钢片松动，同时将铁芯边摇动边往上提，直到这片硅钢片取出为止	 ④ 重复上述两个过程，逐步取出最外面插得较紧的硅钢片。外层硅钢片取出后，铁芯已不很紧固，其余部分可直接用手取出

续表

序号	步骤	图示及步骤描述	
3	绕组拆卸及绕组线径测量	 ① 为了便于记录原绕组线圈的匝数，将待拆绕组连同骨架以与绕制线圈方向相反的方向安装在绕线机上	 ② 将绕线机的计数器清零
		 ③ 用手拖动线圈的线头并将拉出来的线绕在另一空骨架上。在骨架的拖动下，绕线机也被动转动，同时带动计数器计数。用此方法分别将初级和次级绕组拆卸下来，并分别记录好初级和次级绕组的匝数	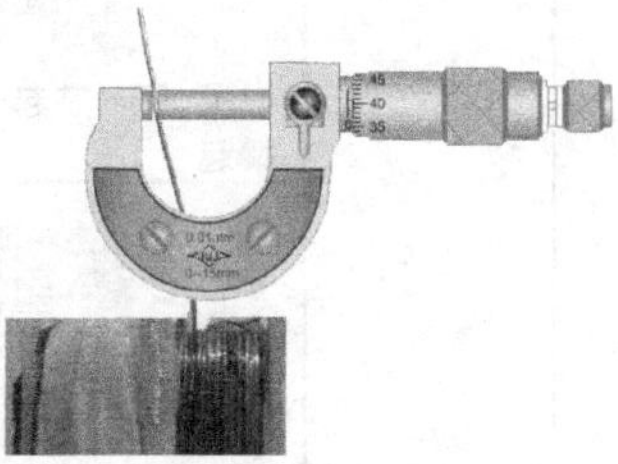 ④ 用螺旋测微器分别测出初级和次级绕组的线径并作记录

（2）记录骨架尺寸参数、绕组线圈的线径和匝数。

骨架尺寸参数：________；绕组线圈线径：________；绕组线圈匝数：________。

提示

① 对有卷边和弯曲的硅钢片，可用木锤敲直展平后继续使用。注意不可用铁锤敲打，以免造成延展变形。若硅钢片表面发现锈蚀，应用汽油浸泡掉锈斑和旧有绝缘漆膜，重刷绝缘漆。

② 如果整个线包需要重新绕制，原有的漆包线和骨架均不再用时，可采用破坏性拆法。将变压器铁芯夹紧在台虎钳上，用钢锯沿着铁芯舌宽面将线包连骨架一起锯开，即可轻易拆开铁芯。

③ 测量导线直径，烧去漆层，用棉纱擦净，对同一根导线应在不同的位置测量三次取平均值。

四、单相变压器的重绕

按小型变压器绕制工艺绕制绕组，绕制结束后，先镶片、紧固铁芯，再焊接引出线。

1. 绕组制作

制作绕组的具体步骤见表 1-2-7。

表 1-2-7　绕组制作步骤

序号	步骤	过程图片	步骤描述
1	芯子的制作	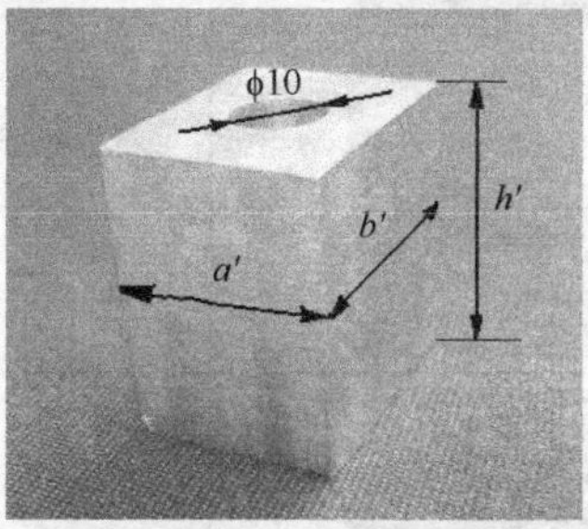	芯子是用来固定骨架并便于绕线用的，可以用木料或铝材制作。一般按比铁芯中心柱截面积 $a\times b$ 稍大些的尺寸 $a'\times b'$ 制成，芯子的长边 h' 应比铁芯窗口高度 h 长约 2mm，芯子的中心孔必须钻得平直，四边必须相互垂直，边角用砂纸磨成圆角，以便套进或抽出骨架。 木质芯的尺寸：截面宽度要比硅钢片的舌宽略大 0.2mm，截面长度比硅钢片叠厚尺寸略大 0.3mm，高度比硅钢片窗口约高 2mm。外表要做得光滑平直
2	骨架的制作		若重新绕制的变压器骨架未损坏，应用回原骨架
		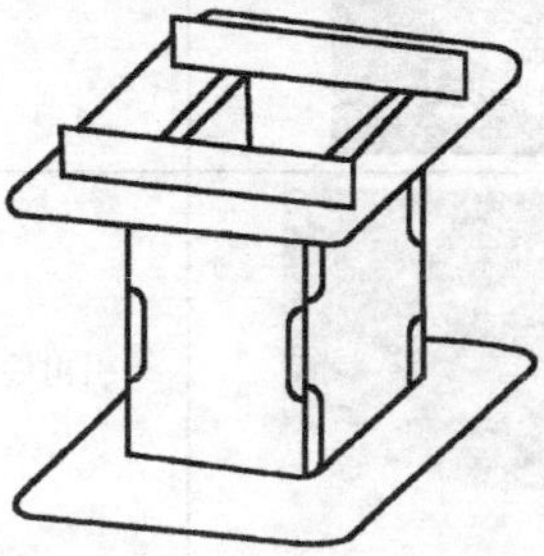 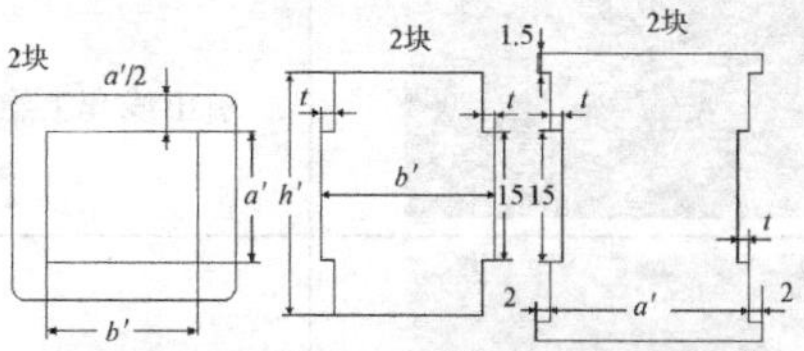	若原变压器的骨架损坏，应仿制积木式骨架： 1．材料以厚度为 0.5～1.5mm 厚的胶木板、环氧树脂板、塑料板等绝缘板为宜。 2．材料下好，打光切口的毛刺后，在要黏合的边缘，特别是榫头上涂好黏合剂，进行组合，待黏合剂固化后，再用硅钢片在内腔中插试，如尺寸合适，即可使用
3	裁剪好各种绝缘纸（布）	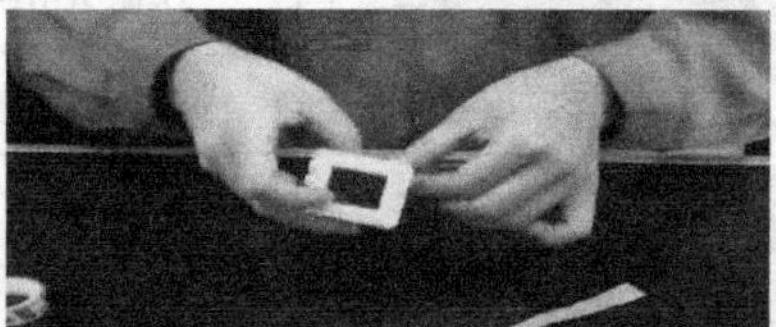 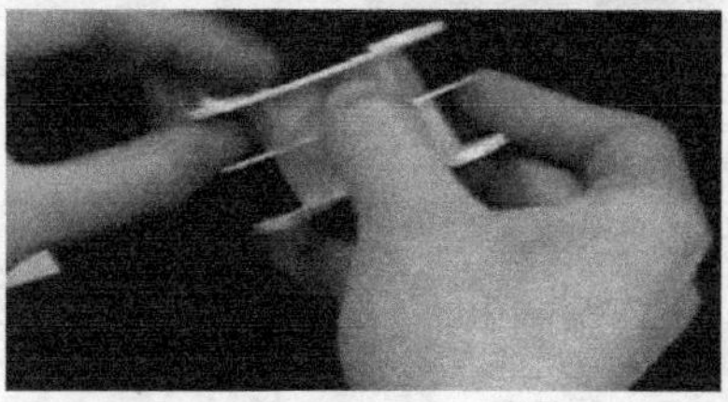	绝缘纸（布）的宽度应稍长于骨架或绕线芯子周长，而长度应稍大于骨架或绕线芯子的周长，还应考虑到绕组稍大后所需的裕量

续表

序号	步骤	过程图片	步骤描述
4	套芯子	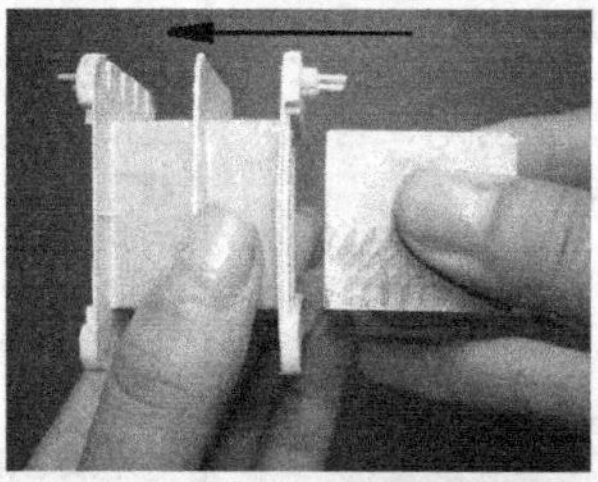	将骨架套上芯子
5	固定芯子及骨架		将带芯子的骨架穿入绕线机轴上，上好紧固件
6	记数转盘调零		将绕线机上的记数转盘调零
7	起绕	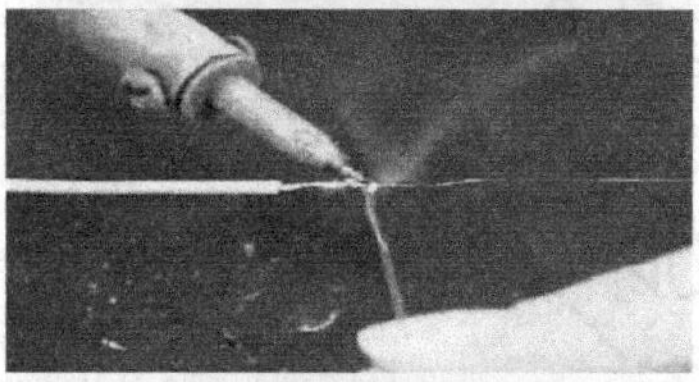	引出线的焊接
		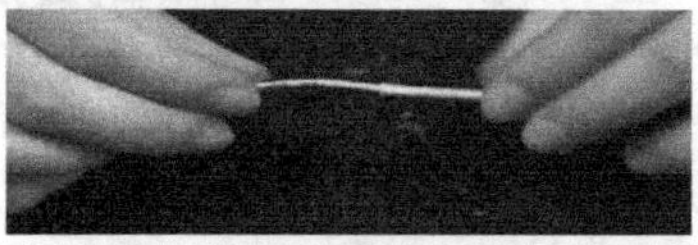	引出线套上绝缘套管
		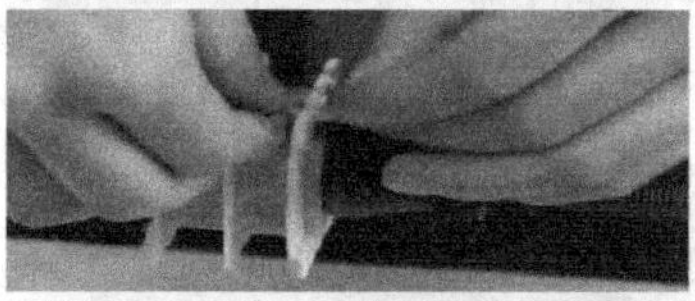	一次侧引出线嵌入绕线骨架上
		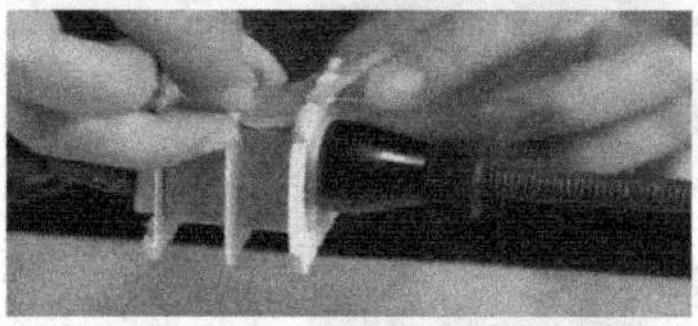	固定引出线
		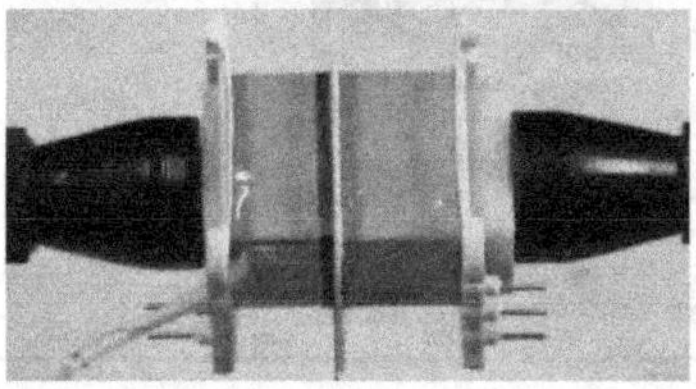	起绕时，在导线引线头上压入一条用青壳纸或牛皮纸片做成的长绝缘折条，待绕几匝后抽紧起始头

续表

序号	步骤	过程图片	步骤描述
8	绕线	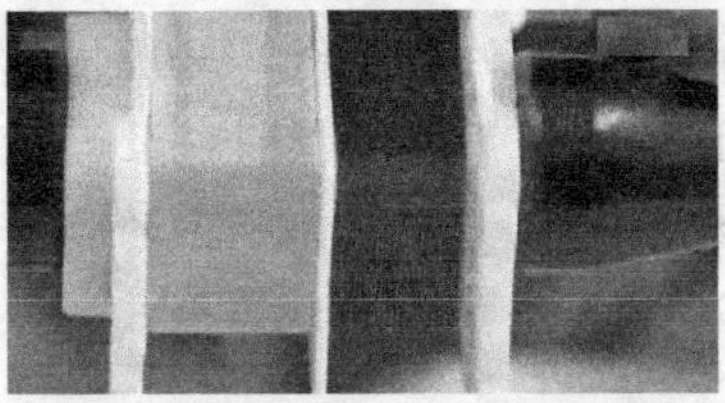	绕线时将导线稍微拉向绕线前进的相反方向约 5°，拉线的手顺绕线前进方向而移动，拉力大小应根据导线粗细而定，以使导线排列整齐。每绕完一层要垫层间绝缘
9	线尾的固定	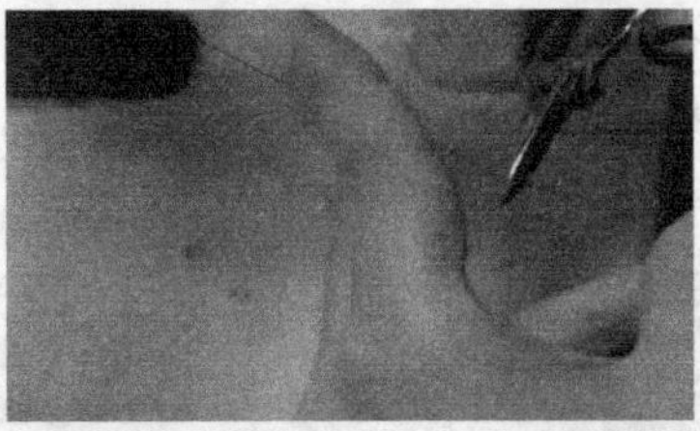  	当一组绕组绕制临近结束时，要垫上一条绝缘带的折条，继续绕线至结束，将尾线插入绝缘带的折缝中，抽紧绝缘带，以固定线尾
		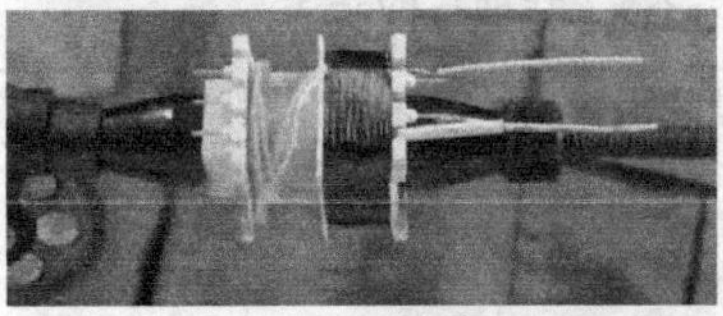 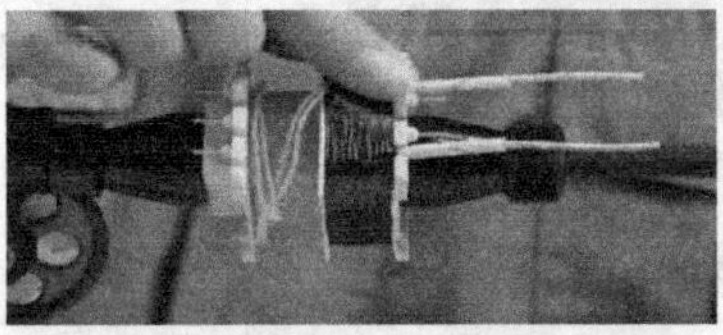	焊接、固定引出线，并套上黄腊管
10	外侧绝缘	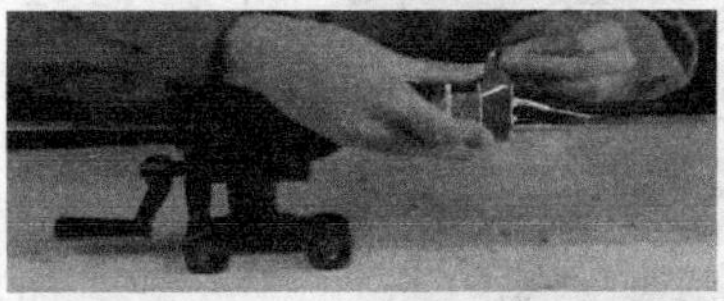 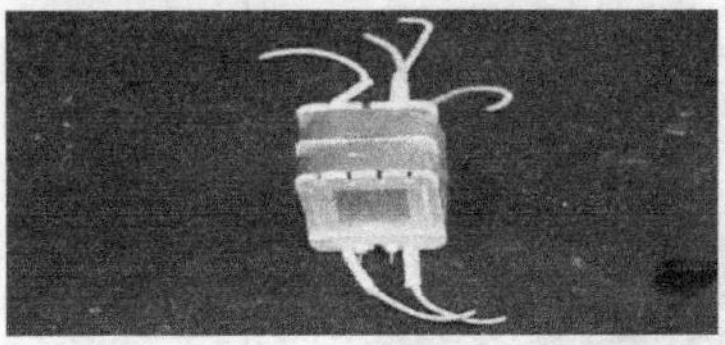	线包绕完后，外层绝缘用铆好焊片的青壳纸缠绕 2～3 层，用胶水粘牢

操作提示

（1）变压器每组线圈都有两个或两个以上的引出线，一般用多股软线、较粗的铜线或用铜皮剪成的焊片制成，将其焊在线圈端头，用绝缘材料包扎好后，从骨架端面预先打好的孔中伸出，以备连接外电路。对绕组线径在 0.35mm 以上的都可用本线直接引出方法，如图 1-2-4 所示；线径在 0.35mm 以下的，要用多股软线作引出线，也可用薄铜皮做成的焊片作引出线头。

（2）导线要求绕得紧密、整齐，不允许有叠线现象。绕线的要领是：绕线时将导线稍微拉向绕线前进的相反方向约 5°，如图 1-2-5 所示。拉线的手顺绕线前进方向而移动，拉力大小应根据导线粗细而掌握，这样导线就容易排列整齐，每绕完一层要垫层间绝缘。

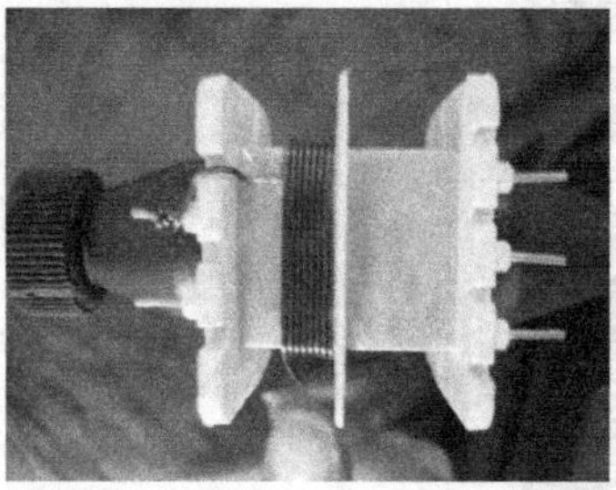

图 1-2-4 利用本线作为引出线

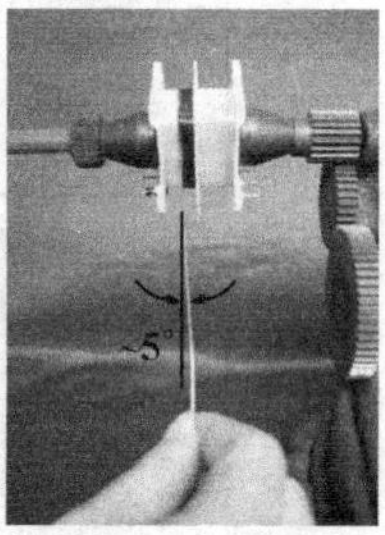

图 1-2-5 绕线的要领

2. 硅钢片的安装

硅钢片的安装见表 1-2-8。

表 1-2-8 硅钢片的安装

序号	步骤	过程图片	步骤描述
1	硅钢片安装准备	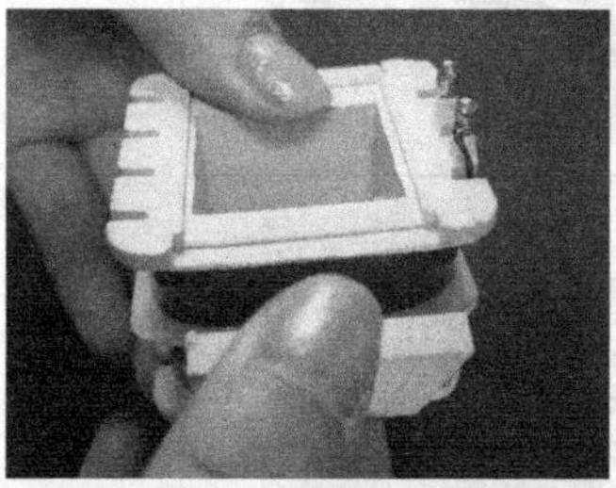	镶片前先将夹板装上
2	硅钢片安装开始	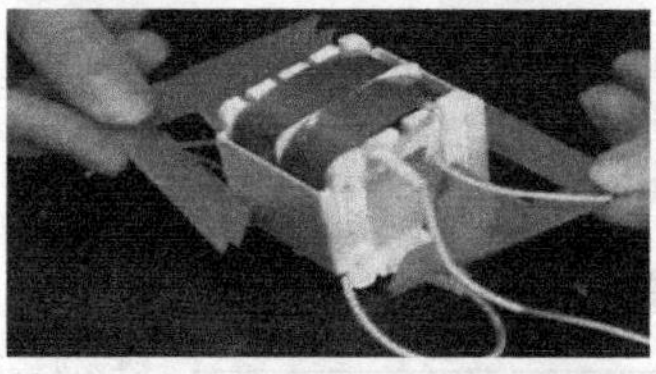 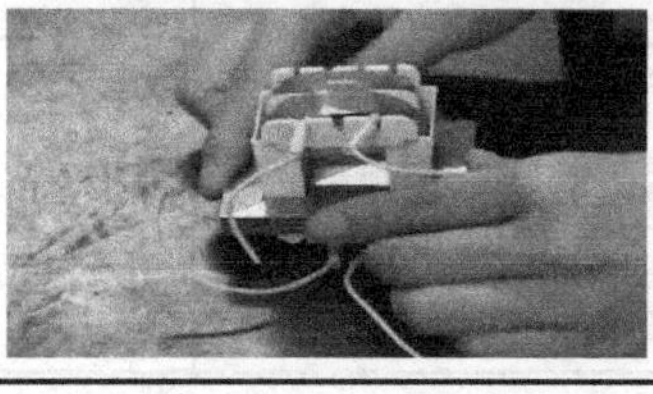	镶片应从线包两边，两片两片地交叉对镶

续表

序号	步骤	过程图片	步骤描述
3	最后几片的镶片	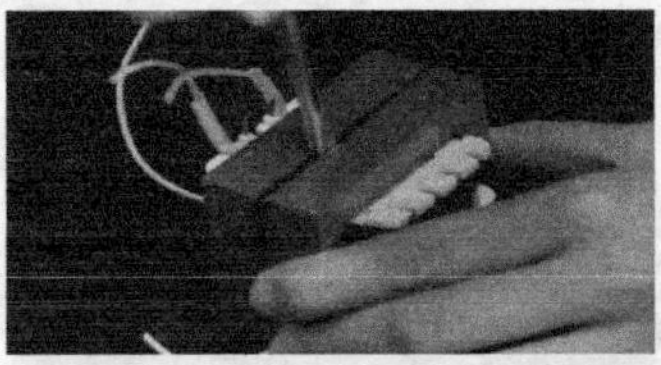 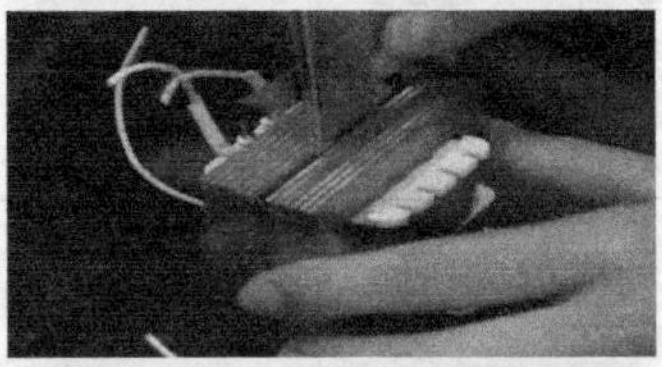 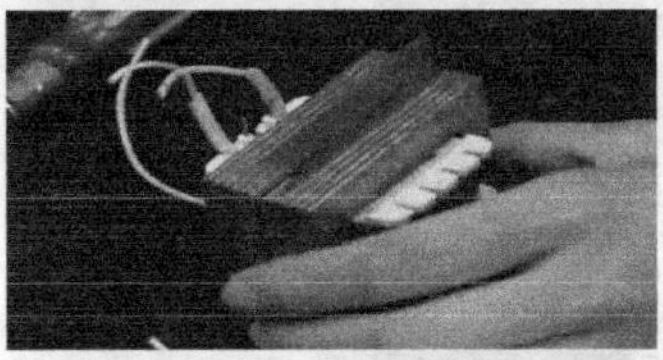 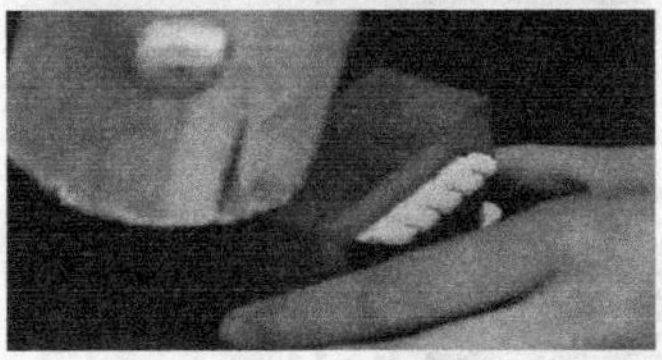	当余下最后几片硅钢片时，比较难镶，俗称紧片。紧片需要用起子撬开两片硅钢片的夹缝才能插入，同时用木锤轻轻敲入。切不可硬性地将硅钢片插入，以免损伤框架和线包

五、测试

测试的目的是检验制作出来的变压器的电气性能是否达到了要求，具体的测量步骤见表 1-2-9，并将检测结果记入表 1-2-10 中。

表 1-2-9　变压器的参数测量

序号	步骤	过程图片	步骤描述
1	兆欧表的开路实验	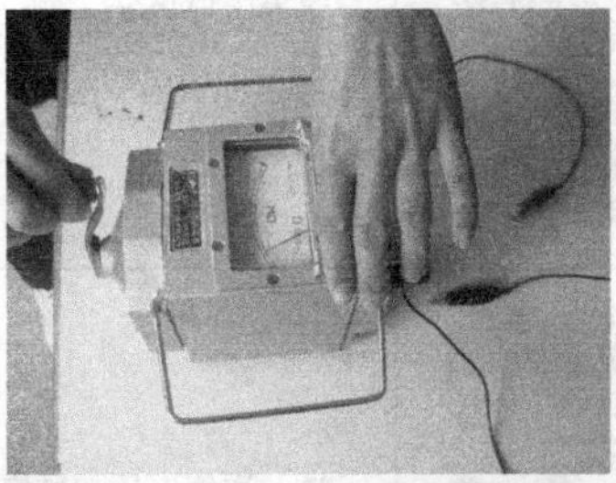	将兆欧表 L 线与 E 线自然分开，以 120r/min 的速度摇动兆欧表。正常情况下，兆欧表的表针应指向无穷大，也以此证明兆欧表电压线圈正常
2	兆欧表的短路实验	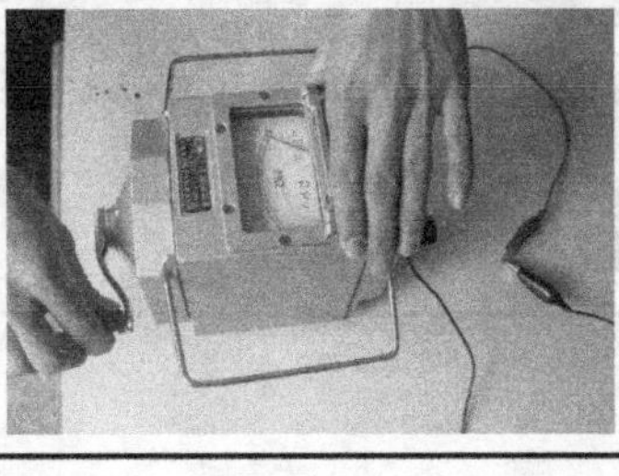	将兆欧表 L 线与 E 线短接，轻轻摇动兆欧表。正常情况下，兆欧表的表针应很快指向刻度 0，也以此证明兆欧表电流线圈正常。 注意：轻摇一下就行，当指针指向刻度 0 后就不允许继续摇动，否则此时的短路电流可能会将兆欧表的电流线圈烧毁

续表

序号	步骤	过程图片	步骤描述
3	初次级绕组间绝缘电阻的测试	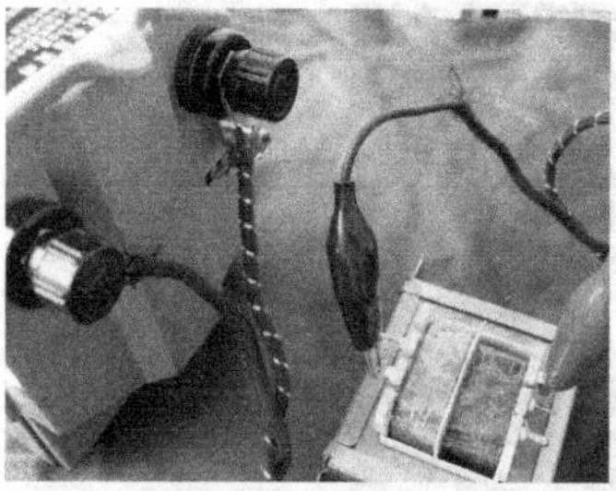	用兆欧表测量初级绕组和次级绕组间的绝缘电阻，如图所示，阻值接近“∞”。 用兆欧表测量各绕组间和各绕组对铁芯的绝缘电阻。400V 以下的变压器其绝缘电阻值应不低于 90MΩ
4	初级绕组与铁芯间绝缘电阻的测试	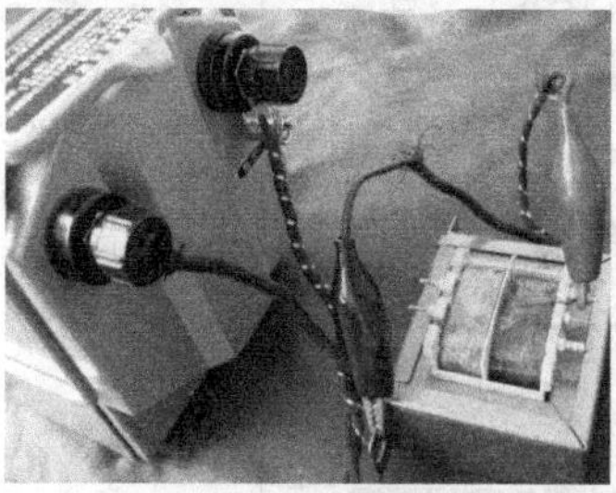	用兆欧表测量初级绕组对铁芯（外壳）的绝缘电阻，如图所示，阻值接近“∞”
5	次级绕组与铁芯间绝缘电阻的测试		用兆欧表测量次级绕组对铁芯（外壳）的绝缘电阻，如图所示，阻值接近“∞”
6	兆欧表读数情况	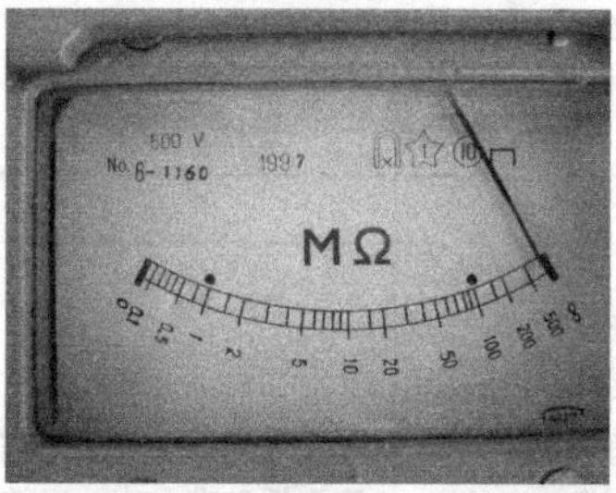	测量阻值接近“∞”时的表面
7	空载电压的测试		当一次侧电压加额定值 220V 时，二次侧绕组的空载电压允许误差为±5%。现测二次侧电压为 17.5V，误差为 3%，在允许范围内

表 1-2-10 变压器测试训练记录

直流电阻				绝缘电阻			电压值				空载电流			
一次	二次Ⅰ	二次Ⅱ	二次Ⅲ	一次与二次间	一次与地间	二次Ⅰ与二次Ⅱ间	二次	二次Ⅰ	二次Ⅱ	二次Ⅲ	二次	二次Ⅰ	二次Ⅱ	二次Ⅲ
额定负载电流				空载损耗			温升							
一次	二次Ⅰ	二次Ⅱ	二次Ⅲ	$P_0=P_2-P_1$			通电时间	起始温度	终止温度	$\Delta T=\frac{R_2-R_1}{3.9\times10^{-3}R_1}$				

六、绝缘处理

经检测二次侧的输出电压符合要求后，进行变压器的绝缘处理。具体步骤见表 1-2-11。对初步检测合格的变压器进行浸漆和烘烤，将各个工序所用时间和温度记入表 1-2-12 中。

表 1-2-11 绝缘处理的方法及步骤

序号	步骤	过程图片	步骤描述
1	绝缘处理准备		将线包用导线杂（扎）好
2	变压器器身加热		放在烘箱内加温到 70～80℃，预热 3～5h 取出，以便油漆渗透
3	浸漆	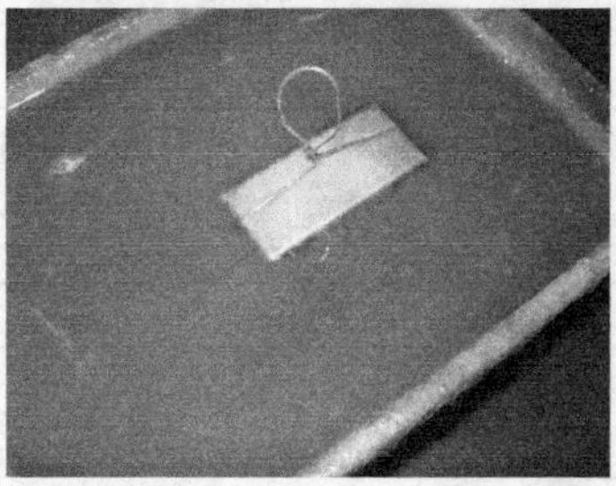	立即浸入 1032 绝缘清漆中约 0.5h

续表

序号	步骤	过程图片	步骤描述
4	绝缘风干或烘干		取出后在通风处滴干，然后在 80℃烘箱内烘 8h 左右即可

表 1-2-12　变压器浸漆烘烤训练记录

预烘		浸绝缘漆		第一阶段烘烤		第二阶段烘烤		复查绝缘电阻		
温度	时间	型号	时间	温度	时间	温度	时间	一次与二次间	一次与地间	二次与地间

检查评议

对任务实施的完成情况进行检查，并将结果填入表 1-2-13 的评分表内。

表 1-2-13　任务测评表

序号	项目内容	评分标准	配分	得分
1	制作前的准备	（1）制作前未将工具、仪器及材料准备好，每少 1 件扣 2 分 （2）选用绝缘材料时，选用错误扣 4 分	5	
2	单相变压器拆卸	（1）外壳拆卸方法和步骤不正确，每次扣 2 分 （2）铁芯拆卸方法和步骤不正确，每次扣 2 分 （3）绕组拆卸方法和步骤不正确，每次扣 2 分 （4）绕组线径测量不正确，每次扣 4 分	20	
3	绕组制作	（1）计数转盘调零方法和步骤不正确，扣 4 分 （2）起绕方法和步骤不正确，扣 4 分 （3）引出线的处理方法和步骤不正确，扣 4 分 （4）外层绝缘处理方法和步骤不正确，扣 4 分	20	
4	硅钢片的安装	硅钢片不平整，有毛刺扣 5 分；硅钢片表面绝缘有损扣 5 分；硅钢片有“抢片”现象扣 10 分；硅钢片“错位”扣 10 分；硅钢片有插片不紧扣 5 分	10	
5	绝缘处理	（1）绝缘处理准备不充分，扣 2 分 （2）变压器器身加热方法和步骤不正确，扣 3 分 （3）浸漆工艺和步骤不正确，扣 2 分 （4）绝缘风干或烘干工艺和步骤不正确，扣 3 分	10	
6	变压器测试	外观质量不合格扣 15 分；绝缘电阻偏小扣 10 分；无电压输出扣 10 分；空载电压偏高扣 5 分；空载电流偏大扣 5 分；运行中发热严重或有响声扣 10 分	20	
7	数据记录	数据记录不完整扣 1～5 分	5	
8	安全文明生产	（1）违反安全文明生产规程，扣 10 分 （2）发生人身和设备安全事故，不及格	10	
9	定额时间	4h，超时扣 5 分		
10	备注	合计	100	

巩固与提高

一、填空题（请将正确答案填在横线空白处）

1. 有一台变压器一次绕组接在50Hz、380V的电源上时，二次绕组的输出电压是36V。若把它的一次绕组接在60Hz、380V的电源上，二次绕组的输出电压是________V，输出电压的频率是________Hz。

2. 一次绕组为660匝的单相变压器，当一次绕组电压为220V时，要求二次绕组电压为127V，则该变压器二次绕组应为________匝。

3. 一台变压器的变压比为5，当该变压器二次绕组接到220V的交流电源上时，则二次绕组输出的电压是________V。

二、判断题（正确的在括号内打“√”，错误的打“×”）

1. 在变压器绕组匝数、电源电压及频率一定的条件下，将变压器的铁芯截面积S减小，根据公式$\Phi_m=BS$，变压器铁芯中的主磁通将要减小。（　）

2. 一单相变压器，额定电压为10/0.23kV，额定电流为10/435A，将其接入额定电压运行，一次绕组电流一定是10A。（　）

3. 为了节约用铜，可将一次绕组和二次绕组匝数各减为原来的一半。（　）

三、选择题（将正确答案的字母填入括号中）

1. 有一台变压器，一次绕组的电阻为10Ω，在一次绕组加220V的交流电压时，一次绕组的空载电流（　）。

A. 等于22A　B. 小于22A　C. 大于22A　D. 不能确定

2. 如果将额定电压为220/36V的变压器接入220V直流电源，将会（　）。

A. 输出36V的直流电压

B. 输出电压低于36V

C. 输出36V电压，一次绕组过热

D. 没有电压输出，一次绕组严重过热而烧坏

3. 将50Hz、220/127V的变压器，接到100Hz、220V电源上，铁芯中的磁通将（　）。

A. 减小　B. 增加　C. 不变　D. 不能确定

任务3 单相变压器的检测与维护

学习目标

知识目标：

1. 掌握变压器极性的概念以及极性的判别方法。
2. 掌握变压器的外特性及电压变化率的概念。

3. 理解变压器损耗和效率的概念。

4. 熟悉单相变压器的常见故障现象及故障原因分析。

能力目标：

1. 能通过直流法、交流法进行变压器的极性判定。

2. 能通过变压器的空载试验和短路试验进行变压器的变压比、电压调整率，以及铁损耗、铜损耗、效率和短路电压的测定。

工作任务

无论是新制作的，还是经过维修后的变压器，为保证它的性能指标基本符合使用条件，必须要按照相应的标准对其进行检测，检测合格后方可使用。检测的内容主要有：铁芯材料、装配工艺质量是否达标；绕组的匝数是否正确、匝间有无短路；铁芯、线圈的铁损耗、铜损耗是否达到设计要求；变压器运行性能是否良好；等等。

本任务以单相变压器为例，通过实验的形式来测定变压器的运行性能和相关参数，并对其进行维护。

相关理论

一、变压器绕组的极性

变压器绕组的极性是指变压器一次、二次绕组在同一磁通作用下所产生的感应电动势之间的相位关系，通常用同名端来标记。

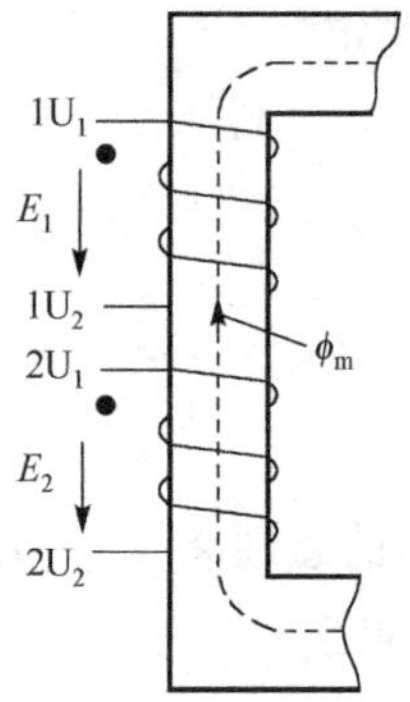

图 1-3-1 绕组的极性

如图 1-3-1 所示，铁芯上绕制的所有线圈都穿过铁芯中交变的主磁通，在任意某个瞬间，电动势都处于相同极性（如正极性）的线圈端就称为同名端，而不是处于相同极性的两端就称为异名端。例如，在交变磁通 Φ_m 的作用下，感应电动势 E_1 和 E_2 的正方向所指的 $1U_2$、$2U_2$ 是一对同名端，$1U_1$ 与 $2U_1$ 也是同名端。应该指出，不是被同一个交变磁通所贯穿的线圈，它们之间就不存在同名端的问题。

同名端的标记方法有多种，例如，用星号“*”或点“·”来表示，在互感器绕组上常用“+”和“−”来表示（并不表示真正的正负意义）。

对一个绕组而言，可取任意端点作为正极性，但是一旦定下来，其他有关的绕组或线圈的正极性也就根据同名端的关系被确定下来了。

绕组之间进行连接时，极性至关重要。一旦极性接反，轻者不能正常工作，重者导致绕组和设备严重损坏。绕组串联时，必须异名端相连；绕组并联时，必须同名端相连。

二、变压器的外特性及电压调整率

变压器一次侧输入额定电压 U_{1N}，二次侧负载功率因数 $\cos\varphi_2$ 为常数时，二次侧输出电压 U_2 与输出电流 I_2 的关系称为变压器的外特性，也称为输出特性。

1．变压器的外特性曲线

图 1-3-2 所示是变压器的外特性曲线，图中 I_{2N} 是二次侧的额定电流，U_{2N} 是二次侧的额定电压（空载电压）。当二次侧接电阻性负载或感性负载时，外特性曲线是下降的；当二次侧接容性负载时，外特性曲线是上升的。影响外特性的主要因素是一次绕组的阻抗 Z_{S1}、二次绕组的阻抗 Z_{S2} 和二次侧的功率因数 $\cos\varphi_2$。由变压器的外特性曲线可知：二次侧负载的功率因数越大，输出电压的稳定性越好。

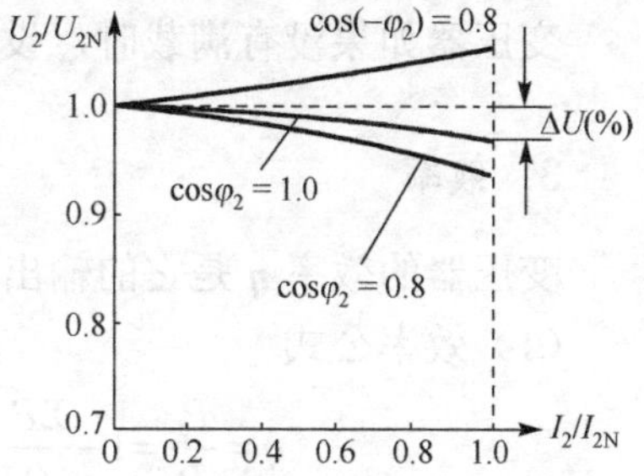

图 1-3-2　变压器的外特性曲线

2．电压调整率

一般情况下负载都是感性的，所以变压器的输出电压 U_2 随着输出电流 I_2 的增加而略有下降。通常用电压调整率$\Delta U\%$来表示电压变化的程度。电压调整率定义为：一次侧为额定电压，负载功率因数为常数时，二次侧空载电压与负载时电压之差对空载电压的百分值，即

$$\Delta U\%=\frac{U_{2N}-U_2}{U_{2N}}\times 100\%$$

式中　U_{2N}——变压器二次侧的额定电压（二次侧的空载电压）；

U_2——变压器二次侧为额定电流时的输出电压。

提示

电压调整率反映了供电电压的稳定性，是变压器的一个重要性能指标。$\Delta U\%$越小，说明变压器二次绕组输出的电压越稳定，因此要求变压器的$\Delta U\%$越小越好。一般情况下，照明电源电压波动范围为±5%，动力电源电压波动范围为–5%～10%。

三、变压器的损耗、效率和冷却方式

变压器在传输能量的过程中会产生损耗，其损耗分为铁损耗和铜损耗两大类。

1．铁损耗

铁损耗包括涡流损耗和磁滞损耗，用符号 ΔP_{Fe} 表示。当电源频率和铁芯材料一定时，根据 $\Delta P_{Fe}\propto \Phi_m^2$，所以只要电源电压 U_1 不变，Φ_m 也基本不变，铁损耗为常数，可看作不变损耗，且近似等于空载损耗，即 $\Delta P_{Fe}=\Delta P_0=U_{1N}I_0\cos\varphi_1$，空载电流 I_0 为 I_{1N} 的 2%～10%。

2．铜损耗

铜损耗指绕组中流过电流发热而产生的损耗，用符号 ΔP_{Cu} 表示。它随负载电流的变化而变化，所以称可变损耗，额定电流时的铜损耗等于短路损耗。所谓短路损耗，就是当二次侧短路时，调节一次侧输入电压使一次侧电流为额定电流 I_{1N}，这时一次侧的输入电压即为短路电压 U_K，输入功率即为短路损耗，即

$$\Delta P_K=U_K I_{1N}\cos\varphi_1$$

则 $$\Delta P_{CuN}=\Delta P_K=U_K I_{1N}\cos\varphi_1$$

变压器如果没有满载时，设负载系数 $\beta=\dfrac{I_2}{I_{2N}}$，则 $\Delta P_{Cu}=\beta^2\Delta P_K$。

3．效率

变压器的效率 η 是它的输出有功功率 P_2 与输入有功功率 P_1 的比值。

（1）效率公式

$$\eta=\frac{P_2}{P_1}=1-\frac{\Sigma P}{P_1}=1-\frac{\Sigma P}{P_2+\Sigma P}=1-\frac{\Delta P_0+\beta^2\Delta P_K}{\beta S_N\cos\varphi_2+\Delta P_0+\beta^2\Delta P_K}$$

式中 S_N——变压器的额定容量（kW），单相 $S_N=U_{1N}I_{1N}=U_{2N}I_{2N}$；

P_1——变压器输入有功功率（kW），单相 $P_1=U_1I_1\cos\varphi_1$；

P_2——变压器输出有功功率（kW），单相 $P_2=U_2I_2\cos\varphi_2\approx\beta S_N\cos\varphi_2$；

ΣP——变压器总损耗（kW），$\Sigma P=\Delta P_{Fe}+\Delta P_{Cu}$。

（2）效率曲线

图 1-3-3 所示为变压器的效率曲线，从效率曲线上可知，变压器的效率与负载功率因数和负载系数 β 有关，且 β 在 0.6～0.7 的范围内，效率最高。

当 $\Delta P_{Fe}=\Delta P_{Cu}$ 时，效率 η 最大，此时 $\beta_m=\sqrt{\dfrac{\Delta P_0}{\Delta P_K}}$

在负载系数 β 相同的条件下，负载功率因数 $\cos\varphi_2$ 越大，效率 η 越高。

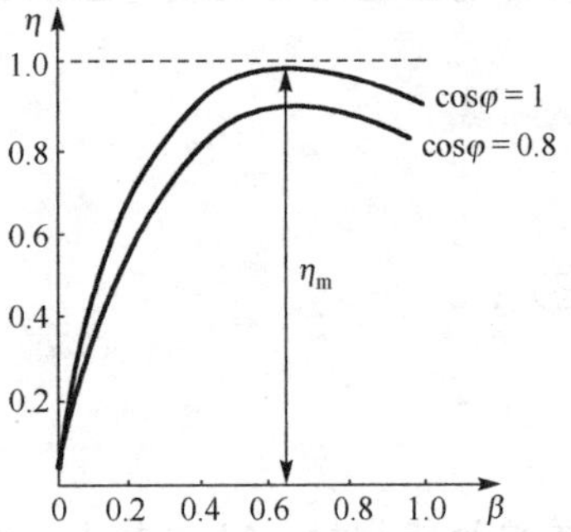

图 1-3-3 变压器的效率曲线

4．冷却方式

小型变压器一般采取自冷（干式）或风冷。

四、小型变压器的维护

小型变压器在使用过程中，由于自身的原因或电源、负载等的不正常变化，有可能发生各种各样的故障。要排除这些故障，必须先了解小型变压器常见的故障现象及产生故障的原因，见表 1-3-1。

表 1-3-1 小型变压器的常见故障现象和原因分析

序号	故障现象	故障原因
1	接通电源，二次绕组无电压输出	① 电源插头或电源线开路 ② 一次绕组开路或引线脱焊 ③ 二次绕组开路或引线脱焊
2	温升过高甚至冒烟	① 层间、匝间绝缘老化或绕线不慎造成匝间短路，一次绕组与二次绕组间短路 ② 硅钢片间绝缘不好，使涡流损耗增大 ③ 铁芯厚度不够或绕组匝数偏少 ④ 负载过大或输出电路局部短路
3	空载电流过大	① 一次绕组匝数不够 ② 铁芯厚度不够 ③ 一次绕组局部短路 ④ 铁芯质量较差

续表

序号	故障现象	故障原因
4	运行中有异声	① 铁芯未插紧 ② 电源电压过高 ③ 负载过大或短路引起振动
5	铁芯和底板带电	① 绕组对地短路或与静电屏蔽层间短路 ② 长期使用，绕组对地（铁芯）绝缘老化 ③ 引出线裸露部分碰触铁芯或底板 ④ 线圈受潮或环境过大使绕组局部漏电
6	线圈击穿打火	① 一次、二次绕组间绝缘被击穿 ② 同一绕组中电压相差大的两根导线靠得太近，使绝缘被击穿

任务实施

一、任务准备

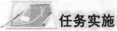

实施本任务教学所使用的实训设备及工具材料可参考表 1-3-2。

表 1-3-2 实训设备及工具材料

序号	分类	名称	型号规格	数量	单位	备注
1	工具仪表	电工常用工具		1	套	
2		万用表	MF47 型	1	块	
3		电压表		2	块	
4		电流表		2	块	
5		低功率因素电能表	D26—W	1	块	
6	设备器材	单相控制变压器	220V/24V	1	个	
7		单相调压器	TDGC2—0.5（2A）	1	个	
8		熔断器	10A	1	个	
9		自动空气开关	DZ47—10	1	个	
10		干电池	1.5V	1	个	
11		转换开关	自定	2	个	
12		多股导线	BVR1.5	若干	米	

二、变压器同名端的判别

已经制成的变压器由于经过浸漆或其他工艺处理，从外观上无法辨别，只能借助仪表来测定同名端。单相变压器的极性测定方法有交流法和直流法两种。

1. 直流法（电池—毫安表法）

用直流法测定变压器绕组的极性原理图如图 1-3-4 所示，具体的方法及步骤如下：

（1）设定线端。假定一次侧绕组 $1U_1$、$1U_2$ 端与二次侧绕组 $2U_1$、$2U_2$ 端，并做好记号，如图 1-3-5 所示。

（2）连接线路。按照如图 1-3-4 所示的原理图，将电池的“-”极接至一次侧 $1U_2$，而“+”接到开关 SA，然后再接到一次侧的 $1U_1$。在二次侧绕组间接入一个直流毫伏表（或万用表选至直流毫安挡），表的“+”端子（或红表笔）与变压器二次侧绕组 $2U_1$ 相接，表的“-”端子（或黑表笔）与变压器二次侧绕组 $2U_2$ 相接，接线实物图如图 1-3-6 所示。

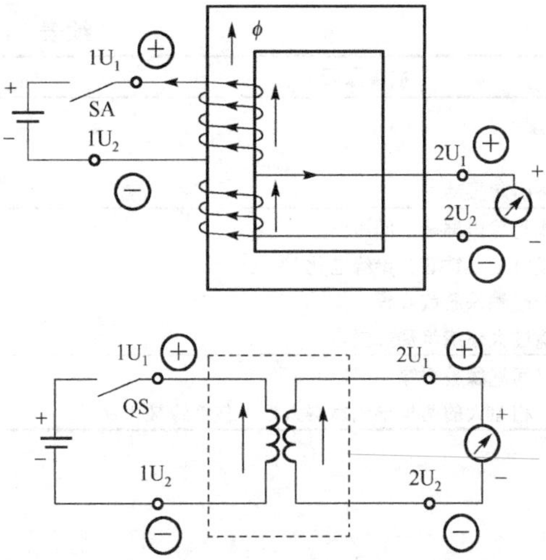

图 1-3-4　直流法测定变压器绕组极性原理图

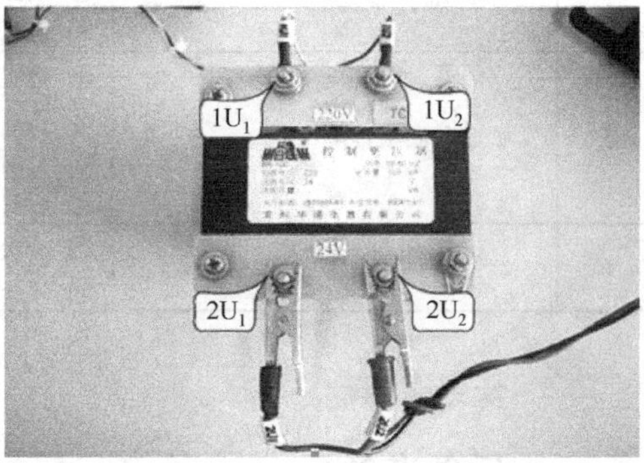

图 1-3-5　设定线端

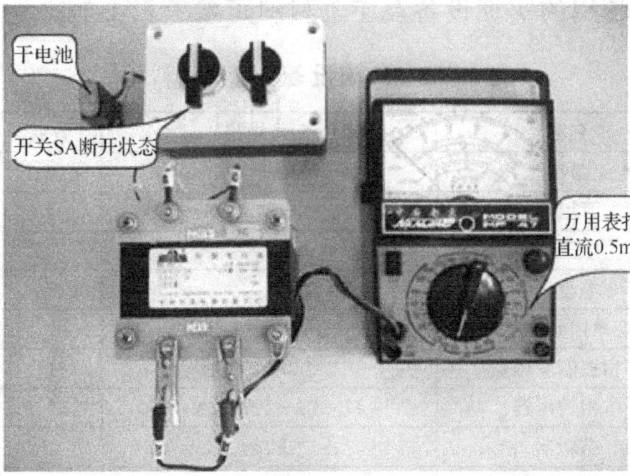

图 1-3-6　直流法测定变压器绕组极性连接实物图

（3）测定判断。当合上开关 SA 的瞬间，变压器铁芯充磁，根据电磁感应定律，在变压器两绕组中有感应电动势产生。如直流毫伏表（或万用表）的指针向零刻度的正方向（右方）正摆动，如图 1-3-7 所示，则被测变压器 $1U_1$ 与 $2U_1$，$1U_2$ 与 $2U_2$ 是同名端。如指针向零刻度的负方向（左方）反摆动，则被测变压器 $1U_1$ 与 $2U_2$，$1U_2$ 与 $2U_1$ 是同名端。

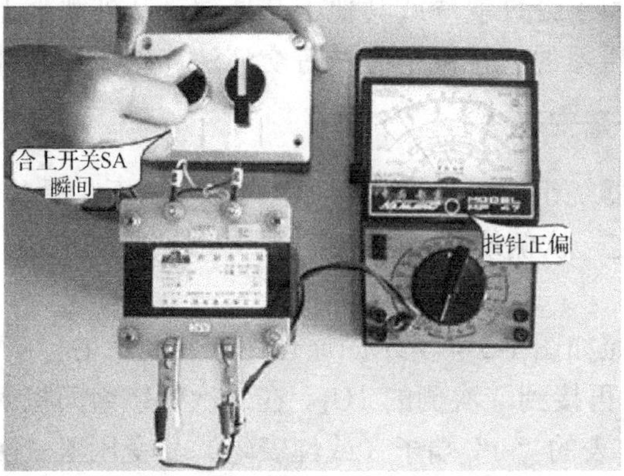

图 1-3-7　直流法测定变压器绕组极性合上开关瞬间

2．交流法

用交流法测量单相变压器的极性时，是将变压器的一次侧绕组尾端 $1U_2$ 和二次侧绕组尾端 $2U_2$ 用导线连接起来，然后在变压器一次侧首尾之间，外施较低的交流电压，如图 1-3-8 所示。然后用交流电压表测量被测一次侧绕组、二次侧绕组的电压以及一次、二次绕组的电压来判断变压器出线端的极性。具体步骤如下。

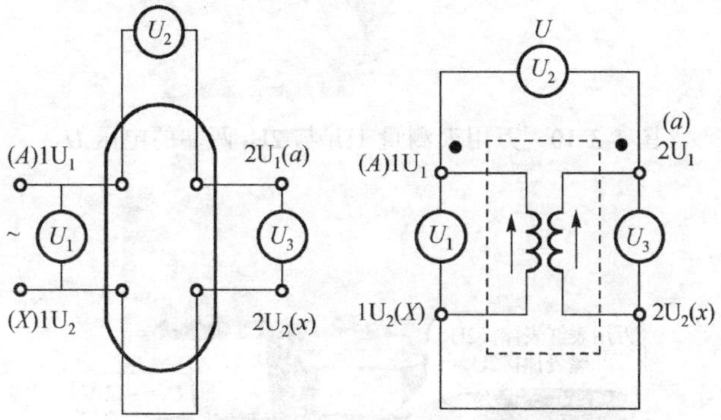

图 1-3-8　交流法测定变压器绕组极性原理图

（1）设定线端。假定一次侧绕组 $1U_1$、$1U_2$ 端与二次侧绕组 $2U_1$、$2U_2$ 端，并做好记号，如图 1-3-5 所示。

（2）连接线路。将变压器的一次侧 $1U_2$ 端和二次侧 $2U_2$ 端用导线连接起来，如图 1-3-8 所示。

（3）测定判断。在一次侧绕组外施较低的便于测量的交流电压 110V。

① 用交流电压表测量 $1U_1$ 与 $1U_2$ 两端的电压 U_1 为 110V，如图 1-3-9 所示。

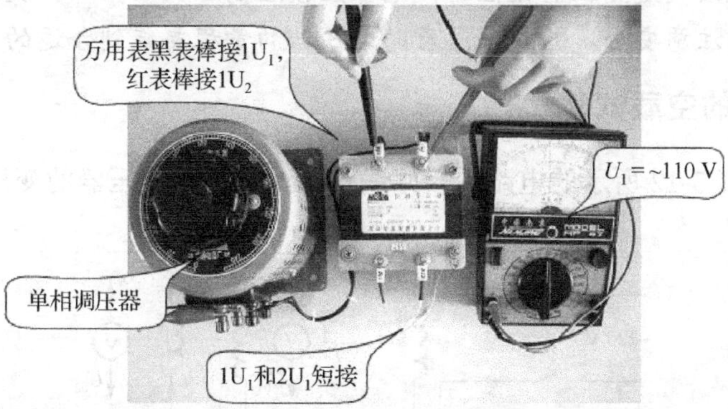

图 1-3-9　万用表测量 $1U_1$ 与 $1U_2$ 两端的电压 U_1

② 用交流电压表测量 $1U_1$ 与 $2U_1$ 两端的电压 U_3 为 124V，如图 1-3-10 所示。

③ 用交流电压表测量 $2U_1$ 与 $2U_2$ 两端的电压 U_2 为 12V，如图 1-3-11 所示。

④ 测量结果 $U_3=U_1+U_2$，则其出线端 $1U_1$ 与 $2U_1$，$1U_2$ 与 $2U_2$ 互为异名端；若测量结果 $U_3=U_1-U_2$，则其出线端 $1U_1$ 与 $2U_1$，$1U_2$ 与 $2U_2$ 互为同名端。

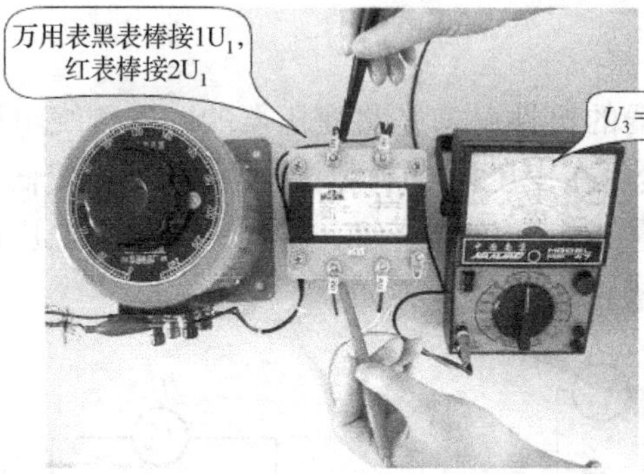

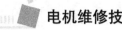

图 1-3-10　万用表测量 $1U_1$ 与 $2U_1$ 两端的电压 U_3

图 1-3-11　万用表测量 $2U_1$ 与 $2U_2$ 两端的电压 U_2

操作提示

（1）采用交流法判定变压器极性时，电源应接在高压侧端，即一次绕组上。

（2）通电时要注意安全，并且万用表的电压挡的量程要旋到合适的位置。

三、变压器的空载试验

1．按照如图 1-3-12 所示的电路图接好线路，测出单相变压器的变压比。

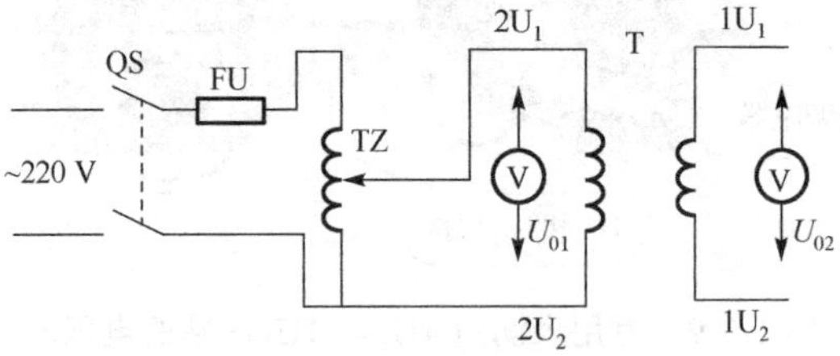

图 1-3-12　变压器测变压比试验线路图

2．用万用表或交流电压表测量输入电压 U_1 和输出电压 U_2，将测量值填入表 1-3-2 中。

3．按照如图 1-3-13 所示的电路图接好线路。

4．合上电源开关 QS，调节调压器 TZ 使电压表的读数为 220V。读出电流表和低功率因数电能表的读数，将测量值填入表 1-3-2 中。

表 1-3-2 试验数据记录表

内容	数据记录	结论
变压器的空载试验	U_1=____V，U_2=____V I_0=____A，P_0=____W	$K=\frac{U_1}{U_2}=$_____，$\frac{I_0}{I_{1N}}=$_____

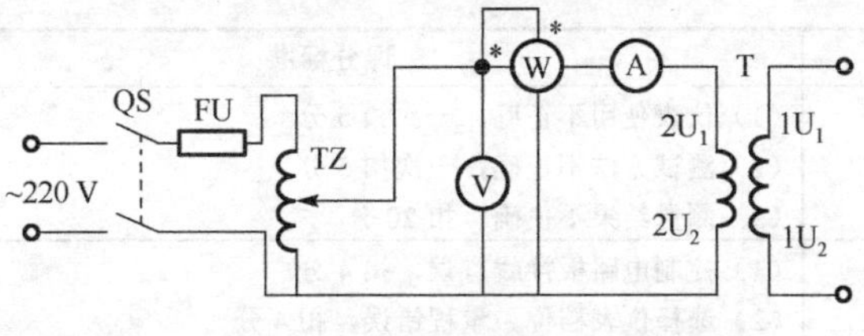

图 1-3-13 单相变压器空载试验线路图

四、变压器的短路试验

1. 按照如图 1-3-14 所示的电路图接好线路。

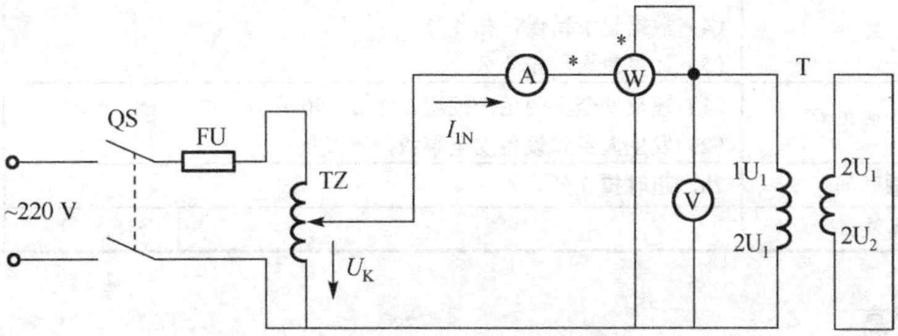

图 1-3-14 单相变压器短路试验线路图

2. 合上电源开关 QS，调节调压器 TZ 使电流表的读数为高压侧的额定电流。读出电流表和低功率因数电能表的读数，将测量值填入表 1-3-3 中。

表 1-3-3 实验数据记录表

内容	数据记录	结论
变压器的短路实验	U_K=____V，I_1=____A，P_K=____W	$\Delta U\%=\frac{U_K}{U_1}=$_____，

操作提示

（1）试验中按图接好试验线路后，必须经老师检查认可，方可动手操作。

（2）空载试验通常是将高压侧开路，由低压侧通电进行测量。

（3）短路试验应将低压侧短路，由高压侧通电进行测量。切忌二次侧短路时，在一次侧加额定电压，以免烧坏变压器。

（4）合上开关通电前，一定要注意将调压器手柄置于输出电压为零的位置，注意高阻抗和低阻抗仪表的布置。

（5）短路试验时，操作、读数应尽量快，以免温升对电阻产生影响。

（6）遇异常情况，应立即切断电源，处理好故障后，再继续试验。

检查评议

对任务实施的完成情况进行检查，并将结果填入表 1-3-4 的评分表内。

表 1-3-4　任务测评表

序号	项目内容	评分标准		配分	得分
1	变压器的极性判定	(1) 仪表使用不正确，一次扣 5 分 (2) 测试方法不正确，一次扣 5 分 (3) 测量结果不正确，扣 20 分		30	
2	变压器的空载试验	(1) 控制电路板接线有误，扣 4 分 (2) 选择仪表档位、量程错误，扣 4 分 (3) 原、副边的电压测试错误，扣 4 分 (4) 数据记录错误，扣 4 分 (5) 计算错误，扣 4 分		30	
3	变压器的短路试验	(1) 控制电路板接线有误，扣 4 分 (2) 选择仪表档位、量程错误，扣 4 分 (3) 原、副边间绝缘电阻测试错误，扣 4 分 (4) 数据记录错误，扣 4 分 (5) 计算错误，扣 4 分		30	
4	安全文明生产	(1) 违反安全文明生产规程，扣 5～40 分 (2) 发生人身和设备安全事故，不及格		10	
5	定额时间	2h，超时扣 5 分			
6	备注		合计	100	

巩固与提高

一、填空题（请将正确答案填在横线空白处）

1．变压器绕组的极性是指变压器一次、二次绕组在同一磁通作用下所产生的感应电动势之间的关系，通常用________来标记。

2．所谓同名端是指________，一般用________来表示。

3．变压器的效率一般很________，容量越大，效率越________。

4．实际变压器存在________损耗和________损耗。对于已经制造好的变压器，其________损耗由电源电压及频率决定，而与负载无关；________损耗随负载电流的增加而很快地增加。

5．变压器的外特性是指变压器的一次侧输入额定电压和二次侧负载________为常数时，二次侧________与________的关系。

6．当负载为感性时，变压器的外特性是________；当负载为容性时，变压器的外特性是________。

7．一般情况下，照明电源电压波动不超过________，动力电源电压波动不超过________，否则必须进行调整。

二、判断题（正确的在括号内打“√”，错误的打“×”）

1．当变压器的负载电流 I_2 上升时，如 Z_{S1}、Z_{S2} 越大，则输出电压就越稳定。（　）

2．当变压器的二次侧电流变化时，一次侧电流也随之变化。（　）

3．变压器接容性负载时，对其外特性影响很大，并使 U_2 下降。（　）
4．提高二次侧的负载功率因数可以提高二次侧电压的稳定性。（　）
5．在进行空载试验时，电流表应接在功率表前面。（　）
6．变压器的 U_K 和 Z_K 越小越好。（　）
7．在变压器进行短路试验时，可以在一次侧电压较大时把二次侧短路。（　）
8．变压器的铜损耗为常数，可以看成是不变损耗。（　）

三、选择题（将正确答案的字母填入括号中）

1．电压调整率 $\Delta U\%$ 与短路电压 U_K 的关系是（　）。
A．U_K 越小，$\Delta U\%$ 越小　B．U_K 越小，$\Delta U\%$ 越大
C．U_K 越大，$\Delta U\%$ 越小　D．U_K 与 $\Delta U\%$ 无关
2．照明变压器的工作电压不应超过其额定电压的（　）。
A．+10%～−5%　B．±2%　C．±5%　D．+10%～−10%
3．变压器短路试验的目的之一是测定（　）。
A．短路电压　B．励磁阻抗　C．铁损耗　D．不确定功率因数

四、计算题

变压器的额定容量是 10kV·A，额定电压是 6000V/230V，满载下负载的等效电阻 R_L=0.25Ω，等效阻抗 X_L=0.44Ω，试求负载的端电压及变压器的电压调整率。

五、技能题

有一台 380V/24V 的单相双绕组变压器，试用交流法测定其同名端。

项目 2 电力变压器的使用与维护

发电厂欲将电能输送到用电区域，采用的输送电压越高，则输电线路中的电流越小，输电线路上的损耗就越小，因此远距离输电采用高电压是最为经济的。我国交流输电的电压可达 500kV，这样高的电压，无论从发电机的安全运行方面还是从制造成本方面考虑，都不允许由发电机直接生产。发电机的输出电压一般有 3.15kV、6.3kV、10.5 kV、15.75 kV 等几种，因此必须用电力变压器将电压升高才能进行远距离输送。在电力系统中，电力变压器（以下简称变压器）是变电站的核心设备，其功能是将电力系统中的电能电压升高或降低，以利于电能的合理输送、分配和使用。作为电压变换设备，电力变压器在电力、工业和商业配电系统中普遍使用，且数量巨大。学会正确使用和维护变压器，对电力系统的安全、稳定运行具有重要意义。

任务 1 认识电力变压器

学习目标

知识目标：

1. 了解电力变压器的种类及特点。
2. 熟悉电力变压器的结构。
3. 理解电力变压器铭牌数据的意义。

能力目标：

1. 能正确识别电力变压器的主要附件。
2. 能正确维护和检查电力变压器。

工作任务

为了确保电力变压器安全运行，工作人员必须对其进行日常维护和定期检查，及时发现事故隐患，将事故消灭在萌芽状态；此外一旦发生事故，要能够迅速判断原因和性质，并及时作出相应处理，以达到防止发生严重故障或事故的目的。了解变压器的基本结构、主要附件的作用、铭牌上的一些重要参数及电力变压器的日常维护等相关知识是正确使用和维护电力变压器的前提。

本任务的主要内容是：认识电力变压器的主要附件结构和功能，然后对电力变压器投入运行前和运行中的状态进行检查，并做好检查记录。

相关理论

一、电力变压器的用途

目前，我国高压输电的电压等级有 110kV、220kV、330kV、500kV 及 750kV 等多种。发电机本身由于其结构及所用绝缘材料的限制，不可能直接发出高压输电的等级电压，因此在输电时必须首先通过升压变电站，利用变压器将电压升高，其过程如图 2-1-1 所示。电力网中所使用的变压器统称电力变压器，由于发电、输电通常采用三相交流电，故变压器也是三相的，因此这些电力变压器也称为三相电力变压器。电力变压器的作用详见表 2-1-1。

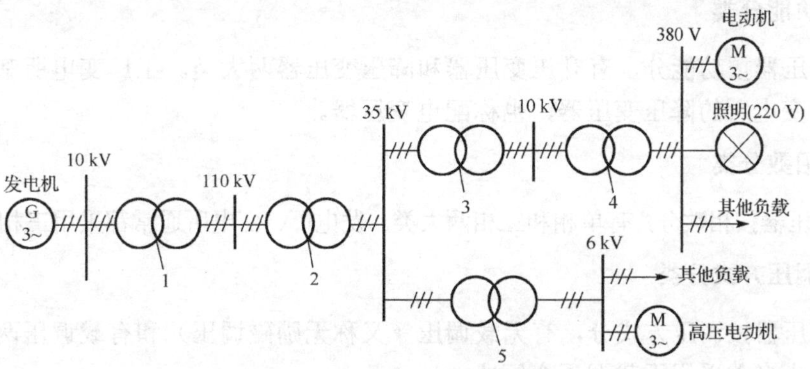

图 2-1-1 简单电力系统示意图

1—升压变压器；2，3—降压变压器；4，5—配电变压器

表 2-1-1 电力变压器的作用

作用	作用描述	电能传输的简单电力系统示意图
升压	电厂用三相同步发电机将其他自然能源转换产生传输电压为 10kV 的电能。为提高电能的传输效率，用升压变压器将传输电压提高到 110kV 甚至更高的超高压，实现高压输电	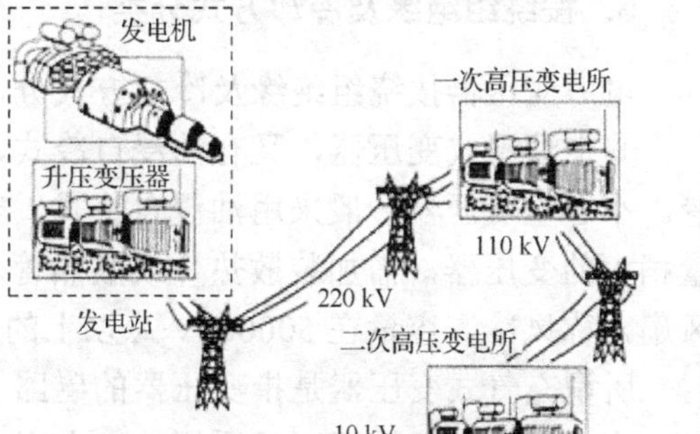
降压	当把超高压的电能传输到用户端后，考虑用电安全的实际，再应用降压变压器降低电压，实现降压用电。然后通过电动机或其他用电设备将电能转换成机械能、热能、光能等	

高压电能输送到用电区后，为了保证用电安全和符合用电设备的电压等级要求，还必

须通过各级降压变电站，利用变压器将电压降低。例如工厂的配电线路，高压侧为 35kV 变 10kV 或 6kV，低压侧为 380V、220V 等。

综上所述，电力变压器是输、配电系统中不可缺少的关键电气设备，从发电厂发出的电能经升压变压器升压，输送到用户区后再经降压变压器降压供给用户，一般需要经 8～9 次变压器的升、降压。

高压传输线路架设成本较低，有色金属消耗较小，安全系数高，是最经济的远距离输电办法，故广泛应用在远距离输电中。

二、电力变压器的种类

电力变压器种类繁多，可以按照功能、相数、调压方式、绕组结构、绕组绝缘及冷却方式、绕组导线材质等不同方式进行分类。

1. 按功能分类

电力变压器按功能分，有升压变压器和降压变压器两大类。工厂变电所都采用降压变压器；终端变电所的降压变压器，也称配电变压器。

2. 按相数分类

电力变压器按相数分，有单相和三相两大类。发电厂、变电所通常都采用三相电力变压器。

3. 按调压方式分类

电力变压器按调压方式分，有无载调压（又称无励磁调压）和有载调压两大类。发电厂、变电所大多数采用无载调压变压器。

4. 按绕组结构分类

电力变压器按绕组结构分，有单绕组自耦变压器、双绕组变压器、三绕组变压器。发电厂大多采用双绕组变压器。

5. 按绕组绝缘及冷却方式分类

电力变压器按绕组绝缘及冷却方式分，有油浸式、干式和充气式等。

其中油浸式变压器，又有油浸自冷式、油浸风冷式、油浸水冷式和强迫油循环冷却式等。小容量变压器一般采用油浸自冷式，容量较小的变压器无散热管，仅靠油箱散热。容量稍大的变压器，需加装散热片或散热管。大容量的变压器为了提高冷却效果，加装冷却风扇，称风冷。容量在 50000kV·A 以上的变压器需采用强迫油循环水冷或风冷。

所谓充气式变压器是指变压器的磁路（铁芯）与绕组均位于一个充有绝缘气体的外壳内的变压器。一般情况下是采用 SF6 气体，所以又称气体绝缘变压器。

6. 按绕组导体材质分类

电力变压器按绕组导体材质分，有铜绕组变压器和铝绕组变压器两大类。变电所过去大多采用铝绕组变压器，但现在低损耗的铜绕组变压器得到了越来越广泛的应用。表 2-1-2 列举了几种国产的新型节能电力变压器。

表 2-1-2 几种国产的新型节能电力变压器

变压器类型	图示	说明
S9 系列全密封油浸式变压器		国家推广使用的更新换代产品，性能先进、损耗低、节能效果显著；采用了新型绝缘材料点胶纸，提高了抗短路能力；取消了储油柜，由波纹油箱的波翅代替油管作为冷却散热元件
树脂绝缘干式变压器 SC（B）10 系列		该系列环氧树脂浇注干式变压器材料优质、配方科学，采用先进的生产检测设备，按照严格的工艺生产而成。产品具有可靠性高、使用寿命长的特点。适用于高层建筑、商业中心、机场、隧道、化工厂、核电站、船舶等重要或特殊环境场所
SG10 非包封 H 级干式电力变压器		主绝缘材料采用杜邦 Nomex（r）纸为基础的绝缘系统，在变压器的整个使用寿命期间都保持极佳的电气性能和机械性能，是一种低损耗、低噪声的绿色环保产品。广泛应用于地铁、高层建筑、矿山、机场等人员密集、防火要求高的场所，以及潮湿、高温、负荷波动大的恶劣环境中
S11-M 型系列油浸式配电变压器		新系列低损耗铜绕组产品，采用优质材料，在绕组器身和绝缘方面运用新工艺、新材料，从而使空载、负载损耗比 GB/T6451 降低约 30%。该产品采用波纹板式散热器，当油温变化时波纹板热胀冷缩可取代储油柜的作用，是当前 S9 系列更新换代的产品
S（B）15 型非晶合金变压器		油浸非晶合金变压器是以非晶合金带材为铁芯材料的一种新型节能变压器，其空载损耗比相同容量 S9 型油浸硅钢片铁芯变压器降低 75%以上，比 S11 型降低 65%以上，节能效果显著。该种变压器可取代硅钢片铁芯变压器而广泛应用于户外的配电系统。变压器采用全密封结构，可在潮湿的环境中运行，是城市和农村广大配电网络中理想的配电设备

三、电力变压器的结构

电力变压器种类较多，其结构也有所不同。电力变压器一般是三相变压器，容量较大，且多数为油浸式的。如图 2-1-2 所示为油浸式三相电力变压器的外形结构图，它主要由铁芯和绕组组成，但为了解决散热、绝缘、密封、安全等问题，还需要有油箱、绝缘套管、储油柜、冷却装置、吸湿器（呼吸器）、压力释放阀、安全气道和气体继电器（瓦斯继电器）等。

1．铁芯

三相电力变压器铁芯采用三相三柱式结构，如图 2-1-3 所示。铁芯的铁芯柱和铁轭均由硅钢片叠装而成，铁芯叠好后，铁芯柱用绝缘带绑扎，铁轭由上下夹件夹紧。为了保持整体性，上下夹件间用拉杆紧固。铁芯叠片通过接地片与夹件连接实现接地。三个铁芯柱供三相磁通 $\dot{\Phi}_U$、$\dot{\Phi}_V$、$\dot{\Phi}_W$ 分别通过，在三相电压平衡时，磁通也是对称的，总磁通为

$$\dot{\Phi}_U+\dot{\Phi}_V+\dot{\Phi}_W=0$$

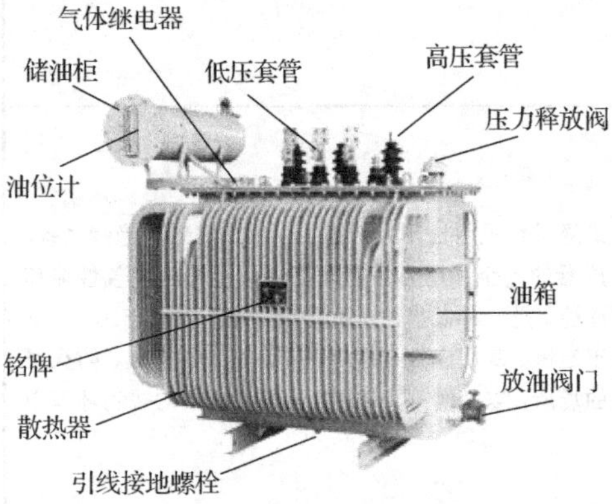

图 2-1-2　油浸式电力变压器外形结构图

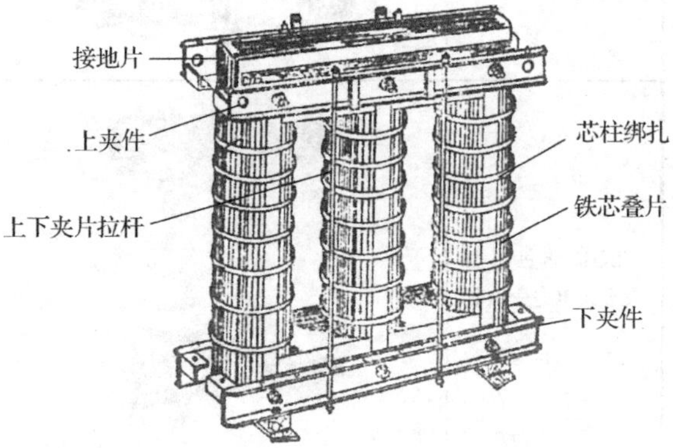

图 2-1-3　三相电力变压器的铁芯

变压器铁芯必须可靠接地，以防感应电压或漏电。而且铁芯接地点只能有一个，以免在其内部形成闭合回路，产生环流。

2．绕组

电力变压器的绕组广泛采用同心式结构，其特点是低压绕组与高压绕组在同一铁芯柱上同心排列，一般低压绕组在内，高压绕组在外。电力变压器绕组都采用圆筒式绕法，如图 2-1-4 所示。它的绕法是把一根或几根并联的导线在绝缘纸筒上沿铁芯柱高度方向依次连续绕制。一般低压绕组用扁铜线绕成单层或双层，如图 2-1-4(a)所示；高压绕组用圆导线绕成多层，如图 2-1-4(b)所示。绕组与绕组、绕组与铁芯间用电木纸或钢纸板做成的圆筒绝缘。绕组的层间留有油道，以利于绝缘和散热。

把高低压绕组同心地套在各相铁芯柱上，再装上相应的配件，就装配出了器身，如图 2-1-5 所示。

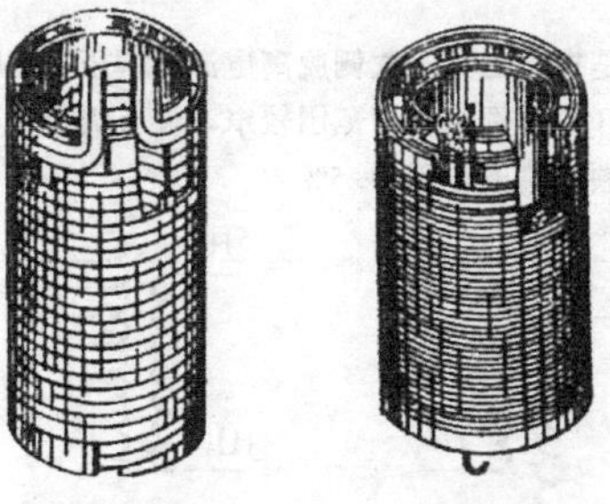

图 2-1-4 圆筒式绕组

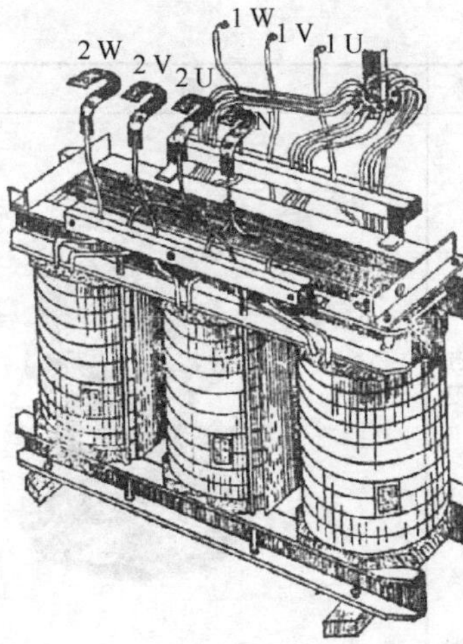

图 2-1-5 电力变压器的器身

3. 主要附件

电力变压器的主要附件及其功能说明见表 2-1-3。

表 2-1-3 电力变压器的主要附件及其功能

附件名称	图 示	说 明
储油柜（油枕）	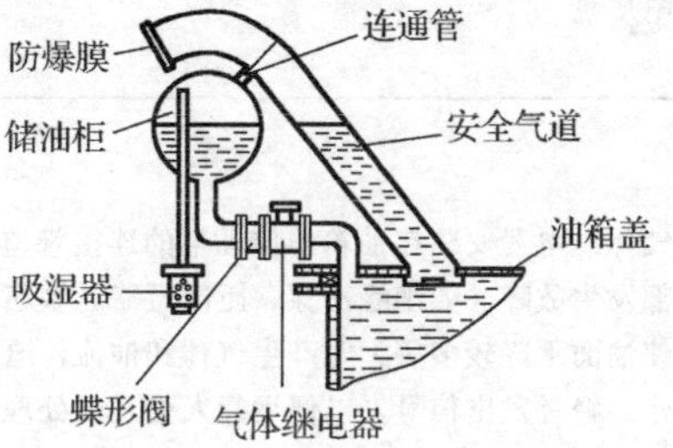	储油柜位于变压器油箱上方，通过气体继电器与油箱相通，它的作用是： （1）储油和补油，使变压器的油箱总是装满油。 （2）减小空气与绝缘油的接触面积，从而减缓绝缘油被氧化和吸湿的速度。 为了观察储油柜内部的油面高度，在它的一端装有油位表。 变压器储油柜有三种形式：波纹式、胶囊式、隔膜式
油箱		油箱是电力变压器的承载部件，它不仅支持着电力变压器器身的重量，而且也支持着变压器所有附属部件的重量。 油箱里面装满了变压器油，变压器器身也安置在油箱中，其他部件及附件分别布置在油箱的顶部、底部或侧面上。 变压器油为矿物油，从石油分馏而得来。油箱和变压器油除保护铁芯和绕组不受潮外，还有绝缘和散热作用。现多采用扁管、片式散热器和波纹状油箱结构

续表

附件名称	图　　示	说　　明
无励磁调压分接开关		变压器的输出电压可能因负载和一次电压的变化而变化，可通过分接开关改变绕组匝数来控制输出电压在允许范围内变动。 无励磁调压是指变压器一次侧脱离电源后调压。常用的无励磁调压分接开关的额定电压范围较窄，调节级数较少，一般调节范围为额定输出电压的±5% 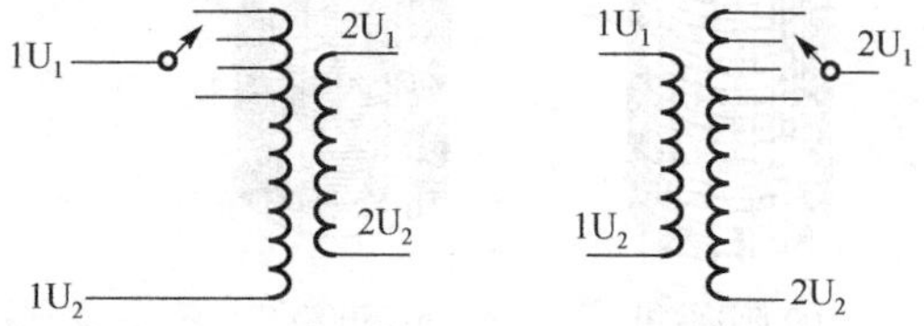 一次侧无励磁调压　　二次侧无励磁调压
有载调压分接开关	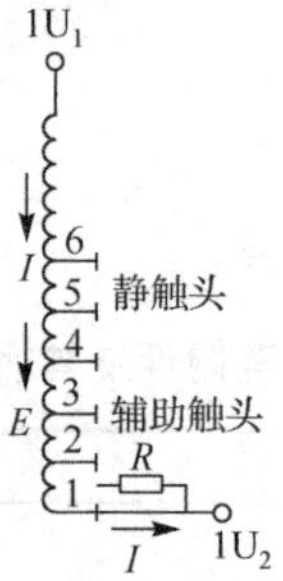	有载调压是指变压器二次侧接有负载时的调压装置，有载调压的分接开关因为要切换电流，所以结构比较复杂，有复合式和组合式两种，组合式调节范围可达额定输出电压的±15%。其动触头由主触头和辅助触头组成，在每次调节的过程中，当主触头尚未脱开时，辅助触头已与下一挡的静触头接触了，然后主触头才脱离原来的静触头，而且辅助触头上有限流阻抗，可以大大减少电弧，使供电不会间断，以改善供电质量
气体继电器（瓦斯继电器）		气体继电器安装在油箱与储油柜的连接管道中，当变压器内部发生故障（如绝缘击穿、匝间短路、铁芯事故、油箱漏油使油面下降较多等）时产生气体和油流，迫使气体继电器动作。轻者发出信号，以便运行人员及时处理，重者使断路器跳闸，避免故障扩大
安全气道		安全气道是装在较大容量变压器油箱顶上的一个钢质长筒，下筒口与油箱连通，上筒口以玻璃板封口。当变压器内部发生严重故障又恰逢气体继电器失灵时，油箱内的高压气体便会沿着安全气道上冲，冲破玻璃封口，以避免油箱爆炸而引起更大危害。容量为 800kV·A 以上的油浸式变压器均装有安全气道，且其保护膜的爆破压力应低于 50662.5Pa
压力释放阀		当变压器内部发生严重故障而产生大量气体时，油箱内压力迅速增加，为防止变压器发生爆炸，油箱上安有压力释放阀。目前，新型变压器尤其是在全密封变压器中，都广泛采用压力释放阀做保护。它的动作压力为（53.9±4.9）kPa，关闭压力为 29.4kPa，动作时间不大于 2ms。动作时膜盘被顶开释放压力，平时膜盘靠弹簧拉力紧贴阀座（密封圈），起密封作用

续表

附件名称	图　示	说　明
吸湿器		随着负荷和气温变化，变压器油温也不断变化，这样储油柜内的油位随着整个变压器油的膨胀或收缩而发生变化。为了防止潮气进入储油柜使油劣化，将储油柜用一根管子从上部连通到一个内装硅胶的干燥器（俗称呼吸器）。硅胶对空气中水分具有很强的吸附作用，干燥状态为蓝色，吸潮饱和后变为粉红色。常用吸湿器为吊式吸湿器结构
高、低压绝缘套管	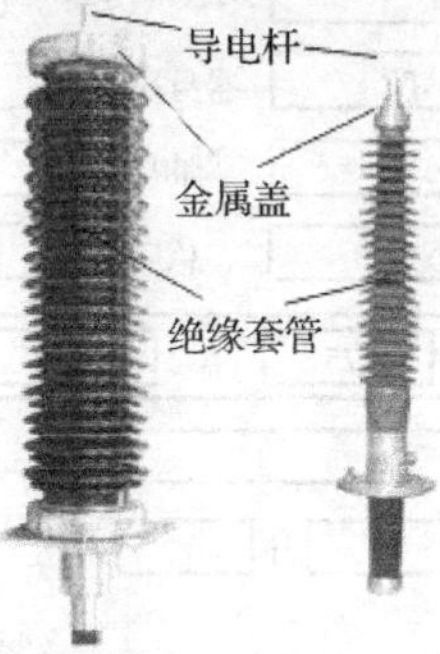	为了使变压器高、低压绕组引出线与油箱体绝缘，常采用绝缘套管作为固定引出线的装置，并由此与外电路相连接。绝缘套管由外部的瓷套和中间的导电杆组成，高压侧套管高而大，低压侧套管低而小。对它的要求主要是绝缘性能和密封性能要好。根据运行电压的不同，绝缘套管分为充气式和充油式两种
测温装置	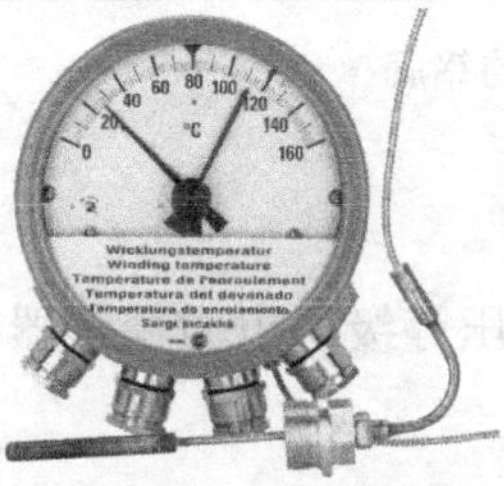	测温装置是变压器的热保护装置。变压器的寿命取决于变压器的运行温度，因此对油温和绕组的温度监测十分重要。 通常用三种温度计进行监测，箱盖上设置酒精温度计，其特点是计量准确但观察不方便，为此，在变压器上还装有信号温度计，以便于观察。为了远距离监测，在箱盖上还装有电阻式温度计或压力式温度计

四、电力变压器的铭牌参数

为了使电力变压器安全、经济运行，并保证一定的使用寿命，制造厂按照标准规定了电力变压器的额定数据。将有关额定数据标写在铭牌上，并将铭牌镶嵌在变压器的箱体表面，铭牌上的数据主要包含变压器型号、额定容量、额定电压、额定电流、额定频率等各种参数数据，它是了解和使用电力变压器的依据。某电力变压器的铭牌式样如图 2-1-6 所示。

1. 电力变压器的型号

按照国家标准规定，变压器的型号由汉语拼音字母和阿拉伯数字组成，它表示变压器的结构特点、额定容量（kV·A）和高压侧的电压等级（kV）。变压器的型号含义如下：

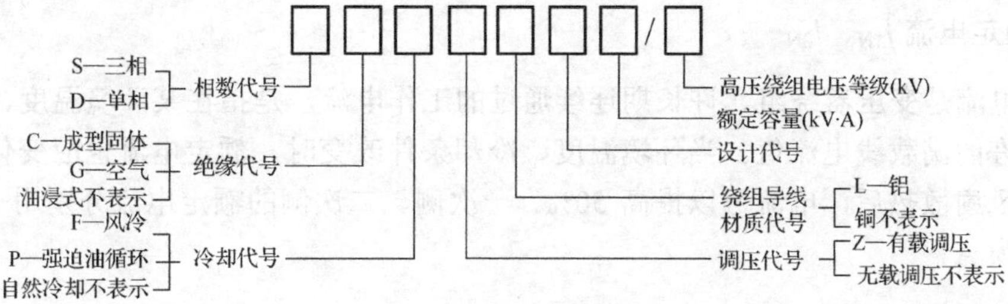

例如：SL9-800/10 为三相铝绕组油浸式电力变压器，设计序号为 9，额定容量为 800kV·A，高压绕组电压等级为 10kV。

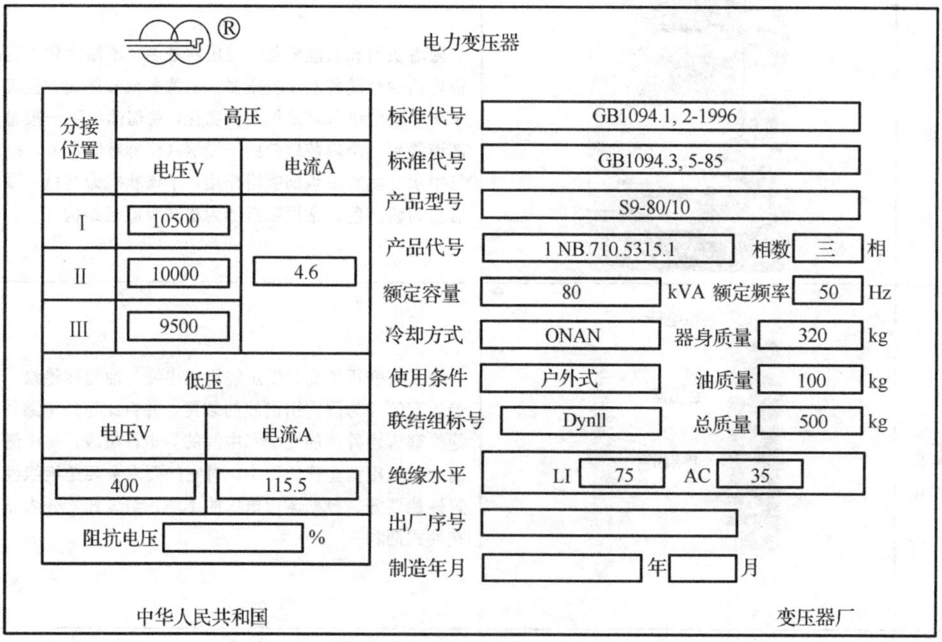
电力变压器
分接位置
高压
电压V
电流A
I
10500
II
10000
4.6
III
9500
低压
电压V
电流A
400
115.5
阻抗电压
%
标准代号
GB1094.1, 2-1996
标准代号
GB1094.3, 5-85
产品型号
S9-80/10
产品代号
1 NB.710.5315.1
相数
三
相
额定容量
80
kVA
额定频率
50
Hz
冷却方式
ONAN
器身质量
320
kg
使用条件
户外式
油质量
100
kg
联结组标号
Dynll
总质量
500
kg
绝缘水平
LI
75
AC
35
出厂序号
制造年月
年
月
中华人民共和国
变压器厂

图 2-1-6　电力变压器的铭牌

2．相数

电力变压器分单相和三相两种，220kV 及以下电压等级的电力变压器都是三相变压器。

3．额定频率

变压器的额定频率是指所设计的运行频率，我国电网电压的额定频率规定为 50Hz（常称“工频”），有些国家规定频率为 60Hz。

4．额定电压 U_N（V）

额定电压是指变压器线电压的有效值，它应与所连接的输变电线路电压相符合。我国输变电线路的电压等级（线路终端电压）为 0.38，3，6，10，35，110，220，330，500，750，1000（kV）。

变压器一次绕组的额定电压 U_{1N} 是指变压器正常工作时，加到变压器一次绕组端点的线电压。二次侧的额定电压 U_{2N} 是指一次侧为额定电压时，分接开关位于额定分接头上，二次侧空载时的线电压。

5．额定电流 I_{1N}、I_{2N}

额定电流是变压器绕组允许长期连续通过的工作电流，是指在某环境温度、某种冷却条件下允许的满载线电流值。当环境温度、冷却条件改变时，额定电流也应变化。如干式变压器加风扇散热后，电流可以提高 50%。一次侧、二次侧的额定电流分别用 I_{1N}、I_{2N} 表示，单位为 A。

6．额定容量 S_N（kV·A）

变压器的额定容量是指变压器的视在功率，表示制造厂所规定的在额定工作状态（在额定电压、额定频率、额定电流使用条件下的工作状态）下变压器输出的最大功率。其大小是由变压器的额定电压与额定电流所决定的，当然也受到环境温度、冷却条件的影响。其单位为 V·A 或 kV·A。

单相变压器的额定容量为

$$S_N = U_{1N}I_{1N} = U_{2N}I_{2N}$$

三相变压器的额定容量为

$$S_N = \sqrt{3}U_{1N}I_{1N} = \sqrt{3}U_{2N}I_{2N}$$

7．绕组连接组标号

变压器的三相绕组可以连接成星形（Y）或三角形（D），变压器按高压、中压和低压绕组连接的顺序组合起来就是绕组的连接组别。

例如：变压器的连接组标号为 Dyn11，它表示一次侧绕组为三角形接法，二次侧绕组为星形接法，带中性线，组别号为 11。

8．阻抗电压 U_k（V）

阻抗电压 U_k 也称短路电压，指二次侧短接，一次侧加电压，使其一次侧电流到达额定值时的一次侧电压。它表示变压器通过额定电流时在变压器自身阻抗上所产生的电压损耗，一般用百分值表示，称阻抗电压百分数或短路电压百分数。

表达式为

$$\Delta U\% = \frac{U_K}{U_{1N}} \times 100\%$$

阻抗电压与输出电压的稳定性有关，也与承受短路电流的能力有关。U_k 越小，输出电压越稳定，但承受的短路电流也越小。

9．温升（℃）

温升是变压器在额定工作条件下，内部绕组允许的最高温度与周围环境温度之差，它取决于所用绝缘材料的等级。如油浸式变压器中用的绝缘材料都是 A 级绝缘。国家规定绕组温升为 65℃，考虑最高环境温度为 40℃，则 65℃+40℃=105℃，这就是变压器绕组的极限工作温度。

变压器上层油温最高不超过 95℃，一般不应超过 85℃，以控制变压器油不致过速氧化。允许温升为 95℃–40℃=55℃。

10．冷却方式

电力变压器绕组和铁芯在运行中，虽然效率高达 99%，但还是有部分损耗的电能转化成热能，使变压器的铁芯和绕组的温度升高。温度越高，绝缘老化越快。当绝缘老化到一定程度时，在运行中由于振动和电动力的作用，绝缘容易破裂，易发生电气击穿而造成故障。运行温度直接影响到变压器的输出容量、安全和使用寿命，因此必须有效地对运行中的变压器铁芯和绕组进行冷却。如：ONAN—油浸自冷式；ONAF—油浸风冷式；OFAF—强迫油循环风冷式；OFWF—强迫油循环水冷式。

11．绝缘水平

L1—雷击耐压（图 2-1-6 中为 75kV）；AC—交流耐压（图 2-1-6 中为 35kV）。

12．其他数据

其他数据包括油质量、器身质量、总质量等，这些数据为变压器的维修提供依据，根据这些数据来准备变压器油、起吊设备等。

五、电力变压器的简单计算

从运行原理来看，三相变压器在对称负载下运行时，各相的电压和电流大小相等，相位互差 120°，就其某一相来说，和单相变压器没什么区别。在这种情况下，单相变压器的基本方程式、等效电路以及运行特性的分析方法和结论完全适用于三相变压器。只是三相变压器在计算时要注意三相电功率的计算和绕组的连接方式等问题。

【例 2-1】 某三相油浸自冷式电力变压器的额定容量 S_N=500kV·A，接法为 Y，d11 连接组（高压为星形接法，低压为三角形接法），一次侧、二次侧额定电压 U_{1N}=10000V、U_{2N}=400V，三相负载为星形连接，每相负载阻抗为 $Z=(0.8+\mathrm{j}0.6)\Omega$，求：

（1）I_{1N}、I_{2N} 和变压器的变压比 K；

（2）负载时的 I_2，P_2，Q_2。

解：（1）根据题意，可得：

$$I_{1N}=\frac{S_N}{\sqrt{3}U_{1N}}=\frac{500\times10^3}{\sqrt{3}\times10^4}=28.87(\mathrm{A})$$

$$I_{2N}=\frac{S_N}{\sqrt{3}U_{2N}}=\frac{500\times10^3}{\sqrt{3}\times400}=721.71(\mathrm{A})$$

$$K=\frac{U_{1P}}{U_{2P}}=\frac{10000/\sqrt{3}}{400}=14.43$$

（2）考虑变压器内部的线路损耗，负载的线电压为

$$U_{2NL}=U_{2N}-10\%U_{2N}=400-400\times5\%=380(\mathrm{V})$$

因为是对称负载，所以负载的相电压为 $U_{2PL}=\dfrac{U_{2NL}}{\sqrt{3}}=220(\mathrm{V})$

则负载的线电流和相电流均为

$$I_2=\frac{U_2}{Z}=\frac{220}{\sqrt{0.8^2+0.6^2}}=220(\mathrm{A})$$

有功功率为 $P_2=\sqrt{3}U_{2NL}I_2\cos\varphi_2=\sqrt{3}\times380\times220\times0.8=115.8(\mathrm{kW})$

无功功率为 $Q_2=\sqrt{3}U_{2NL}I_2\sin\varphi_2=\sqrt{3}\times380\times220\times0.6=86.9(\mathrm{kW})$

提示

三相变压器的变压比是一次侧、二次侧绕组相电压之比。因此，如果一次侧、二次侧绕组都是星形接法或都是三角形接法时，可以和单相变压器中一样求解，即 $K=U_{1N}/U_{2N}$。

如果一次侧、二次侧绕组接法不同，一个是星形接法，另一个是三角形接法，则应把星形接法的相电压与三角形接法的线电压相比较。

【例 2-2】若例 2-1 中的空载损耗 $\Delta P_0 = 5\text{kW}$，短路损耗 $\Delta P_{\text{K}} = 35\text{kW}$，求满载时的效率。

解：满载时 $\beta = 1$，则效率为

$$\eta = \left(1 - \frac{\Delta P_0 + \beta^2 \Delta P_{\text{k}}}{\beta S_N \cos\varphi_2 + \Delta P_0 + \beta^2 \Delta P_{\text{K}}}\right) \times 100\% = \left(1 - \frac{5+35}{500 \times 0.8 + 5 + 35}\right) \times 100\% = 91\%$$

任务实施

一、任务准备

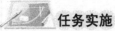

实施本任务教学所使用的实训设备及工具材料可参考表 2-1-4。

表 2-1-4 实训设备及工具材料

序号	分类	名称	型号规格	数量	单位	备注
1	工具仪表	电工常用工具		1	套	
2		万用表	MF47 型	1	块	
3		兆欧表	2500V	1	块	
4	设备器材	电力变压器	自定	1	台	
5		绝缘材料		若干	个	
6		密封胶垫		若干	个	

二、认识电力变压器的结构

对照电力变压器实物，认识电力变压器主要结构及附件所在位置，说明其主要附件的作用，并填入表 2-1-5 中。

表 2-1-5 电力变压器的主要附件及其功能说明

附件名称	图示	附件功能
	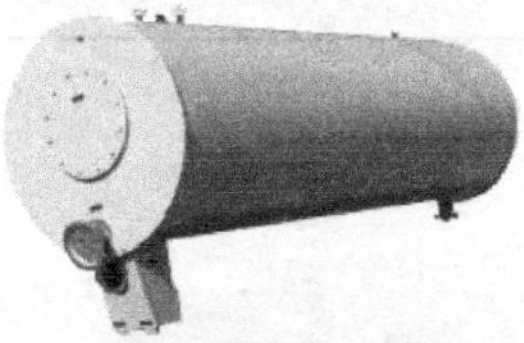	

续表

附件名称	图示	附件功能

	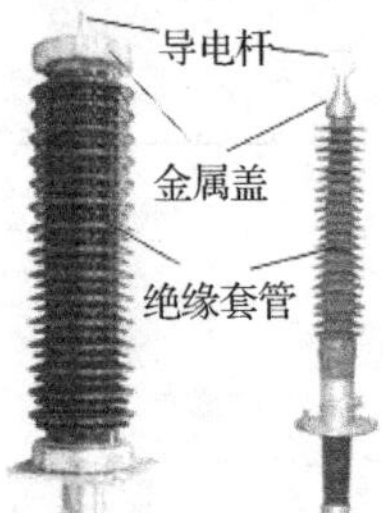	

续表

附件名称	图示	附件功能
	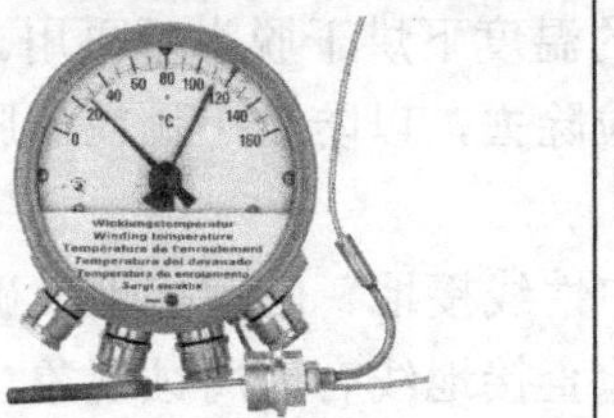	

三、变压器投入运行前的检查

1. 保护装置的检查

检查与变压器配用的高低压熔断器及开关触点的接触情况、机构动作情况是否良好。采用跌落式熔断器保护的变压器，还应检查熔断器是否完整和熔断器规格是否适当。

2. 监视装置的检查

监视装置包括电压表、电流表及温度测量仪表等。变压器投入运行前，应检查这些仪表是否齐全，表计的测量范围是否适当。通常在额定数值处画上红线，以便监视。

3. 消防设施的检查

检查每台变压器是否配有必要的消防设施，消防设施是否完好。配电变压器的消防设施包括四氯化碳灭火器、二氧化碳灭火器、干粉灭火器及沙箱，注意不能使用泡沫灭火器。

4. 外观的检查

（1）检查接头状况是否良好。检查引出线接头及各处铜铝线接头，若有接触不良或接点腐蚀现象，则应进行修理或予以更换。同时，还应检查绝缘套管的导电杆螺钉有无松动及过热现象。

（2）绝缘套管的清扫和检查。清扫高低压绝缘套管表面的积污，检查绝缘套管有无裂痕、破损和放电痕迹。检查后，要针对故障及时进行处理。

（3）检查变压器的油色是否正常、是否有漏油现象。清扫油箱和散热管表面的积污，检查箱体结合处、油箱和散热管焊接处及其他部位有无漏油及锈蚀现象。若焊缝处有渗漏，应进行补焊或用胶黏剂补漏。检查后，针对具体情况进行处理。老化、硬化、断裂的密封和填料应予更换。在装配时，注意压紧螺栓要均匀压紧，垫圈要放正。油箱及散热管的锈蚀处应除锈涂漆。发现变压器油的油色异常，应及时更换。

（4）检查安全气道。有安全气道的变压器，应检查防爆膜是否完好，同时检查防爆膜的密封性能。

（5）查看气体继电器是否正常。检查气体继电器是否漏油，阀门的开闭是否灵活，动作是否正确可靠，控制电缆及继电器接线的绝缘电阻是否良好。

（6）储油柜的检查。检查储油柜上油表指示的油位是否正常，并观察储油柜内实际油面，对照油表指示进行校验。若变压器缺油要及时予以补充。同时，应检查并及时清除储油柜内的油泥和水分。

（7）吸湿器中的吸湿剂是否需要更换。吸湿器内的硅胶每年要更换一次。若更换时间未到一年，但硅胶也已吸潮失效，颜色变红（吸湿器内的吸湿剂2/3变色认为吸湿饱和）。这时应将其取出放在烘箱内，在110～140℃的温度下烘干脱水后再用。将硅胶重新加入吸湿器前，使用筛子把粒径小于3～5mm的颗粒除去，以防止小颗粒硅胶落入变压器油中，影响变压器油的绝缘性能。

（8）接地检查。检查变压器外壳接地、中性线接地、防雷接地，确保这些接地线应连在一起，全部完好、可靠接地。另外，还要检查接地线有无腐蚀现象。

四、变压器运行中的检查

对运行中的配电变压器进行维护和定期检查，以便及时发现问题，作出相应处理，达到防止出现严重故障的目的。

1. 监视仪表检查

通过变压器控制屏上的电流表、电压表和功率表等仪表读数来监视变压器运行情况和负荷大小。监视这些仪表的读数并定期抄表，是了解变压器运行状况的一种简便可靠的方法。有条件的，还可以通过遥测温度计定期记录变压器的上层油温。

2. 现场检查

（1）检查变压器有无异常声响。变压器在接通电源后，由于励磁电流以及磁力线的变化，铁芯、绕组会因振动而发出连续均匀的“嗡嗡”声，俗称交流声。但若有异常声响，应按发生情况分析产生的原因，进行检查与处理。

① 当大容量的动力设备启动时，负荷变化较大，使变压器声音增大。如变压器带有电弧炉、晶闸管整流器等负荷，由于有谐波分量，变压器声音也会变大。

② 过负荷时，变压器发出很高而且沉重的“嗡嗡”声。

③ 个别零件松动，如铁芯硅钢片松动时，变压器发出强烈而不均匀的“噪声”。

④ 内部接触不良或绝缘有击穿时，变压器发出放电的“噼啪”声。

⑤ 系统短路或接地，通过很大的短路电流时，变压器有很大的噪声。

⑥ 管套太脏、有裂纹，表面有闪络；变压器内部有故障时，变压器发出“吱吱”声。

⑦ 有击穿现象，如绕组的绝缘损坏导致短路，变压器声响特别大，而且很不均匀，或有爆裂声时，应立即停电检修。

（2）检查变压器的油位及油的颜色是否正常，是否有渗漏现象。可以通过储油柜上的油表来检查油位，正常油位应在油表刻度的1/4～3/4以内（气温高时，油面靠近上限侧；气温低时，油面靠近下限侧）。油面过低，应检查是否漏油。若漏油，应停电修理；若不漏油，应将油加至规定的油位。

对油质的检查，可通过观察油的颜色来判断。新油为浅黄色；运行一段时间后的油为浅红色；当油老化或氧化较严重时为暗红色；经短路、绝缘击穿和电弧高温作用后的油中含有炭质，油色发黑。发现油色异常，应取油样进行实验。

（3）检查变压器运行的温度。变压器运行中因自身的发热而引起温度升高。一般来说，变压器负载越重，线圈中流过的电流越大，运行温度越高。变压器运行温度升高，将会加剧绝缘的老化过程，使绝缘寿命降低。而且，温度过高也会促使变压器油老化。按规定，变压器正常运行时，油箱内上层油温的最高值为 85～95℃。

若运行温升过高，可能是变压器内发热加剧（由于过负荷或内部故障等引起的），也可能是变压器散热不良。可根据电流表、功率表等读数来判断是何种原因引起发热。查明原因，进行修理。

（4）检查高、低压套管是否清洁，有无裂纹、碰伤和放电痕迹。

（5）检查安全气道、除湿器、接线端子是否正常。

（6）检查变压器外接的高、低压熔断器是否完好。如发现熔断器熔断，应首先判明故障原因，排除故障后，再更换熔断器。

（7）检查变压器接地装置是否良好。容量在 630kV·A 及以上的变压器，且无人值班的，每周应巡视检查一次。容量在 630kV·A 以下的变压器，可适当延长巡视周期，但变压器在每次合闸前及拉闸后应检查一次。

五、填写变压器巡视检查记录表

将变压器巡视检查情况填入表 2-1-6。

表 2-1-6　变压器巡视检查记录表

<table>
<tr><td>巡视日期</td><td colspan="9"></td><td colspan="2">巡视检查人</td><td colspan="2"></td></tr>
<tr><td>巡视检查项目</td><td>上层油温</td><td>绕组温度</td><td colspan="3">本体温度</td><td colspan="4">套管接头温度</td><td>环境温度</td><td>油枕油位</td><td>套管油位</td><td>呼吸器情况</td></tr>
<tr><td rowspan="2"></td><td rowspan="2"></td><td rowspan="2"></td><td>A点</td><td>B点</td><td>C点</td><td>A相</td><td>B相</td><td>C相</td><td>0</td><td rowspan="2"></td><td rowspan="2"></td><td rowspan="2"></td><td rowspan="2"></td></tr>
<tr><td></td><td></td><td></td><td></td><td></td><td></td><td></td></tr>
<tr><td>巡视检查项目</td><td colspan="5">有载调压装置是否正常</td><td colspan="5">冷却风扇运行有无异常</td><td colspan="2">潜油泵有无异声</td><td>渗漏情况</td></tr>
<tr><td></td><td colspan="5"></td><td colspan="5"></td><td colspan="2"></td><td></td></tr>
</table>

操作提示

1. 在恶劣天气条件下运行的变压器，应作特殊巡视检查，如雷雨天应重点检查避雷装置是否处于正常状态，高低压套管等部位有无放电和闪络。

2. 气温异常的天气，要巡视负荷、油温、油位变化情况。

3. 进行变压器的分、合闸操作前，均应进行外部检查。

检查评议

对任务实施的完成情况进行检查，并将结果填入表 2-1-7 所示的评分表内。

表 2-1-7　任务测评表

步骤	测评内容	评分标准	配分	得分
1	认识电力变压器的组成	（1）变压器的主要结构及附件认错 1 个，扣 3 分 （2）变压器的组成结构标注错误，每件扣 2 分 （3）变压器主要附件的作用描述错误，每件扣 3 分	30	
2	变压器运行前的检查	（1）不能描述运行前的检查项目，每个扣 1 分 （2）变压器运行前的检查项目内容描述错误，每个扣 1 分 （3）不能描述重点检查部位，每个扣 1 分	30	

续表

步骤	测评内容	评分标准		配分	得分
3	变压器运行中的检查	（1）不能描述日常维护项目，每个扣 1 分 （2）变压器运行中的日常维护项目内容描述错误，每个扣 1 分 （3）不能描述特殊维护项目，每个扣 1 分		30	
4	安全与文明操作	（1）违反安全文明生产规程，扣 10 分 （2）发生人身和设备安全事故，不及格		10	
5	定额时间	2h，超时扣 5 分			
6	备注		合计	100	

巩固与提高

一、填空题（请将正确答案填在横线空白处）

1. 电力变压器按功能分，有________和________两大类。工厂变电所都采用________；终端变电所的降压变压器，也称________。

2. 国产电力变压器大多数是________，其主要部分是________和________，由它们组成器身。还有________、________、________、________、________、________和________等附件。

3. 油浸式变压器主要包括________、________、________、________、________五个部分。

4. 电力变压器的绕组广泛采用________结构，其特点是低压与高压绕组在同一________上同心排列，一般________绕组在内，________绕组在外。

5. 油箱里的变压器油能保护铁芯和绕组________，还有________和________的作用。

6. 分接开关是变压器上的________，利用它来变换________的分接头从而达到调压的目的，在一般情况下是在________上抽出适当的分接头。它又分为________和________两种。

7. 绝缘套管穿过________，将油箱中变压器绕组的________、________从箱内引到箱外与________相接。

8. 绝缘套管由外部的________和中间的________组成。对它的要求主要是________和________要好。

9. 安全气道又称________，用于避免油箱爆炸引起更大危险。在全密封变压器中，广泛采用________作保护。

10. 电力变压器的冷却方式多采用________，根据容量不同，可分________、________、________和________四种。

11. 某电力变压器型号为 S7-500/10，其中 S 表示________，数字 500 表示________，10 表示________。

12. 所谓温升是指________的温度与________之差。

13. 当求三相变压器的变压比 K 时，如果一次侧、二次侧绕组都是 Y 形接法或都是△形接法时，K 可以和单相变压器中一样求得，即 K=________；而如果一次侧、二次侧绕组接法不一样，则应把 Y 形接法的________电压和△形接法的________电压相比。

二、判断题（正确的在括号内打“✓”，错误的打“×”）

1．一般来说，电力变压器仅用于改变电压。（ ）

2．储油柜也称油枕，主要用于保护铁芯和绕组不受潮，还有绝缘和散热的作用。（ ）

3．储油柜油面一般以一半高为好。（ ）

4．气体继电器装在油箱与储油柜之间的连接管道中，当变压器发生故障时，发出报警信号。（ ）

5．测量装置的实质就是热保护装置，用于检测变压器的工作温度。（ ）

6．三相芯式变压器的铁芯必须接地，且只能有一处接地。（ ）

7．无励磁调压是指变压器二次侧脱离电源后调压。（ ）

8．变压器正常运行时，油箱内上层油温不应超过 70～85℃。（ ）

9．硅胶对空气中水分具有很强的吸附作用，干燥状态为粉红色，吸潮饱和后变为蓝色。（ ）

三、选择题（将正确答案的字母填入括号中）

1．用一台电力变压器向某车间的异步电动机供电，当开动的电动机台数增多时，变压器的端电压将（ ）。

A．升高　B．降低　C．不变　D．可能升高也可能降低

2．某电力变压器铭牌上标有额定电压是“1000/400V”，则低压侧的空载线电压是（ ）。

A．400V　B．380V　C．220V　D．1000V

3．电力变压器的短路电压比电炉变压器的短路电压（ ）。

A．大一些　B．小一些　C．一样　D．没有规定

4．有载调压调节范围可达额定输出电压的（ ）。

A．±5%　B．±8%　C．±10%　D．±15%

5．当变压器内部发生严重故障而产生大量气体时，油箱内压力迅速增加，为防止变压器发生爆炸，油箱上需安装（ ）。

A．气体继电器　B．瓦斯继电器　C．压力继电器　D．压力释放阀

6．通过储油柜上的油表来检查油位，正常油位应在油表刻度的（ ）以内。

A．1/3～2/3　B．1/4～3/4　C．1/4～2/4　D．1/5～3/5

四、计算题

1．一台三相电力变压器一次绕组的每相匝数 N_1=2080 匝，二次绕组每相匝数 N_2=1280 匝，如果将一次绕组接在 10kV 的三相电源上，试分别求当变压器作 Yy0 及 Ydl 两种接法时二次侧线电压。

2．一台三相电力变压器的额定容量 S_N=400kV·A，一次侧、二次侧的额定电压 U_{1N}/U_{2N} 为 10/0.4kV，一次绕组星形接法，二次绕组三角形接法。试求：

（1）一次侧、二次侧额定电流；

（2）在额定工作的情况下，一次、二次绕组实际流过的电流；

（3）已知一次侧每相绕组的匝数是 150 匝，问二次侧每相绕组的匝数应为多少？

任务2　电力变压器的检测

学习目标

知识目标:

1. 掌握三相变压器连接组的概念。
2. 掌握三相变压器连接组别的判别方法。
3. 掌握三相变压器极性与首末端的判别方法。
4. 了解电力变压器并联运行的条件。

能力目标:

1. 能通过直流法、交流法进行三相变压器的极性和首末端判定。
2. 能进行电力变压器绕组直流电阻和绝缘电阻的检测。

工作任务

电力变压器安装完毕，或者在大修之后，都必须经过性能检测，检验其装配、制造或修理质量，合格后才能投入运行。变压器检测项目中常用的是连接组别检测、绝缘电阻检测、绕组直流电阻检测、耐压实验等。

本任务将以一台电力变压器为检测对象，对其进行三相绕组的连接方法和变压器的连接组别判断，并利用兆欧表和电桥等设备，测量绕组的绝缘电阻和直流电阻。

相关理论

一、三相变压器的磁路

正弦交流电能几乎都是以三相交流的系统进行传输和使用，要将某一电压等级的三相交流电能转换为同频率的另一种电压等级的三相交流电能，可用三相变压器来完成，三相变压器按磁路系统分为三相组合式变压器和三相芯式变压器。

三相组合式变压器是由三台单相变压器按一定连接方式组合而成的，其特点是各相磁路各自独立而互不相关，如图 2-2-1 所示。

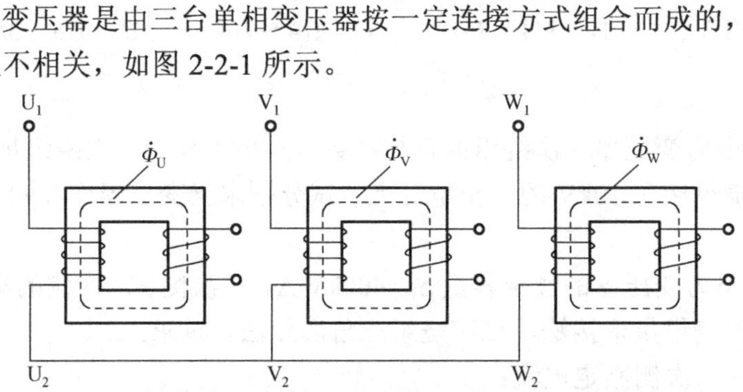

图 2-2-1　三相组合式变压器磁路系统

三相芯式变压器是三相共用一个铁芯的变压器，其特点是各相磁路互相关联，如

图 2-2-2 所示。它有三个铁芯柱，供三相磁通 $\dot{\Phi}_U$、$\dot{\Phi}_V$、$\dot{\Phi}_W$ 分别通过。在三相电压平衡时，磁路也是对称的，总磁通 $\dot{\Phi}_{总}=\dot{\Phi}_U+\dot{\Phi}_V+\dot{\Phi}_W=0$，所以就不需要另外的铁芯来供 $\dot{\Phi}_{总}$ 通过，可以省去中间铁芯，类似于三相对称电路中省去中线一样，这样就大量节省了铁芯的材料，如图 2-2-2(b)所示。在实际的应用中，把三相铁芯布置在同一平面上，如图 2-2-2(c)所示，由于中间铁芯磁路短一些，造成三相磁路不平衡，使三相空载电流也略有不平衡，但形成的空载电流 $\dot{I}_0$ 很小，影响不大。由于三相芯式变压器体积小，经济性好，所以被广泛应用。但变压器铁芯必须接地，以防感应电压或漏电。而且铁芯只能有一点接地，以避免形成闭合回路，产生环流。

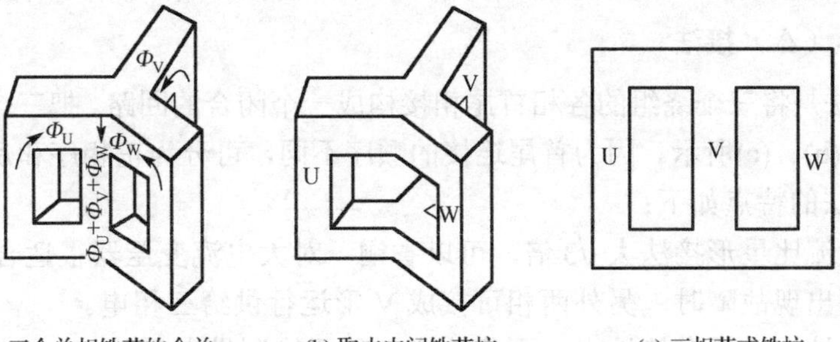

(a) 三个单相铁芯的合并　(b) 取去中间铁芯柱　(c) 三相芯式铁柱

图 2-2-2　三相芯式变压器磁路系统

二、三相电力变压器绕组的连接方式

三相变压器的原副边绕组，均可以采用星形（Y）或三角形（△）连接的方式。无论哪种连接方式，都必须遵循一定的规则，切不可随意连接。

1. 星形（Y）接法

星形接法是将三个绕组的末端连在一起，接成中性点，再将三个绕组的首端引出箱外，其接线如图 2-2-3(a)所示。如果中性点也引出箱外，则称为中性点引出箱外的星形接法，以符号“YN”表示。

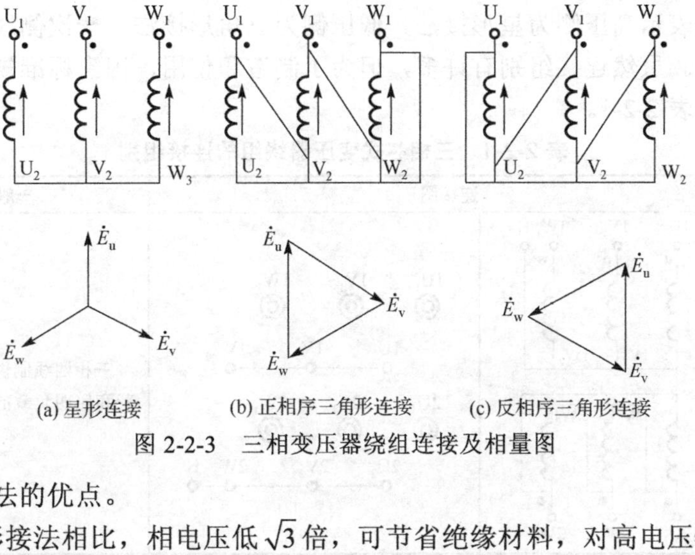

(a) 星形连接　(b) 正相序三角形连接　(c) 反相序三角形连接

图 2-2-3　三相变压器绕组连接及相量图

（1）星形接法的优点。

① 与三角形接法相比，相电压低 $\sqrt{3}$ 倍，可节省绝缘材料，对高电压特别有利。

② 能引出中性点，适合于三相四线制，可提供两种电压供电。

③ 中性点附近电压低，有利于装分接开关。

④ 相电流大，导线粗，强度大，匝间电容大，能承受较高的电压冲击。

（2）星形接法的缺点。

① 当未引出中性线时，一次侧电流中没有三次谐波，导致磁通中有三次谐波存在（因磁路的饱和造成磁通的波形呈平顶状），而这个磁通只能从空气和油箱中通过（指三相芯式变压器），使损耗增加。所以 1800kV·A 以上的变压器不能采用这种接法。

② 中性点要直接接地，否则当三相负载不平衡时，中性点电位严重偏移，对安全不利。

③ 当某相发生故障时，只能整机停用，而不可能像三角形接法那样接成 V 形运行。

2．三角形（△）接法

三角形接法是将三个绕组的各相首尾相接构成一个闭合的回路，把三个连接点接到电源上，如图 2-2-3(b)、(c)所示。因为首尾连接的顺序不同，可分为正相序和反相序两种接法。

三角形接法的特点如下：

① 输出电流比星形接法大 $\sqrt{3}$ 倍，可以省铜，对大电流变压器很适合。

② 当一相出现故障时，另外两相可接成 V 形运行供给三相电。

③ 没有中性点，没有接地点，不能接成三相四线制供电系统。

不管是三角形接法还是星形接法，如果一侧有一相首尾接反了，磁通就不对称，就会出现空载电流 I_0 急剧增加的现象，并造成严重事故，这是不允许的。

三、三相芯式变压器的连接组别

变压器的一次、二次绕组，根据不同的需要可以有三角形和星形两种接法，一次绕组三角形接法用 D 表示、星形接法用 Y 表示、有中线时用 YN 表示；二次绕组分别用小写的 d、y 和 yn 表示。一次、二次绕组不同的接法，形成不同的连接组别，也反映出不同的一次侧、二次侧的线电压之间的相位关系。为表示这种相位关系，国际上采用了时钟表示法的连接组标号予以区分：以一次侧线电压相量为长针，永远指向 12 点位置；相对应二次侧线电压相量为短针，它指向几点钟，就是连接组别的标号。

如 Y，d11 表示高压侧为星形接法，低压侧为三角形接法，一次侧线电压超前二次侧线电压相位 30°。虽然连接组别有许多，但为了制造和使用，国家标准规定了五种常用的连接组别，详见表 2-2-1。

表 2-2-1　三相芯式变压器绕组的连接组别

连接组标号	连接图	一般适用场合
Y，yn0	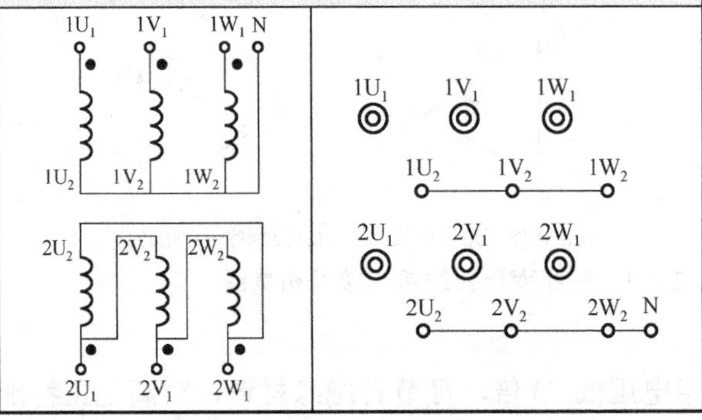	三相四线制供电，即同时有动力负载和照明负载的场合

续表

连接组标号	连接图	一般适用场合
Y，d11	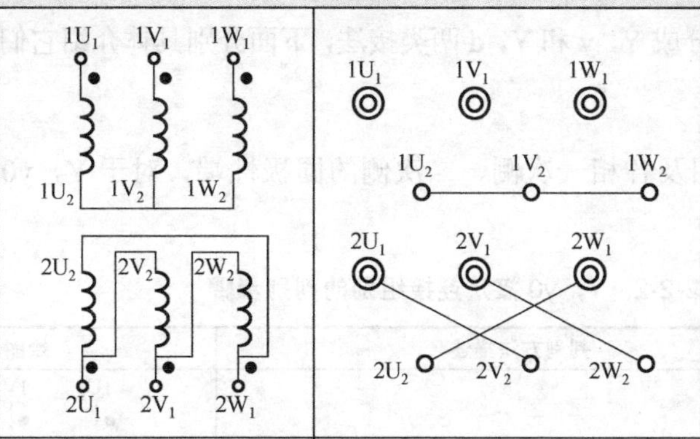	一次侧线电压在 35kV 以下，二次侧线电压高于 400V 的线路中
YN，d11	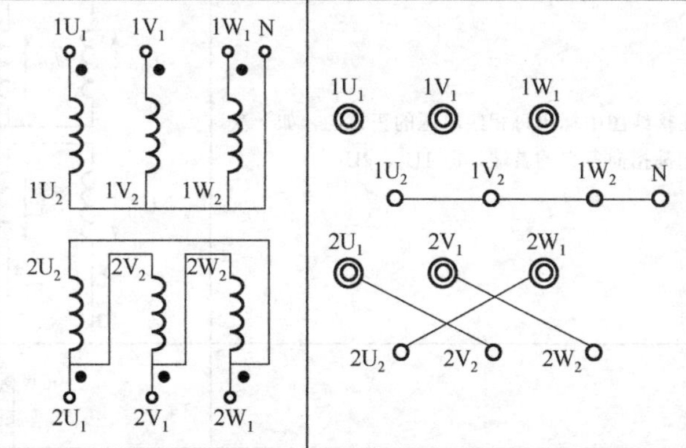	一次侧线电压在 110kV 以上的，中性点需要直接接地或经阻抗接地的超高压电力系统
YN，y0	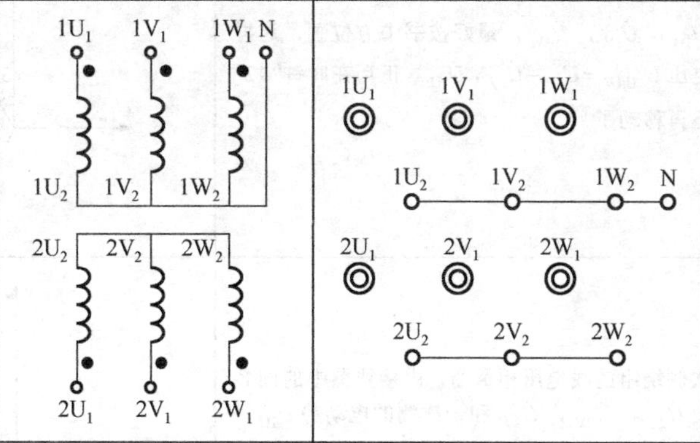	高压中性点需要接地场合
Y，y0	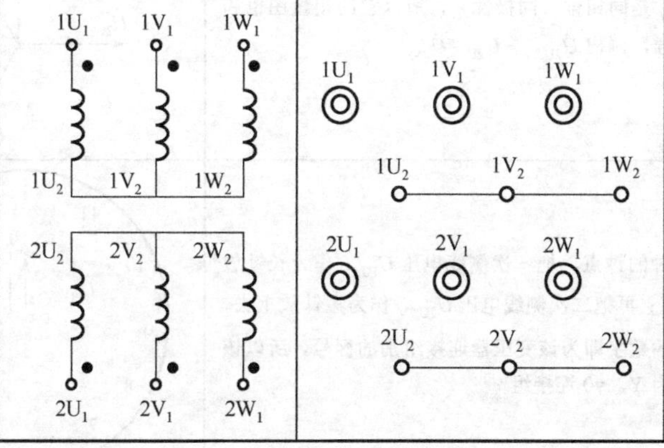	三相动力负载

四、三相变压器连接组的判别

在常用的连接组别中，可分成 Y，y 和 Y，d 两类接法，下面分别具体介绍它们的判别方法。

1．Y，y 接法

已知变压器的绕组连接图及各相一次侧、二次侧的同极性端，对于 Y，y0 连接组别的判别方法及步骤见表 2-2-2。

表 2-2-2　Y，y0 接法连接组别的判别步骤

步骤	判别方法描述	绘图
标示各相电压方向	首先要在接线图中标出每相线电压的正方向，如一次侧和二次侧都指向各自的首端，即 $1U_1$、$2U_1$	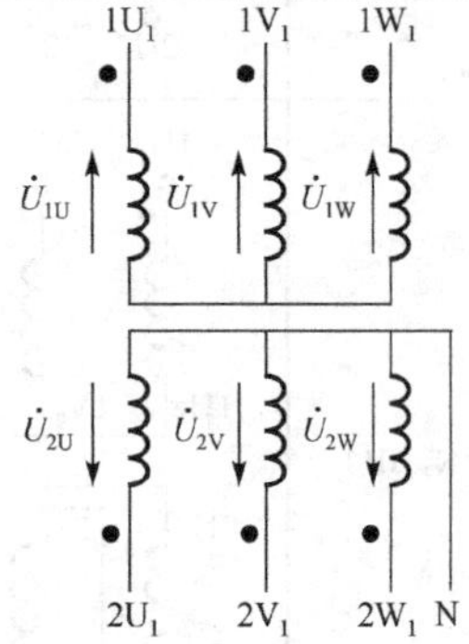
画出一次侧绕组电压及 UV 间线电压 $\dot{U}_{1U,1V}$ 相量图	再画出 $\dot{U}_{1U}$，$\dot{U}_{1V}$，$\dot{U}_{1W}$，最好按书中方位画，这样画出的线电压 $\dot{U}_{1U,1V}=\dot{U}_{1U}-\dot{U}_{1V}$，$\dot{U}_{1U,1V}$ 正巧在时钟"12"的位置，不再移动了	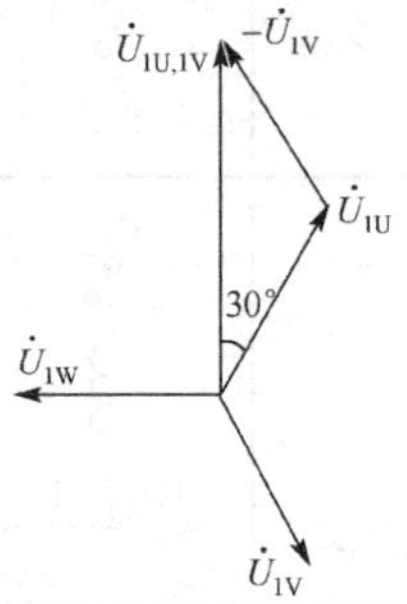
画出二次侧绕组电压及 UV 间线电压 $\dot{U}_{2U,2V}$ 相量图	画出二次侧绕组的线电压相量图，由接线图中的同名端可判断出 $\dot{U}_{2U}$，$\dot{U}_{2V}$，$\dot{U}_{2W}$ 和一次侧的电动势 $\dot{U}_{1U}$，$\dot{U}_{1V}$，$\dot{U}_{1W}$ 是同相位（同极性），所以它的相量图也和一次侧一样，画出 $\dot{U}_{2U,2V}=\dot{U}_{2U}-\dot{U}_{2V}$	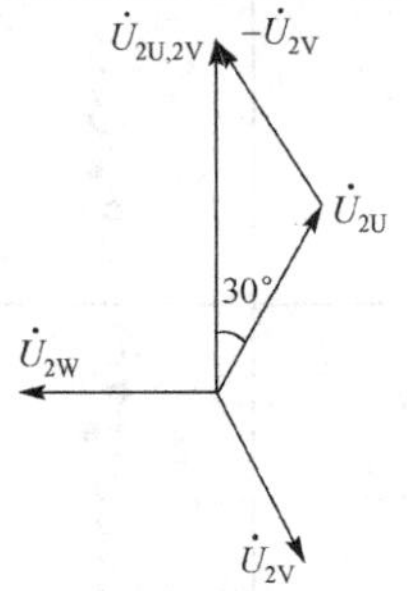
$\dot{U}_{1U,1V}$ 与 $\dot{U}_{2U,2V}$ 相量的时钟表示	画出时钟的钟点，把一次侧线电压 $\dot{U}_{1U,1V}$ 作为长针放在"12"点；再把二次侧线电压 $\dot{U}_{2U,2V}$ 作为短针放上去，短针指向的数字即为该变压器连接组别的标号，所以该连接组别为 Y，y0 连接组	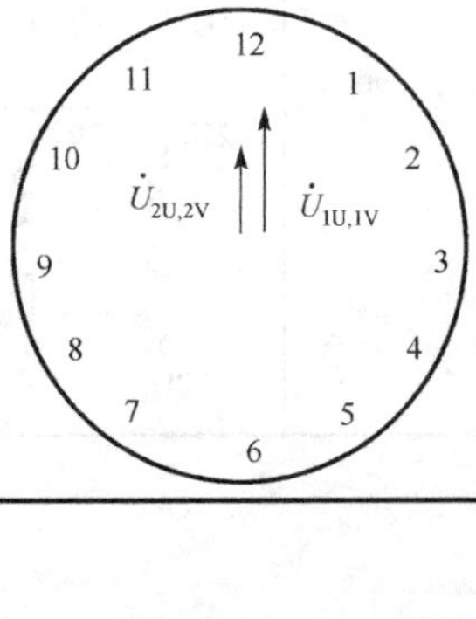

想一想　练一练

如果二次侧的同名端全部接反，则 Y，y0 连接组将变成哪种形式的连接组？

2. Y，d 接法

已知变压器的绕组连接图及各相一次侧、二次侧的同极性端，对于 Y，d11 连接组别的判别方法及步骤见表 2-2-3。

表 2-2-3　Y，d11 接法连接组别的判别步骤

步骤	判别方法描述	绘图
标示各相电压方向	首先要在接线图中标出每相线电压的正方向，如一次侧和二次侧都指向各自的首端，即 $1U_1$、$2U_1$	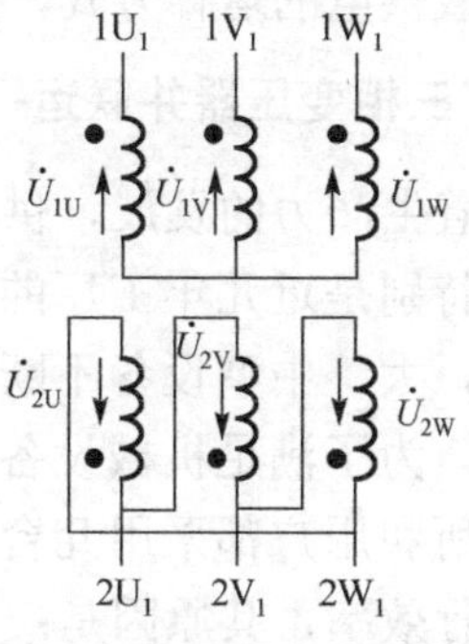
画出一次侧绕组电压及UV间线电压 $\dot{U}_{1U,1V}$ 相量图	再画出 $\dot{U}_{1U}$，$\dot{U}_{1V}$，$\dot{U}_{1W}$，最好按书中方位画，这样画出的线电压 $\dot{U}_{1U,1V}=\dot{U}_{1U}-\dot{U}_{1V}$，$\dot{U}_{1U,1V}$ 正巧在时钟“12”的位置，不再移动了	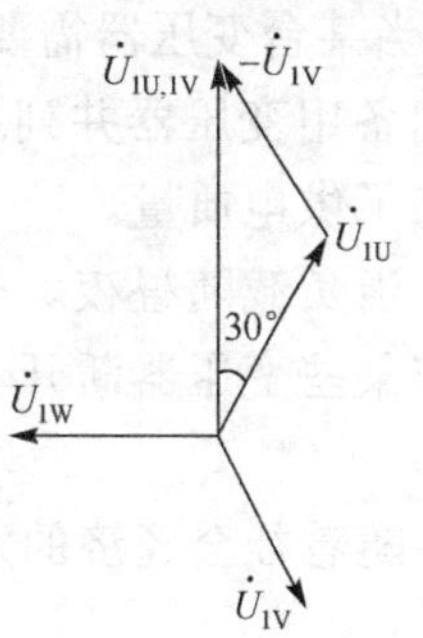
画出二次侧绕组电压及 UV 间线电压 $\dot{U}_{2U,2V}$ 相量图	从接线图中找出二次侧线电压 $\dot{U}_{2U,2V}$ 与哪相的线电压相等，由图中找到 $\dot{U}_{2U,2V}=-\dot{U}_{2V}$，即 $\dot{U}_{2U,2V}$ 的方向指向“11”，所以可画出时钟图	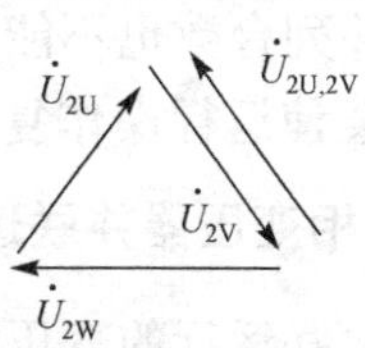
$\dot{U}_{1U,1V}$ 与 $\dot{U}_{2U,2V}$ 相量的时钟表示	画出时钟的钟点，把一次侧线电压 $\dot{U}_{1U,1V}$ 作为长针放在“12”点；再把二次侧线电压 $\dot{U}_{2U,2V}$ 作为短针放上去，短针指向的数字即为该变压器连接组别的标号，所以该连接组别为 Y，d11 连接组	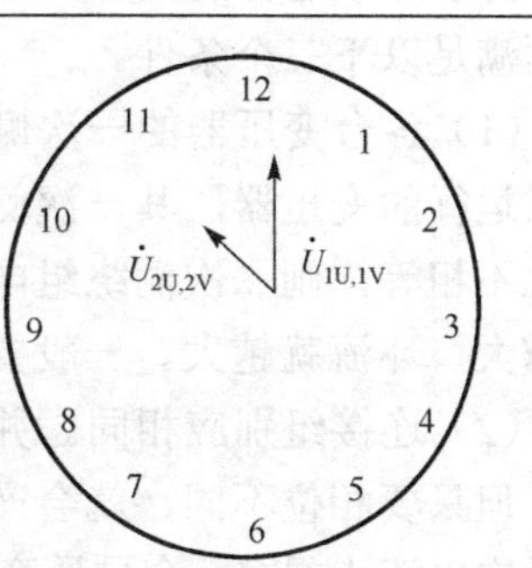

想一想　练一练

如果二次侧的同名端全部接反，则 Y，d11 连接组将变成哪种形式的连接组？如果三相电源相序接反，则 Y，d11 连接组又将变成哪种形式的连接组？请画出 Y，d1 连接组的相量图。

五、电力变压器的并联运行

电力变压器的并联运行，就是把两台或两台以上的变压器的一次侧、二次侧绕组端子分别连接到一次侧、二次侧的公共母线上，共同向负载供电的运行方式，如图 2-2-4 所示。

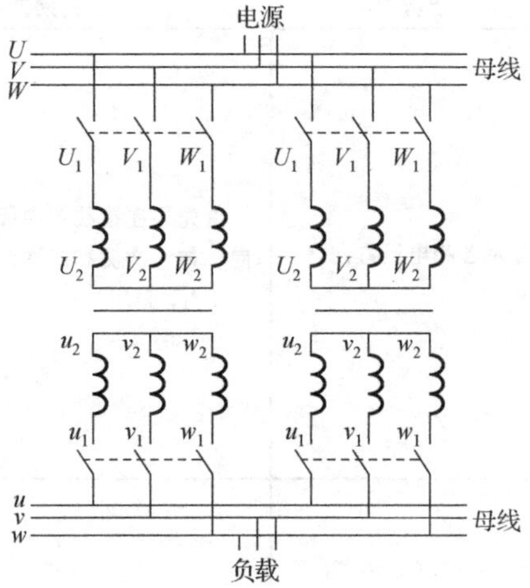

图 2-2-4　Y，y0 连接三相变压器的并联运行

1．三相变压器并联运行的原因

随着生产力的发展，供电站的用户数不断增加，特别是近几年工厂的专业化、集成度不断提高，大、中型设备不断增加，用电量也成倍增加，为了满足机械设备对电力的需求，许多变电所和用户都采用几台变压器并联运行来提高运行效率，其原因是：

（1）当某台变压器需要检修或出现故障时，就可以由备用变压器并列运行以保证不停电，从而提高了供电质量。

（2）当负载随昼夜、季节而波动时，可根据需要将某些变压器断开（称为解列）或投入（称为并列）以提高运行效率，减少不必要的损耗。

（3）随着社会经济的发展，供电站的用户不断增加，需扩展容量而增加变压器并列的台数。

当然并列台数也不能太多，因为如单台机组容量太小，会增加损耗，导致投资和成本增大，也会使运行操作复杂化。

2．三相变压器并联运行的条件

为使并联运行的变压器都能得到安全、可靠、充分地利用，而且损耗最小，效率最高，必须满足以下三个条件。

（1）各台变压器的一次侧、二次侧绕组的额定电压应分别相等，即变压比相等。两台并联运行的变压器，其一次侧绕组接在同一电源上，故一次侧绕组额定电压相等。如果变压比不相等，则二次侧绕组电压就不相等，会在两个二次侧绕组中产生环流，且变压比相差越大，环流就越大。一般要求两台变压器变压比的误差不超过±0.5%。

（2）连接组别应相同。并联运行的变压器，若连接组别不同，即使二次侧电压大小一样，但只要相位不同，就会产生很大的电压差。这个电压差在二次绕组中产生的空载环流比额定电流大得多，会导致变压器烧毁。所以，连接组别不同的变压器绝不允许并联运行。

（3）短路电压即短路阻抗应相等。变压器并联运行时，负载电流的分配与各变压器的短路阻抗 U_K 成反比。为了使负载分配合理（容量大，电流也大）就应该使它们的 U_K 都相等。如果 U_K 不相等，则 U_K 小的变压器输出电流大，可能会过载；U_K 大的变压器输出的电流要小，其容量得不到充分利用，这是不合理的。因此要求并联运行的变压器短路电压要尽量接近，一般相差不允许超过 10%。

U_K 的大小与变压器的容量有关，因此并联运行的变压器最大容量与最小容量之比不宜超过 3:1。

任务实施

一、任务准备

实施本任务教学所使用的实训设备及工具材料可参考表 2-2-4。

表 2-2-4 实训设备及工具材料

序号	分类	名称	型号规格	数量	单位	备注
1	工具仪表	电工常用工具		1	套	
2		万用表	MF47 型	1	块	
3		兆欧表	2500V	1	块	
4		双臂电桥	QJ44 型或自定	1	台	
5	设备器材	三相电力变压器	自定	1	台	
6		单相调压器	0～250V	1	台	
7		多档位开关		1	个	
8		干电池	1.5V	1	个	

二、判别三相绕组的极性和首尾端

1. 直流法

直流法也称电池—毫安表法，其具体的方法及步骤如下。

（1）分相设定标记。首先用万用表电阻挡测量 12 个出线端间通断情况及电阻大小，找出三相高压绕组。假定标记为 $1U_1$、$1V_1$、$1W_1$、$1U_2$、$1V_2$、$1W_2$，如图 2-2-5 所示。

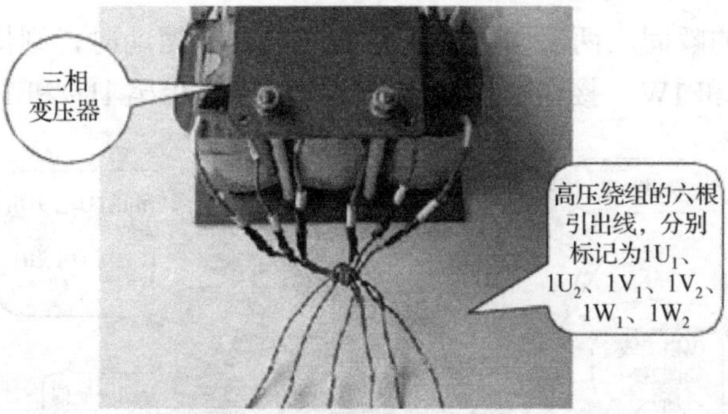
三相
变压器
高压绕组的六根
引出线，分别
标记为1U₁、
1U₂、1V₁、1V₂、
1W₁、1W₂

图 2-2-5 三相变压器高压绕组分相

（2）线路连接。将一个 1.5V 的干电池（用于小容量变压器）或 2～6V 的蓄电池（用于电力变压器）和开关接入三相变压器高压侧任意一相中（如 V 相），如图 2-2-6 所示。

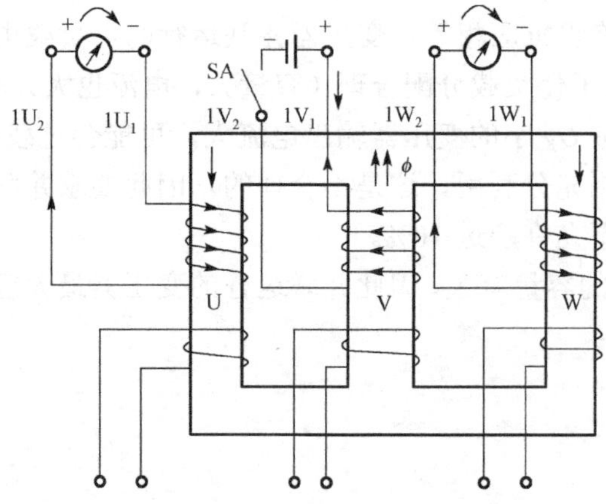

图 2-2-6 直流法测定三相变压器首尾

（3）测量判别。在 V 相（假设 $1V_1$ 是首端）上加直流电源，电源的“+”接 $1V_1$，电源的“–”经开关 SA 接至 $1V_2$。然后用一个直流电流表（或直流电压表）测量另外两相电流（或电压）的方向来判断其相间极性。判别方法如下：

① 如果在开关 SA 合上的瞬间，两表同时向正方向（右方）摆动，则接在直流表“+”端子上的线端是相尾 $1U_2$ 和 $1W_2$，接在表“–”端子上的线端是相首 $1U_1$ 和 $1W_1$，如图 2-2-7 所示；在合上开关 SA 的瞬间各相绕组的感应电动势方向如图 2-2-6 所示。

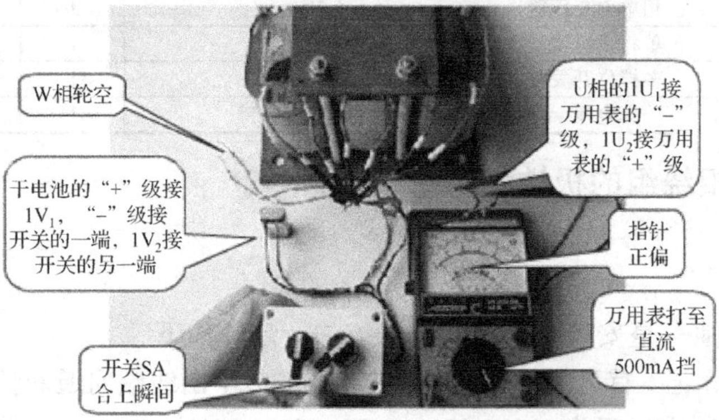

图 2-2-7 三相变压器高压绕组判断 U 相极性

② 如果在合闸的瞬间，两表同时向反方向（左方）摆动时，则接在直流表“+”端子上的线端是相首 $1U_1$ 和 $1W_1$，接在表“–”端子上的线端是相尾 $1U_2$ 和 $1W_2$，如图 2-2-8 所示。

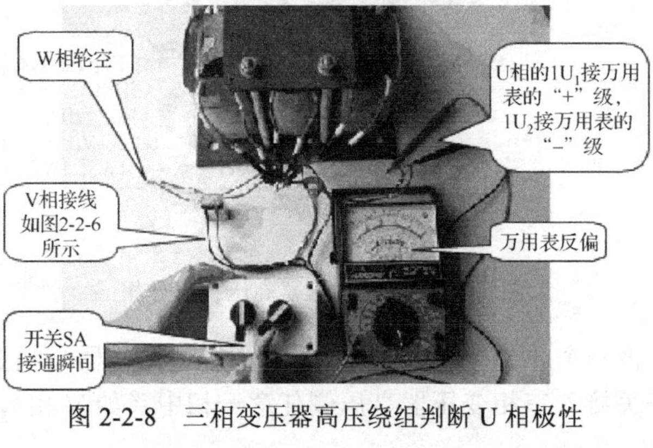

图 2-2-8 三相变压器高压绕组判断 U 相极性

提示

测试三相变压器相间极性与测试单相变压器的极性，其判别方法恰好相反。

2. 交流法

具体的方法及步骤如下：

（1）分相设定标记。与直流法相同。

（2）线路连接。如图 2-2-9 所示，先假设 $1U_1$ 是首端，将 $1U_2$ 和 $1V_2$ 用导线连接，$1W_1$ 与 $1W_2$ 间连接交流电压表 PV_2，如图 2-2-10 所示。

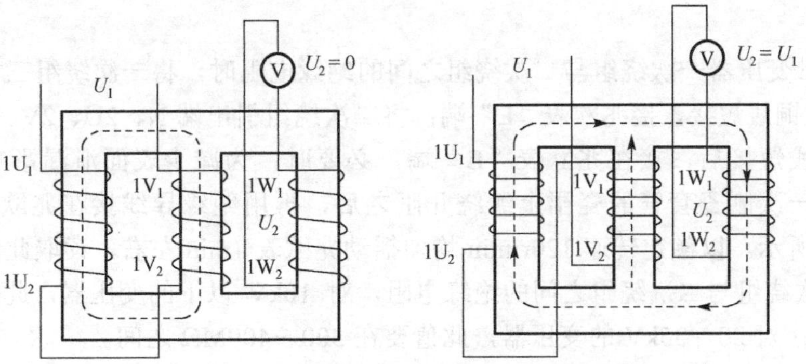

图 2-2-9　交流法测定三相变压器首尾原理图

图 2-2-10　交流法测定三相变压器首尾实物接线

（3）测量判别。当在 $1U_1$ 与 $1V_1$ 间外加电压 U_1 后，测得 $1W_1$ 与 $1W_2$ 间电压：

① 如 $U_2=0$，则说明 $1U_1$ 与 $1V_1$ 都是首端。

② 如 $U_2=U_1$，则说明被连接的 $1V_2$ 是尾端。因为接法使 U、V 两相的磁通都通入到 W 相中，则 W 相感应电压等于 U、V 两相感应电压之和。

同理，把 W 相与 V 相交换，同样可测出 W 相的首、尾端。

三、每相高低压绕组极性测定

每相高低压绕组极性测定与测定单相变压器极性方法相同，在此不再赘述，读者可自行操作测定。

四、测量电力变压器绕组之间的绝缘电阻和绕组对地的绝缘电阻

测量变压器绕组的绝缘电阻，是了解电力设备绝缘状态的最简便、最常用的方法之一。它能有效地检查出变压器绝缘整体受潮，部件表面受潮或脏污以及贯穿性的集中性缺陷，如绝缘子破裂、引线靠壳、器身内部有金属接地、绕组围裙严重老化、绝缘油严重受潮等缺陷。

测定绝缘电阻使用兆欧表（又称摇表或绝缘电阻表），选用时主要考虑兆欧表的额定电压和测量范围是否与被测的电器设备绝缘等级相适应，一般选用 2500V 的兆欧表。测试步骤如下。

（1）测量变压器一次绕组与二次绕组之间的绝缘电阻时，将一次绕组三相引出端 lU、lV、1W 用裸铜线短接，接兆欧表“L”端；将二次绕组引出端 N、2U、2V、2W 及地（地壳）用裸铜线短接后，接在兆欧表“E”端。必要时，为减少表面泄漏影响测量值，可用裸铜线在一次侧瓷套管的瓷裙上缠绕几匝之后，再用绝缘导线接在兆欧表“G”端，如图 2-2-11 所示。以额定转速 120r/min 均匀摇动兆欧表 1min 左右，读取此时兆欧表的读数，即为一次绕组与二次绕组之间的绝缘电阻。对 10kV 以下的变压器，此值要在 200～300MΩ 之间；对 20～35kV 的变压器，此值要在 300～400MΩ 之间。

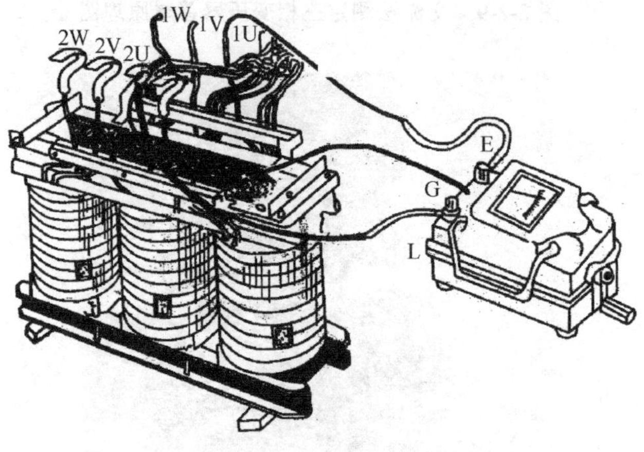

图 2-2-11　检测一次绕组与二次绕组之间的绝缘电阻

（2）测量变压器一次绕组对地的绝缘电阻时，将一次绕组三相引出端 lU、lV、1W 用裸铜线短接，接兆欧表“L”端；铁芯（地）接在兆欧表“E”端。必要时，为减少表面泄漏影响测量值，可用裸铜线在一次侧瓷套管的瓷裙上缠绕几匝之后，再用绝缘导线接在兆欧表“G”端，如图 2-2-12 所示。兆欧表的具体测量步骤和读数要求同步骤（1）。

（3）测量变压器二次绕组对地的绝缘电阻时，将二次绕组三相引出端 2U、2V、2W 用裸铜线短接，接兆欧表“L”端；铁芯（地）接在兆欧表“E”端。必要时，为减少表面泄漏影响测量值，可用裸铜线在二次侧瓷套管的瓷裙上缠绕几匝之后，再用绝缘导线接在兆欧表“G”端，如图 2-2-13 所示。兆欧表的具体测量步骤和读数要求同步骤（1）。

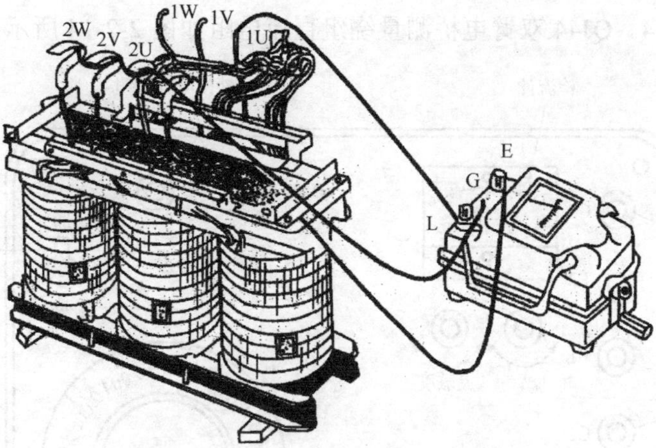

图 2-2-12 检测一次绕组对地的绝缘电阻

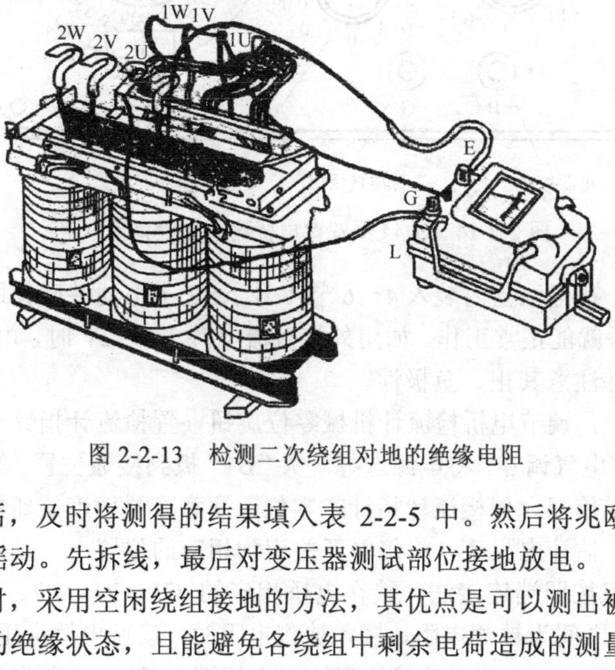

图 2-2-13 检测二次绕组对地的绝缘电阻

（4）测试完成后，及时将测得的结果填入表 2-2-5 中。然后将兆欧表与变压器绕组引出端断开，再停止摇动。先拆线，最后对变压器测试部位接地放电。

测量绝缘电阻时，采用空闲绕组接地的方法，其优点是可以测出被测部分对接地部分和不同电压部分间的绝缘状态，且能避免各绕组中剩余电荷造成的测量误差。

表 2-2-5 变压器绕组的绝缘电阻

一次、二次绕组间的绝缘电阻（MΩ）	一次绕组对铁芯的绝缘电阻（MΩ）	二次绕组对铁芯的绝缘电阻（MΩ）

五、测量电力变压器绕组的直流电阻

变压器绕组直流电阻的测量是一项既简单又重要的实验项目，其目的是检查绕组焊接接头的质量是否良好、电压分接头的各个位置是否正确、引线与套管的接触是否良好、并联支路的连接是否正确、有无层间短路或内部断线的现象。

测量直流电阻的方法在现场用得最多的是电桥法。当被测绕组电阻值在 1Ω 以上时，应选用单臂电桥，如 QJ23、QJ31 单双臂电桥；当被测绕组的电阻值在 1Ω 以下时，应选用双臂电桥，如 QJ44。QJ44 双臂电桥测量绕组直流电阻如图 2-2-14 所示。测量步骤如下。

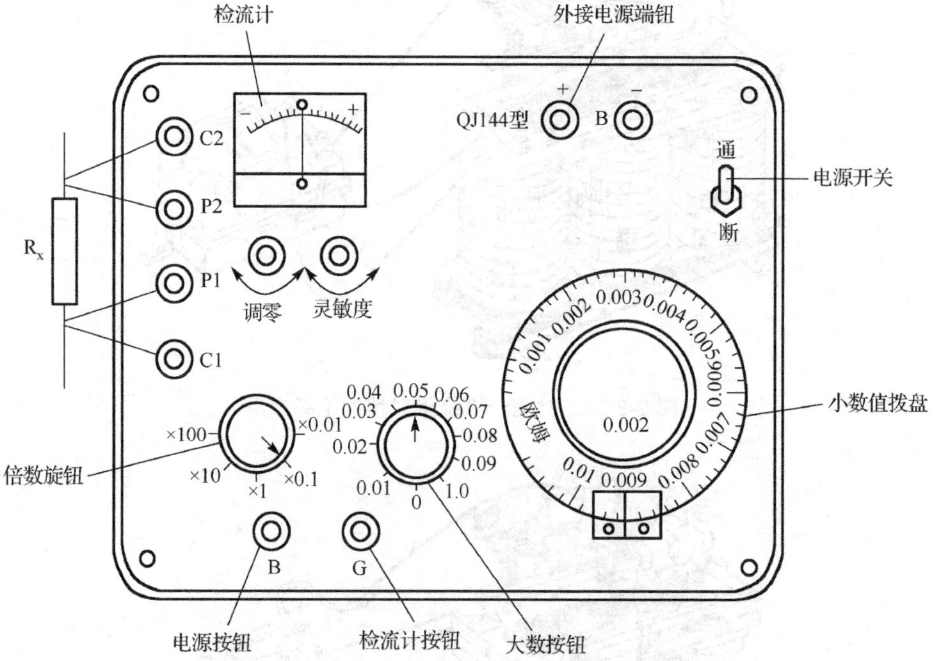

图 2-2-14　QJ44 型双臂电桥测量绕组直流电阻

（1）装入电池。在电池盒内装入 4～6 节 1 号 1.5V 干电池并联使用和 2 节 6F22 型 9V 电池并联使用，电桥就能正常工作。如用外接直流电源 1.5～2V 时，电池盒内的 1.5V 电池应预先全部取出，并注意其正、负极性。

（2）将电桥放平，调节电桥检流计机械零位旋钮，置检流计指针于零位。

（3）接通电源并电气调零。将电源选择开关“B1”扳到接通位置，等稳定后（约 5min），调节检流计电气调零旋钮，使检流计指针在零位。注意将灵敏度旋钮放在最低位置。

（4）选择倍率。估计电阻值，将倍率开关旋到相应的位置上。

（5）将被测电阻按四端连接法，接在电桥相应的 C1、P1、P2、C2 的接线柱上，如图 2-2-15 所示。*AB* 之间为被测电阻，接入被测电阻时，双臂电桥电压端子 P1、P2 所引出的接线应比由电流端子 C1、C2 所引出的接线更靠近被测电阻。

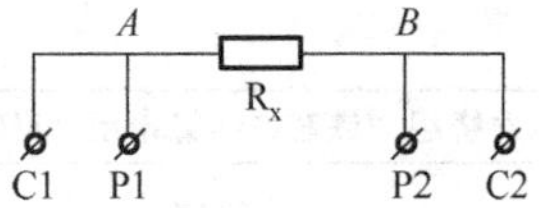

图 2-2-15　被测电阻的四端连接法

（6）调节电桥的平衡。先按下电源按钮 B，再按下检流计按钮 G。调节步进读数和滑线读数，使检流计指针在零位上。如发现检流计灵敏度不够，应增大灵敏度，并稍等片刻。待指针稳定，重新调节电桥平衡。在改变灵敏度时，会引起检流计指针偏离零位，在测量之前，随时都可以调节检流计零位。

（7）计算被测电阻。被测电阻按下式计算：

被测电阻值=倍率读数×（步进读数+滑线读数）

被测电阻范围与倍率位置选择见表 2-2-6。

表 2-2-6 被测电阻范围与倍率位置选择

被测电阻范围（Ω）	1.1～11	0.11～1.1	0.011～0.11	0.0011～0.011	0.00011～0.0011
应选倍率	×100	×10	×1	×0.1	×0.01

（8）测试结束时，先断开检流计按钮开关“G”，然后才可以断开电池按钮开关“B”，最后拉开电桥电源开关“B1”，拆除电桥到被测电阻的四根引线 C1、P1、C2 和 P2。

测量带有电压分接开关的变压器时，应在所有分接头位置上测量。三相变压器有中性点引出线时，应测量各相绕组的电阻；无中性点引出时，可以测量三相引出线之间的电阻。

测量应在绕组温度稳定的情况下进行，要求绕组与周围环境的温度相差不大。对于变压器的高压绕组应分别测量各分接位置时的阻值，以发现接触不良故障。

（9）测量结果的判定。

要求三相变压器三个线圈的阻值偏差不超过平均值的 2%，即

$$\frac{R_{max}-R_{min}}{R_{av}}\leqslant 2\%$$

式中 R_{max}——三相绕组中，一次（或二次）绕组直流电阻的最大值；

R_{min}——三相绕组中，一次（或二次）绕组直流电阻的最小值；

R_{av}——一次（或二次）绕组直流电阻的平均值。

当分接开关于不同分接位置时，测得的直流电阻若相差很大，可能是分接开关接触不良或触点有污垢等现象造成的。测得高压侧电阻极大，则高压绕组断路或分接开关损坏；低压侧三相绕组电阻误差很大，可能是引线铜皮与瓷瓶导管断开或接触不良。

将以上检测结果填入表 2-2-7 中。

表 2-2-7 高低压绕组的电阻值

高压绕组的电阻值（Ω）	低压绕组的电阻值（Ω）

操作提示

1. 测量变压器绕组的绝缘电阻时，非被测部位短路接地应良好。

2. 测量绝缘电阻应在天气良好的情况下进行，且空气相对湿度测试条件不高于 80%。

3. 禁止在有雷电或临近高压设备时使用绝缘电阻表，以免发生危险。

4. 采用双臂电桥测量小电阻时，为了测量准确，一般采用较粗而短的多股软铜绝缘线，将被测电阻与电桥电位端钮 P1、P2 和电流端钮 C1、C2 连接，并用螺母紧固。

5. 双臂电桥工作电流较大，所以测量要迅速，避免电池过多消耗。

6. 测量绕组的绝缘电阻后，应用导线接地对绕组进行放电，然后再拆下仪表连线。如果不对绕组进行放电，在用手拆线时可能会遭到电击。

7. 使用双臂电桥测量时，先按下电源按钮，再按下检流计按钮；测毕，先松开检流计按钮，再松开电源按钮。如果操作顺序颠倒，会损坏检流计。

8. 直流双臂电桥长期不用时，应将电池全部取出。

检查评议

对任务实施的完成情况进行检查，并将结果填入表 2-2-8 的评分表内。

表 2-2-8　任务测评表

步骤	测评内容	评分标准		配分	得分
1	准备工作	（1）未将所需工具、仪器准备好，每少 1 件扣 2 分 （2）未采用安全保护措施，扣 10 分		10	
2	判别三相绕组的极性和首尾端	（1）判别方法错误，扣 5 分 （2）测量错误，扣 5 分 （3）判别结果错误，扣 5 分		20	
3	测量电力变压器绕组之间的绝缘电阻和绕组对地的绝缘电阻	（1）测量方法错误，扣 6 分 （2）测量结果错误，扣 6 分		30	
4	测量变压器绕组的直流电阻	（1）仪表的量程选择错误，扣 6 分 （2）测量方法错误，扣 6 分 （3）测量结果错误，扣 6 分		30	
5	安全文明生产	（1）违反安全文明生产规程，扣 5～40 分 （2）发生人身或设备安全事故，不及格		10	
6	定额时间	2h，超时扣 5 分			
7	备注		合计	100	

巩固与提高

一、填空题（请将正确答案填在横线空白处）

1. 三相变压器的原副边绕组，可以采用________连接、________连接等方式。

2. 三相电力变压器一次绕组、二次绕组不同接法的组合形式有：________、________、________和________四种。

3. 三相变压器按一次、二次侧线电动势的________关系把变压器绕组的连接分成各种不同的________。

4. 三相变压器连接组别不仅与三相绕组的________有关，而且还与绕组的________和________的标记有关。

5. 判定三相变压器绕组的首、尾端的准则是：________。判别三相绕组的首尾方法有________和________。

6. 对 10kV 以下的电力变压器一次、二次绕组之间的绝缘电阻要在________MΩ 以上。

7. 对于三相电力变压器，我国国家标准规定了五种标准连接组，分别是：________、________、________、________、和________。

8. 变压器并联运行的条件：①________；②________；③________。

9. 两台变压器并联运行时，要求一次侧、二次侧电压________，变压比误差不允许超过________。

10．变压器并联运行时的负载分配（电流分配）与变压器的阻抗电压________，也就是要求它们的________都一样。

二、判断题（正确的在括号内打“√”，错误的打“×”）

1．两台三相电力变压器只要连接组别相同就可以并联。（　）

2．连接组别不同（设并联运行的其他条件皆满足）的变压器并联运行一定会烧坏。（　）

3．变压比不相等（设并联运行的其他条件皆满足）的变压器并联运行一定会烧坏。（　）

4．短路电压相等（设并联运行的其他条件皆满足）的变压器并联运行，各变压器按其容量大小成正比地分配负载电流。（　）

5．并联运行的变压器要求短路电压要尽量接近，一般相差不允许超过5%。（　）

6．并联运行的变压器最大容量与最小容量之比不宜超过4:1。（　）

7．测量直流电阻的方法在现场用得最多的是伏安法。（　）

8．当被测绕组电阻值在1Ω以上时，应使用双臂电桥。（　）

三、选择题（将正确答案的字母填入括号中）

1．变压器二次侧绕组采用三角形接法时，如果一相接反，将会产生的后果是（　）。

A．没有电压输出　　B．输出电压升高

C．输出电压不对称　　D．绕组烧坏

2．变压器二次侧绕组为三角形接法时，为了防止发生一相接反的事故，正确的测试方法是（　）。

A．把二次侧绕组接成开口三角形，测量开口处有无电压

B．把二次侧绕组接成闭合三角形，测量其中有无电流

C．把二次侧绕组接成闭合三角形，测量一次侧空载电流的大小

D．以上三种方法都可以

3．Yy接法的三相变压器，若二次侧W相绕组接反，则二次侧三个线电压之间的关系是（　）。

A．$U_{vw}=U_{wu}=\frac{1}{\sqrt{3}}U_{uv}$　　B．$U_{vw}=U_{wu}=\sqrt{3}U_{uv}$

C．$U_{vw}=U_{uv}=\frac{1}{\sqrt{3}}U_{wu}$　　D．$U_{uv}=U_{wu}=\frac{1}{\sqrt{3}}U_{vw}$

4．二次侧额定电流分别为1500A和1000A的两台变压器并联运行，当前一台的输出电流为1000A时，后一台的输出电流为900A，试判断这两台变压器是否满足并联运行的条件（　）。

A．完全满足　　B．变压比相差过大

C．短路电压相差过大　　D．连接组别不同

5．两台变压器并联运行，空载时二次绕组中有一定大小的电流，其原因是（　）。

A．短路电压不相等　　B．变压比不相等

C．连接组别不同　　D．并联运行的条件全部不满足

6．Yd 连接组的变压器，若一次侧、二次侧绕组的额定电压为 220kV/110kV，则该变压器一次侧、二次侧绕组的匝数比为（　　）。

A．2:1　　B．$2:\sqrt{3}$　　C．$2\sqrt{3}:1$　　D．$\sqrt{3}:1$

7．测量三相变压器绕组的直流电阻时，要求三个线圈的阻值偏差不能超过平均值的（　　）。

A．2%　　B．5%　　C．3%　　D．4%

四、技能题

测量配电变压器绕组的绝缘电阻和直流电阻，并与技术资料进行比较，判断是否符合要求。

项目3 特殊变压器的使用与维护

任务1 自耦变压器的使用与维护

学习目标

知识目标：

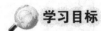

1. 了解自耦变压器的基本结构、分类和用途。
2. 正确理解自耦变压器的工作原理及使用方法。

能力目标：

1. 能独立完成自耦变压器的拆装及测试。
2. 能独立完成自耦变压器降压启动控制线路的安装与调试。

工作任务

自耦变压器的输出电压连续可调，使之得到了广泛应用。例如，实验室中使用的单相自耦变压器，输入电压为 220V，输出电压可在 0～250V 范围内调节。而三相自耦变压器常用作大容量的三相异步电动机降压启动装置。

本任务的主要内容是：通过对自耦变压器的拆装与检测，了解自耦变压器的结构与维护，并通过三相异步电动机自耦变压器降压启动控制线路的安装与调试，了解自耦变压器的应用。

相关理论

一、自耦变压器的结构

图 3-1-1 所示为一台单相自耦变压器的外形结构和接线原理图，它也是主要由铁芯和绕组两部分组成的。但与普通变压器不同的是：普通变压器是通过一次侧、二次侧绕组的电磁耦合来传递能量，一次侧、二次侧没有直接的电的联系。而自耦变压器一次侧、二次侧之间有直接的电的联系，其一次侧和二次侧绕组共用一个绕组，其中某一绕组是另一绕

组的一部分。自耦变压器的铁芯做成圆环形，绕组均匀分布在铁芯上，中间有滑动触头，通过调节滑动触头的位置来调节输出电压。

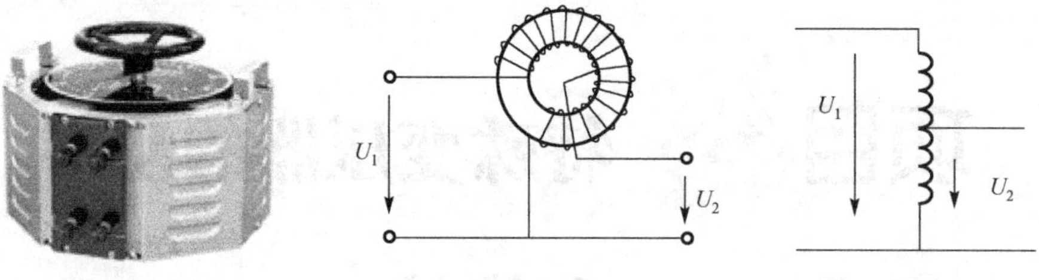

(a) 外形结构图　　(b) 示意图　　(c) 原理图

图 3-1-1　单相自耦变压器

自耦变压器也有单相和三相之分，三相自耦变压器一般采用星形接法，如图 3-1-2 所示。

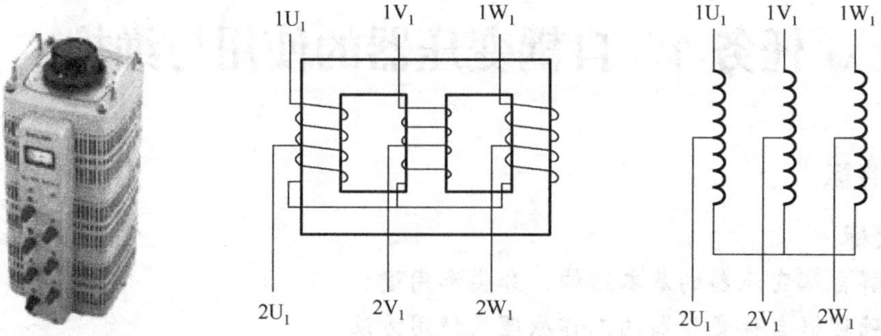

(a) 外形结构图　　(b) 示意图　　(c) 原理图

图 3-1-2　三相自耦变压器

二、自耦变压器的工作原理

图 3-1-3 所示为单相自耦变压器的电路原理图，同普通变压器一样，自耦变压器也是利用电磁感应原理来工作的。但与普通变压器不同的是，自耦变压器的一次、二次侧绕组之间除了有磁的联系外，还有电的直接联系。

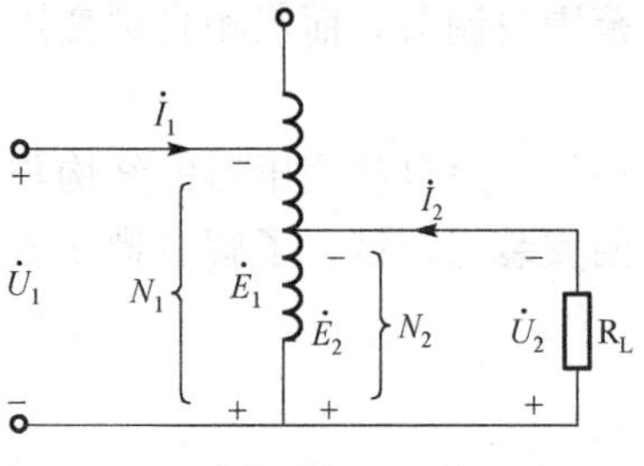

图 3-1-3　单相自耦变压器的电路原理图

1．变压原理

根据电磁感应定律：$U_1 \approx E_1 = 4.44 f N_1 \Phi_m$

$$U_2 \approx E_2 = 4.44 f N_2 \Phi_m$$

因此自耦变压器的变压比 $K = \dfrac{U_1}{U_2} = \dfrac{E_1}{E_2} = \dfrac{N_1}{N_2}$

当 $K>1$ 时，自耦变压器用于降压；当 $K<1$ 时，自耦变压器用于升压。

2．变流原理

当自耦变压器接上负载，二次侧有电流输出时，铁芯中的磁通 Φ 由合成磁动势 $\dot{I}_1(N_1 - N_2) + (\dot{I}_1 + \dot{I}_2)N_2$ 产生。根据磁动势平衡方程式得：

$$\dot{I}_1(N_1-N_2)+(\dot{I}_1+\dot{I}_2)N_2=\dot{I}_0N_1$$

因为空载电流 I_0 很小，可忽略不计，则得：

$$\dot{I}_1N_1+\dot{I}_2N_2=0$$

即

$$\frac{\dot{I}_1}{\dot{I}_2}=-\frac{N_2}{N_1}=-\frac{1}{K}$$

可见，一次、二次侧绕组电流的大小与匝数成反比，在相位上互差 180°，即相位相反。由此可知，自耦变压器一次侧绕组和二次侧绕组的公共部分的电流为：

$$I=I_2-I_1=(K-1)I_1$$

当变压比 K 接近 1 时，绕组中公共部分的电流 I 就很小，因此共用的这部分绕组的导线的截面积可以减小很多，从而减少了变压器的体积和质量，这是它的一大优点。如果 $K>2$，则 $I>I_1$，就没有太大的优越性了。

3．输出功率

当不计损耗时，自耦变压器输出的视在功率为：

$$S_2=U_2I_2=U_2I+U_2I_1=S_2'+S_2''$$

从上式可知，自耦变压器的输出功率包括两部分：其中 $S_2'=U_2I$ 是通过电磁感应从一次侧绕组传递到二次侧绕组的能量；而 $S_2''=U_2I_1$ 是通过电路的关系，从一次侧绕组直接传递到二次侧绕组的能量。由于 I_1 只在一部分绕组的电阻上产生铜损耗，使得自耦变压器比普通变压器的损耗要小，因此效率较高。这是自耦变压器在能量传递方式上与普通变压器的区别所在，而且这两部分传递能量的比例完全取决于变压比 K。同样可以推导出：

$$S_2''=\frac{1}{K}S_2$$

当 $K=1$ 时，能量全部靠电路导线传递过来；当 K 增大时，电磁功率 S_2' 增大，传导功率 S_2'' 减少，公共部分绕组电流 I 增大，导线也要加粗。由此可见，当变压比 $K>2$ 时，自耦变压器的优点就不明显了，所以自耦变压器通常工作在变压比 K=1.2～2 之间。

三、自耦变压器的特点

1．自耦变压器的优点

（1）可改变输出电压。

（2）用料省，效率高。自耦变压器的功率传输，除了因绕组间电磁感应原理而传递的功率之外，还有一部分是由电路相连直接传递过来的功率，后者是普通双绕组变压器所没有的。所以，自耦变压器较普通双绕组变压器用料省，效率高。

（3）外形尺寸小，重量轻，便于运输和安装。

2．自耦变压器的缺点

（1）和同容量普通变压器相比，自耦变压器短路阻抗小，短路电流大，必要时要采取限制短路电流的措施。

（2）因自耦变压器一次侧、二次侧绕组是相通的，高压侧（电源）的电气故障会波及低压侧，如高压绕组绝缘破坏，高电压可直接进入低压侧，这是很不安全的，所以低压侧应有防止过电压的保护措施。

（3）如果在自耦变压器的输入端把相线和零线接反，虽然二次侧输出电压大小不变，仍为低压安全电压 36V，如图 3-1-4 所示。但无论人体接触到输出端的哪一个端子，都将分别触及到 220V 和 220V–36V=184V，发生触电的危险。因此，自耦变压器不能用作低压安全变压器。

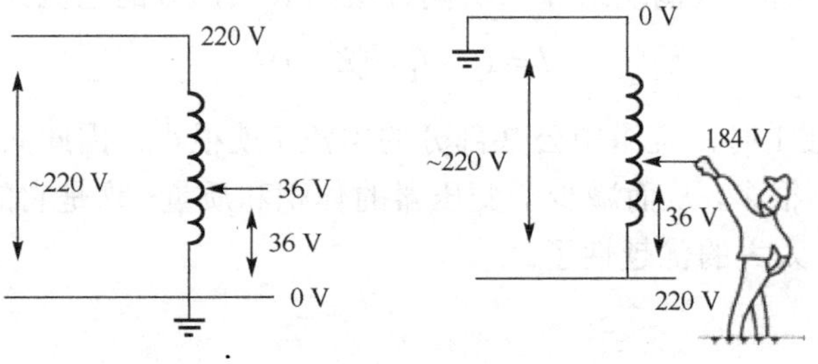

(a) 正确接线　　(b) 错误接线

图 3-1-4　单相自耦变压器的接法

四、自耦变压器的应用

在高电压、大容量的输电系统中，用自耦变压器把 110kV，150kV，220kV 和 230kV 的高压电力系统连接成大规模的动力系统。在实验室中还常常用到自耦变压器，把自耦变压器的二次侧输出改成活动触头，可以接触绕组的任意位置，使输出电压任意改变而实现调压的功能。此外，自耦变压器还可用作大容量的异步电动机的启动补偿器，实现降压启动，以减小启动电流。另外，自耦变压器不仅用于降压，只要把输入、输出对调一下，就变成了升压变压器，因而自耦变压器得到了广泛的应用。

任务实施

一、任务准备

实施本任务教学所使用的实训设备及工具材料可参考表 3-1-1。

表 3-1-1　实训设备及工具材料

序号	分类	名称	型号规格	数量	单位	备注
1	工具仪表	电工常用工具		1	套	
2		万用表	MF47 型	1	块	
3		兆欧表	500V	1	块	
4	设备器材	自耦变压器	QJD3 系列	1	台	
5		三相异步电动机	自定	1	台	
6		多股软线	BVR2.5	若干	米	

二、自耦变压器的拆装、检测与维护

1. 自耦变压器的拆卸与检测

自耦变压器的拆卸检测流程为：熟悉自耦变压器→测试一次绕组直流电阻→测试二次绕组直流电阻→测量绕组与外壳间的绝缘电阻→拆卸外壳锁紧螺钉→拆卸调节旋钮和刻度盘→拆卸外壳。具体方法见表 3-1-2。

表 3-1-2 自耦变压器的拆卸、检测与维护步骤

序号	操作步骤	图示	过程描述
1	熟悉自耦变压器		认真观察三相可调自耦变压器的外形结构和固定方式，以便拆卸。用抹布清洁变压器外壳，进行外围的维护工作
2	测试一次绕组的直流电阻	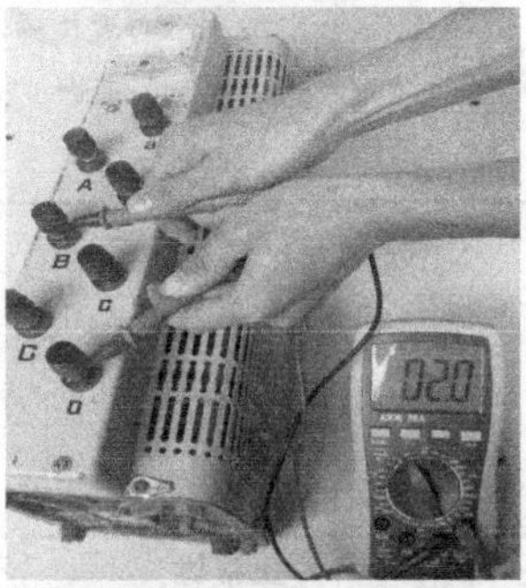	用万用表的“200Ω”档分别测量三相一次绕组的直流电阻（绕组已经接成星形，“0”端子为公共端），照片中测得 B 相绕组的直流电阻为 2Ω。其余两相绕组的测量方法相同。 正常情况下，三相一次绕组的直流电阻值基本相等
3	测试二次绕组的直流电阻	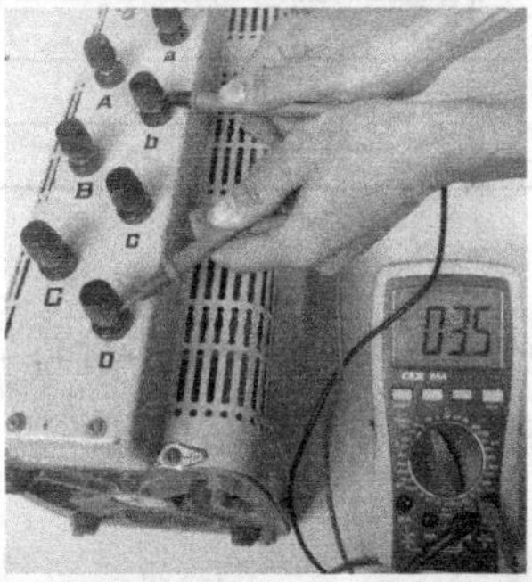	用万用表的“200Ω”档分别测量三相二次绕组的直流电阻，方法与上述一次绕组测量相同。照片中测得 b 相绕组的直流电阻为 3.5Ω，说明现二次绕组匝数比一次绕组大，处于升压状态。用同样方法测量其余两相绕组的直流电阻。 正常情况下，三相二次绕组的直流电阻值基本相等
4	测量绕组与外壳间的绝缘电阻	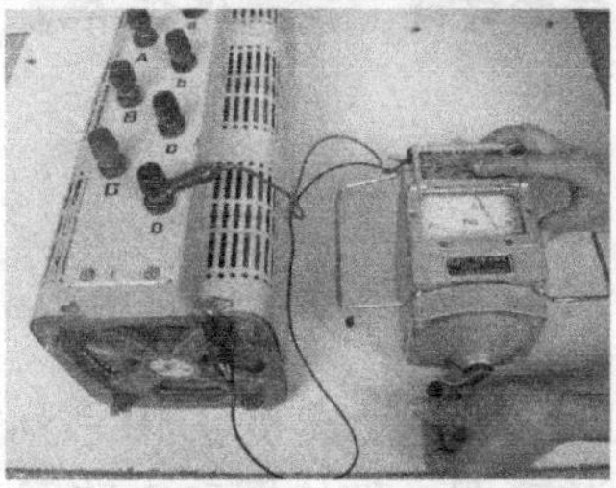	按兆欧表的正确使用方法进行验表。验表正常后将兆欧表的“L”端子与绕组的任意一端子相接，“E”端子与变压器的接地螺钉可靠接触，用正确方法摇动兆欧表进行绝缘电阻测量。 测得阻值应接近“∞”为好，如果小于 1MΩ 说明变压器有漏电现象，不能正常使用

续表

序号	操作步骤	图示	过程描述
5	拆卸外壳锁紧螺钉	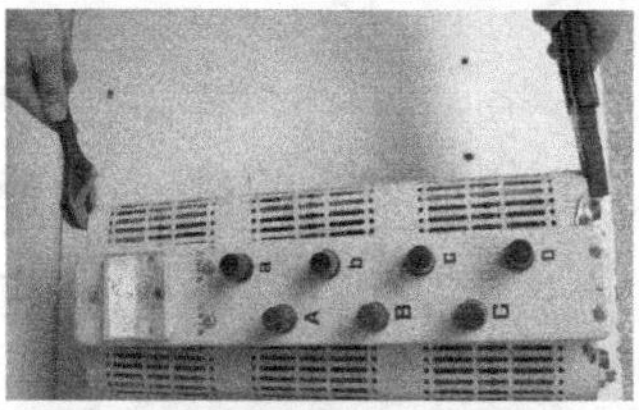	三相自耦变压器的外壳锁紧螺钉较长，拆卸方法为使用活扳手和电工钳进行拆卸
6	拆卸调节旋钮和刻度盘	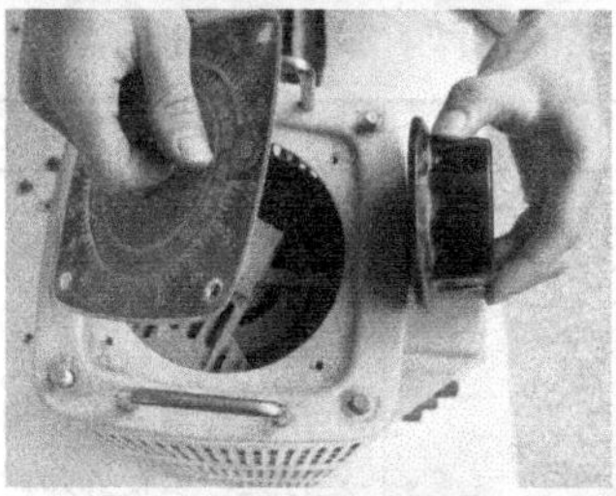	用旋具将调节旋钮侧孔的螺钉拧松，取下调节旋钮；将刻度盘的四个螺钉取下并将高度盘取下
7	拆卸外壳		待外壳锁紧螺钉、调节旋钮和刻度盘取下后将变压器的外壳取出来；认真观察变压器的内部结构，旋转调节旋钮观察触片与绕组的接触情况；用抹布小心翼翼地将绕组及其他装置上的尘埃抹去进行内部维护

2. 记录测试结果

将测试的结果填入表 3-1-3 中。

表 3-1-3　测试结果

测试项目	实测值	正常值	是否正常
一次绕组直流电阻			
二次绕组直流电阻			
绕组与外壳间绝缘电阻			

3. 自耦变压器的装配

自耦变压器的安装过程与拆卸过程正好相反，可参照拆卸过程完成自耦变压器的安装，并进行简单的电气性能测试，自行设计表格，记录测试结果。

提示

（1）对拆卸后的自耦变压器零部件要轻拿轻放，注意保持清洁、干燥。

（2）装配时不要碰伤自耦变压器的零部件。

（3）测试电气性能时，要注意安全。

三、自耦变压器降压启动线路的安装与调试

一般常用的手动自耦减压启动器有 QJ3 系列油浸式和 QJ10 系列空气式两种。如图 3-1-5 所示是 QJD3 系列手动自耦减压启动器的外形图、结构图和电路图。

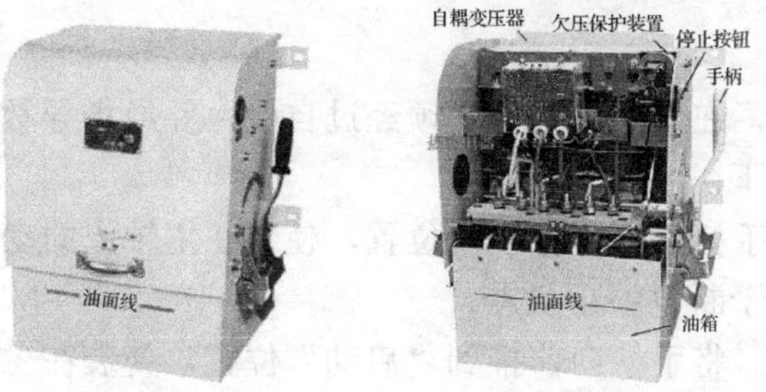

(a) 外形图　　　(b) 结构图

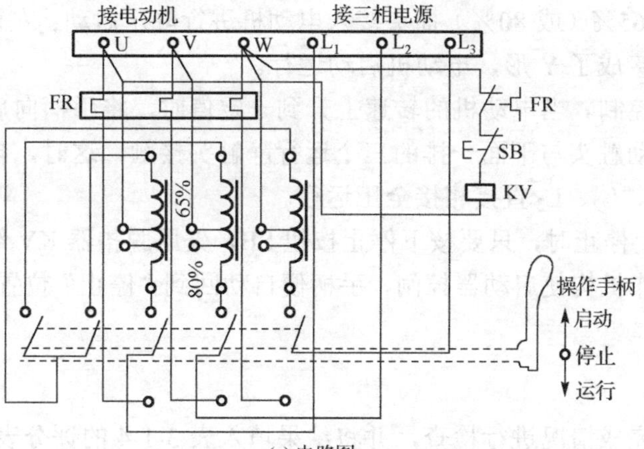

(c) 电路图

图 3-1-5　QJD3 系列手动自耦减压启动器

1. 线路安装

按图 3-1-6 所示控制电路接线图接好电路。

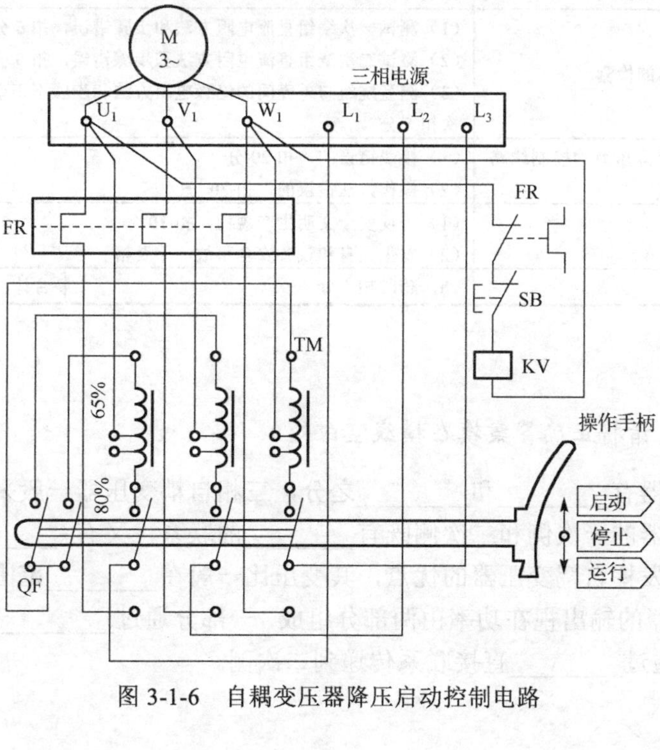

图 3-1-6　自耦变压器降压启动控制电路

2．通电调试

当线路安装完毕后，在通电试车前必须经过自检，并经指导教师确认无误后方可通电试车。具体操作步骤如下。

（1）通电前，先将手柄扳到“停止”位置，使装在主轴上的动触头与上、下两排静触头都不接触，电动机处于断电停止状态。

（2）降压启动控制。将手柄向前推到“启动”位置，使装在主轴上的动触头与上面一排启动静触头接触，三相电源 L_1、L_2、L_3 通过右边三个动、静触头接入自耦变压器，又经自耦变压器的三个 65%（或 80%）抽头接入电动机进行降压启动；左边两个动、静触头接触则把自耦变压器接成了 Y 形，电动机启动运行。

（3）全压运行控制。当电动机的转速上升到一定值时，将手柄向后迅速扳到“运行”位置，使右边三个动触头与下面一排的三个运行静触头接触，这时，自耦变压器脱离，电动机与三相电源 L_1、L_2、L_3 直接相接全压运行。

（4）停止控制。停止时，只要按下停止按钮 SB，失压脱扣器 KV 线圈失电，衔铁下落释放，通过机械操作机构使启动器掉闸，手柄便自动回到“停止”位置，电动机断电停转。

检查评议

对任务实施的完成情况进行检查，并将结果填入表 3-1-4 的评分表内。

表 3-1-4　任务测评表

序号	测评内容	评分标准		配分	得分
1	准备工作	（1）未将所需工具、仪器准备好，每少 1 件扣 2 分 （2）未采用安全保护措施，扣 5 分		5	
2	自耦变压器的拆装	拆装方法及步骤不正确，每次扣 5 分		20	
3	自耦变压器的检测	（1）测试一次绕组直流电阻方法和步骤错误，扣 5 分 （2）测试二次绕组直流电阻方法和步骤错误，扣 5 分 （3）测量绕组与外壳间的绝缘电阻方法和步骤不正确，每次扣 5 分		30	
4	自耦变压器降压启动控制线路的安装与调试	（1）接线错误的，扣 20 分 （2）操作方法错误的，扣 20 分		35	
5	安全文明生产	（1）违反安全文明生产规程，扣 10 分 （2）发生人身和设备安全事故，不及格		10	
6	定额时间	2h，超时扣 5 分	合计	100	

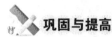

巩固与提高

一、填空题（请将正确答案填在横线空白处）

1．自耦变压器有________和________之分，三相自耦变压器一般采用________接法。

2．自耦变压器的一次侧和二次侧既有________的联系，又有________的联系。

3．为了充分发挥自耦变压器的优点，其变压比一般在________范围内。

4．自耦变压器的输出视在功率由两部分组成，一部分通过________从一次侧传递到二次侧，另一部分通过________直接联系传递到二次侧。

二、判断题（正确的在括号内打“√”，错误的打“×”）

1．自耦变压器既可作为降压变压器使用，又可作为升压变压器使用。（ ）

2．自耦变压器较普通双绕组变压器用料省，效率高。（ ）

3．自耦变压器绕组公共部分的电流，在数值上等于一次侧、二次侧电流数值之和。（ ）

4．自耦变压器一次侧从电源吸取的电功率，除一小部分损耗在内部外，其余的全部经一次侧、二次侧之间的电磁感应传递到负载上。（ ）

三、选择题（将正确答案的字母填入括号中）

1．将自耦变压器输入端的相线和零线反接，（ ）。

A．对自耦变压器没有任何影响　　B．能起到安全隔离的作用

C．会使输出零线成为高电位而使操作有危险　　D．不会有危险

2．自耦变压器接电源之前应把自耦变压器的手柄位置调到（ ）。

A．最大值　　B．中间　　C．零位　　D．任意位置

3．自耦变压器不能作为安全电源变压器使用的原因是（ ）。

A．绕组公共部分电流太小　　B．绕组公共部分电流太大

C．一次侧与二次侧有电的联系　　D．一次侧与二次侧有磁电的联系

四、问答题

1．自耦变压器的输出功率由哪几部分组成？

2．自耦变压器的变压比 K 在什么范围内是合适的？为什么？

3．自耦变压器有什么优缺点？使用中应注意哪些事项？

五、计算题

一台单相自耦变压器的数据如下：一次侧电压 U_1=240V，二次侧电压 U_2=180V，二次侧负载的功率因数 $\cos\varphi_2=1$，负载电流 I_2=5A，试求：

（1）自耦变压器各部分绕组的电流；

（2）电磁感应功率和直接传导功率。

任务2　仪用互感器的使用与维护

学习目标

知识目标：

1．了解电流互感器、电压互感器的结构和用途。

2．会正确选用和使用电流互感器、电压互感器。

能力目标：

能独立完成电流互感器与仪表和继电器配合实现对大电流负荷的控制电路的安装与调试。

工作任务

在交流电路中，直接测量大电流、高电压是比较困难的，操作起来也是十分危险的。因此，常常利用变压器把大电流转换成小电流、高电压转换成低电压后再测量。所用的转换装置一般为电流互感器和电压互感器。利用互感器使测量仪表与高电压、大电流隔离，不仅可保证仪表和人身的安全，还可大大减少测量中能量的损耗，扩大仪表量程，便于仪表的标准化。因此，仪用互感器被广泛应用于交流电压、电流和功率的测量，以及各种继电保护和控制电路中。

本次任务的主要内容是：通过学习了解电流互感器和电压互感器的结构、工作原理等相关知识，并利用电流互感器实现对大电流线路的控制，进而熟悉仪用互感器的应用。

相关理论

一、电流互感器

1. 电流互感器的结构和工作原理

图 3-2-1 所示为两种电流互感器的外形图。电流互感器在结构上与普通双绕组变压器相似，也是由铁芯和一次侧、二次侧绕组两个主要部分组成的。其不同之处在于，电流互感器的一次侧绕组匝数很少，只有一匝到几匝，线径很粗，且串联在被测电路中流过被测电流，该电流的大小与电流互感器二次侧所接负载的大小无关，是由被测电路决定的。

电流互感器的二次侧绕组匝数比较多，常与电流表或功率表的电流线圈串联成为闭合电路，由于这些线圈的阻抗都很小，所以电流互感器的二次侧近似于短路状态。其原理接线图如图 3-2-2(a)所示，符号如图 3-2-2(b)所示。

图 3-2-1　电流互感器的外形图

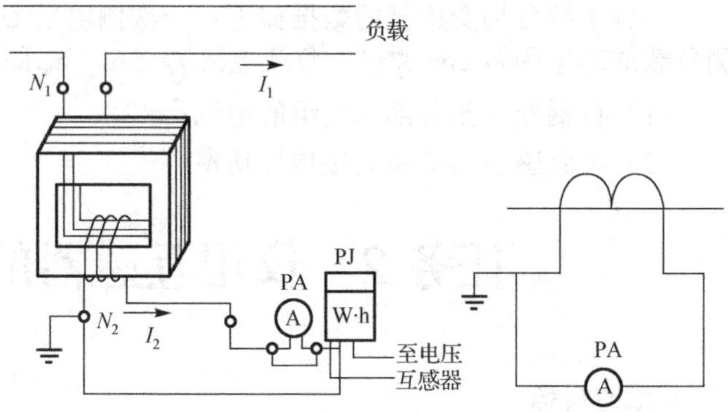

(a) 接线图　　(b) 符号图

图 3-2-2　电流互感器的原理接线图及符号

由于二次侧近似于短路运行状态，所以电流互感器的一次侧电压也几乎为零。而交流铁芯线圈的主磁通正比于电压，即 $\Phi_m \propto U_1$，所以 $\Phi_m=0$。根据磁动势平衡方程式有：

$$\dot{I}_1 N_1 + \dot{I}_2 N_2 \approx 0$$

即
$$\dot{I}_1 = -\frac{N_2}{N_1}\dot{I}_2 = -K_i\dot{I}_2$$
或
$$I_1 \approx K_i I_2$$
式中，$K_i = N_2 / N_1$ 叫做电流互感器的额定变电流比。

2．电流互感器的型号和技术参数

（1）型号。电流互感器型号的表示方法如下：

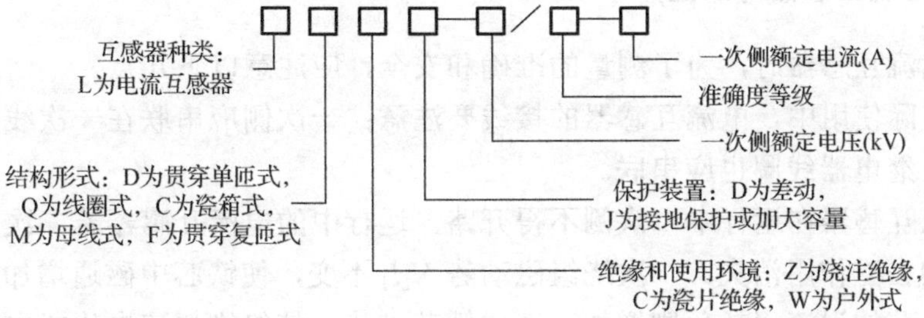

常用的电流互感器如图 3-2-3 所示，其结构形式有干式、浇注绝缘式、油浸式等多种。

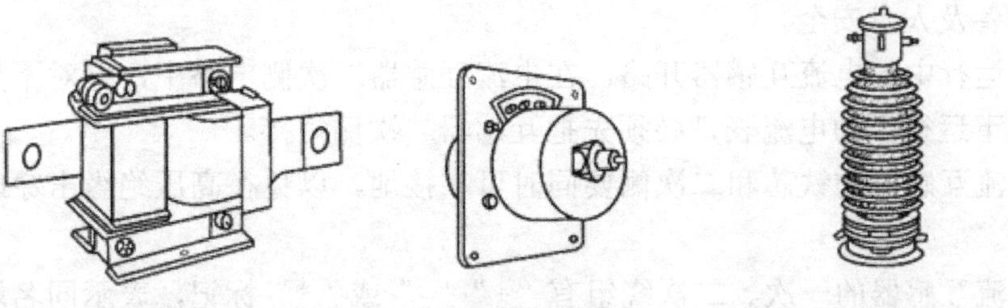

(a) 干式LQG-0.5型　　(b) 浇注绝缘式　　(c) 油浸式LCWD2-110型

图 3-2-3　常用的电流互感器

（2）变流比。变流比为电流互感器一次侧额定电流与二次侧额定电流之比，用“□/□”的形式标注。电流互感器一次侧的额定电流在 5～25000A 之间，根据一次侧电路的工作电流进行选择；二次侧的额定电流一般为 5A 或 1A，应根据所接的仪表或继电器的工作电流选用。

（3）准确度。当一次侧为额定电流时，二次侧电流与标称值误差的百分数，称作电流互感器的准确度。电流互感器的准确度有 0.2、0.5、1.0、3 和 10 五个等级。例如 0.5 级表示在额定电流时，误差最大不超过±0.5%。准确度等级数值越大，误差越大。

（4）额定阻抗。为保证电流互感器的准确度，电流互感器都规定了二次侧负载的阻抗，这个规定的阻抗叫做额定阻抗。二次侧绕组所接仪表、继电器线圈的阻抗之和超过额定阻抗，电流互感器的准确度将降低。

3．电流互感器的选择

（1）在选择电流互感器时，必须按它的一次侧额定电压、一次侧额定电流、二次侧额定负载阻抗及要求的准确度等级选取，对一次侧电流应尽量选择相符的，如没有相符的，可以稍大一些。

（2）电流互感器的负载大小影响到测量的准确度，一定要使二次侧的负载阻抗小于额定阻抗值，使互感器尽量工作在“短路”状态。并且互感器的准确度应比所接仪表的准确度高两个等级，以保证测量结果的准确度。

（3）电流互感器与仪表应配套。若电流表按一次侧电流进行刻度，电流互感器应与电流表配套，按电流表的量程选择互感器一次侧的额定电流。如电流表的量程为500A，则应选择一次侧额定电流为500A的电流互感器。

4. 使用电流互感器时的注意事项

在使用电流互感器时，为了测量的准确和安全，应注意以下几点。

（1）在实际使用中，电流互感器的接线要注意：一次侧应串联在一次线路中，二次侧所接的仪表、继电器线圈也应串联。

（2）电流互感器在运行中二次侧不得开路。运行中的电流互感器若二次侧开路，二次侧绕组电流的去磁作用消失，一次绕组磁动势 N_1I_1 不变，使铁芯中磁通增加很多倍，磁路严重饱和，铁芯的涡流损耗急剧增加，造成铁芯过热，使绝缘加速老化或击穿，电流互感器因温度迅速上升而损坏；同时在二次绕组中感应出很高的感应电动势，其峰值可达数千伏，危及设备及人身安全。

为防止运行中的电流互感器开路，在电流互感器二次侧电路中，绝对不允许装设熔断器；若要拆下运行中的电流表，必须先把互感器二次侧短接。

（3）电流互感器的铁芯和二次侧要同时可靠接地，以免在高压绝缘击穿时危及仪表或人身的安全。

（4）电流互感器的一次、二次绕组有“+”“−”或“*”标记，表示同名端，当二次侧接功率表或电度表的电流线圈时，一定要注意极性。

二、电压互感器

1. 电压互感器的结构和工作原理

如图3-2-4所示为几种电压互感器的外形实物图。

图3-2-4　几种常见电压互感器的外形实物图

电压互感器的主要结构和工作原理与普通双绕组变压器没有区别。其结构也是由铁芯和一次侧、二次侧绕组两个主要部分组成的。它的主要特点在于：一次侧绕组匝数较多，并联在被测电路中；二次侧绕组匝数较少，与高阻抗的电压表或其他仪表（如功率表、电能表）的电压线圈连接，二次侧电流很小，近似等于“0”。而且电压互感器有很准确的电压比。

电压互感器实质上是工作时接近于空载运行的降压变压器，接线原理图如图3-2-5所示。

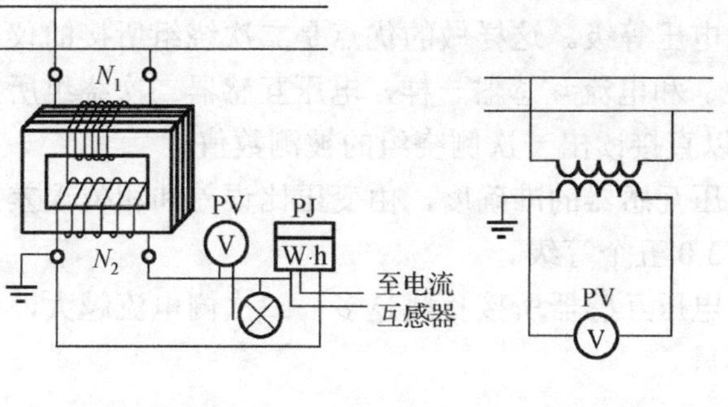

(a) 接线图　　　　(b) 符号图

图 3-2-5　电压互感器的原理接线图及符号

根据变压器原理，它的原绕组与副绕组的电压之比等于它们的匝数之比，即

$$\frac{U_1}{U_2}=\frac{N_1}{N_2}=K_{\mathrm{u}}$$

或

$$U_1=K_{\mathrm{u}}U_2$$

式中，$K_{\mathrm{u}}=N_1/N_2$ 叫做电压互感器的额定电压比。但要注意一次侧电压 U_1 与二次侧电压 U_2 无关，即与二次侧所接负载无关，是由被测电路决定的。

2．电压互感器的型号和技术参数

（1）型号。电压互感器型号的表示方法如下：

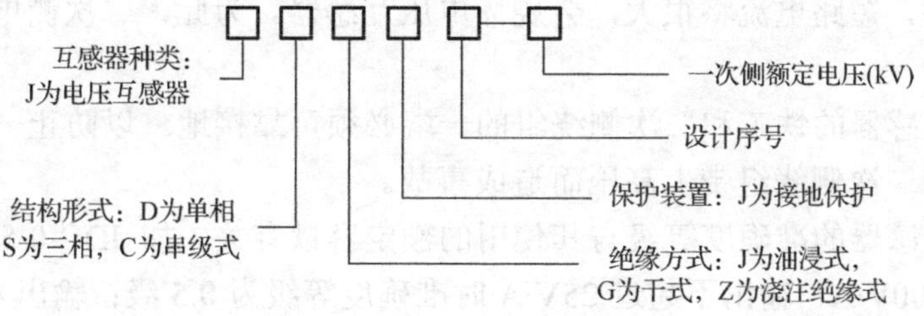

常用的电压互感器如图 3-2-6 所示，和电流互感器相似，其结构形式也有干式、浇注绝缘式、油浸式等多种。

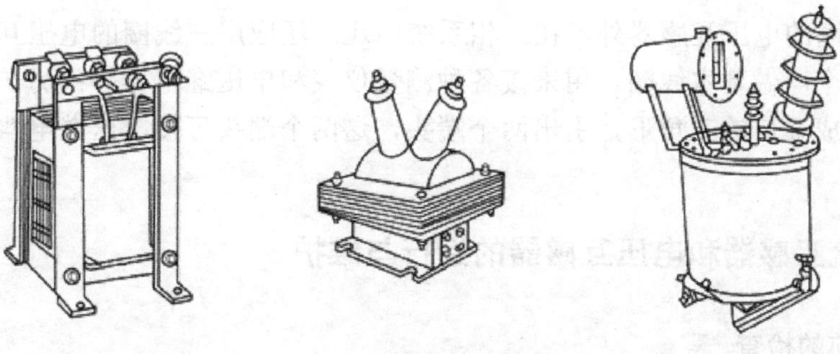

(a) 干式JDG-0.5型　　(b) 浇注绝缘式JDIJ-10型　　(c) 油浸式JDJJ-35型

图 3-2-6　电压互感器的种类

（2）一次侧、二次侧的额定电压。二次侧额定电压一般都规定为 100V，一次侧额定电

压为电力系统规定的电压等级。这样做的优点是二次绕组所接的仪表线圈电压额定值都为100V，可统一标准化。和电流互感器一样，电压互感器二次绕组所接的仪表刻度实际上已经被放大了 K_u 倍,可以直接读出一次侧绕组的被测数值。

（3）准确度。电压互感器的准确度，由变压比误差和相位误差来衡量，准确度可分为0.1，0.2，0.5，1.0，3.0 五个等级。

（4）额定容量。电压互感器所接负载越多，二次侧电流越大，误差也越大，所以电压互感器规定了额定容量。

3．电压互感器的选用

（1）电压互感器一次侧的额定电压应不低于安装处电路的工作电压，二次侧负载电流总和不得超过二次侧额定电流，使它尽量接近“空载”状态。

（2）二次侧所接仪表的阻抗值应大于电压互感器要求的阻抗值，并且所用电压互感器的准确度等级应比所接仪表准确度等级高两级，才能保证测量结果的准确度。

（3）测量电压时，电压互感器应与电压表配套，按电压表的量程选择互感器的一次侧的额定电压。如电压表的量程为 10kV，则应选择一次侧额定电压为 10kV 的电压互感器。

4．电压互感器使用时的注意事项

（1）电压互感器在运行时，二次侧绕组绝对不允许短路。因为二次绕组匝数少，阻抗小，如发生短路，短路电流将很大，会烧坏电压互感器。为此，二次侧电路中应串接熔断器作短路保护。

（2）电压互感器的铁芯和二次侧绕组的一端必须可靠接地。以防止一次侧绕组绝缘被损坏时，铁芯和二次侧绕组带上高压而造成事故。

（3）电压互感器的准确度等级与其使用的额定容量有关。如 JDC-0.5 型电压互感器，其最大容量为 200V·A，输出不超过 25V·A 时准确度等级为 0.5 级；输出 40V·A 以下为 1.0 级；输出 100V·A 以下为 3.0 级。

（4）电压互感器的二次侧绕组接功率表或电能表的电压线圈时，极性不能接错。三相电压互感器和三相变压器一样，要注意接法，接错会造成严重后果。

除了双线圈的电压互感器外，在三相系统中还广泛应用三线圈的电压互感器。它有两个副线圈：一个叫做基本线圈，用来接各种测量仪表和电压继电器等；另一个叫做辅助副线圈，用它接成开口的三角形，引出两个端头，这两个端头可接电压继电器，用来组成零序电压保护等。

三、电流互感器和电压互感器的运行与维护

1．运行前的检查

（1）电压互感器投入运行前的检查。电压互感器投入运行前，应按有关实验规程的交接实验项目进行实验并合格，此外还应进行如下几项检查。

① 充油电压互感器外观清洁，油量充足，无渗漏油现象；
② 瓷套管或其他绝缘介质无裂纹或破损；
③ 一次侧引线及二次侧回路各连接部分螺钉应紧固，接触良好；
④ 外壳及二次侧回路一点接地良好。
（2）电流互感器投入运行前的检查。
① 按照电气实验规程，进行实验并合格；
② 套管无裂纹破损，无渗油、漏油现象；
③ 引线和线卡子及各部件应接触良好，不得松弛；
④ 外壳及二次侧回路一点接地良好，接地线应紧固。

2．运行中的日常维护

运行中的电压互感器，应注意经常保持清洁，每一至二年进行一次预防性实验。运行过程中应定期巡视检查，主要观察：瓷质部分应无破损和放电现象；声音应正常，油位应正常；无渗漏油现象；观察接至测量仪表、继电保护和自动装置及其回路的熔断器是否完好；电压互感器一次侧、二次侧熔断器是否完好；表计指示是否正常等。

运行中的电流互感器应经常保持清洁，定期进行检查，每一至二年进行一次预防性实验。应定期检查巡视，主要检查：各部分接点有无过热及放电现象；有无异常气味；声音是否正常；瓷质部分是否清洁完整（应无破损和放电现象）；等等。对充油电流互感器，还应检查其油面是否正常，有无渗漏油等现象。

将日常维护的现象和结论填入表3-2-1中。

3．检修

（1）电流互感器的检修。电流互感器的检修主要为测量绝缘电阻，若绝缘电阻低于原始值，可能是由绝缘受潮引起的，应进行烘干处理；运行中，若发生短路或过电压等状况，应采用强磁场退磁或大负载退磁，直到铁芯磁回路达到出厂时的要求。

（2）电压互感器的检修。电压互感器检修时，拆装的现场和周围环境应保持清洁。油浸式电压互感器拆装后，吊出器身应放在干净的木板上，并用洁净的布或厚纸包好，以保持清洁，防止异物落入，然后清洗箱盖和油箱。若绝缘受潮，应进行烘干处理。绕组因断路等故障烧毁时，应重绕。各部件修复后，装配时要注意套管下端与线圈的连接要牢固可靠、接触良好。装配箱盖时，应注意使顶盖与油箱之间密封良好。

任务实施

一、任务准备

实施本任务教学所使用的实训设备及工具材料可参考表3-2-1。

表 3-2-1　实训设备及工具材料

序号	分类	名称	型号规格	数量	单位	备注
1	工具仪表	电工常用工具		1	套	
2		万用表	MF47 型	1	块	
3		钳形电流表		1	块	
4	设备器材	电流互感器	LQG-0.5 100/5	3	个	
5		三相异步电动机		1	台	
6		按钮	LA10-2H	1	只	
7		热继电器	JR16-20/3，三极，20A	1	只	
8		低压断路器	DZ5-20/330	1	只	
9		接触器	CJ10-20，线圈电压 380V，20 A	3	个	
10		熔断器 FU1	RL1-60/25，380V，60A，熔体配 25A	3	套	
11		熔断器 FU2	RL1-15/2，380V，15A，熔体配 2A	2	套	
12		三相四线电度表	380V、5（A）	1	个	
13		单相电度表	220V、5（10A）	1	个	
14		日光灯		1	套	
15		导线	BVR-1.0，$2.5mm^2$（7×043mm）	若干	米	
16		按钮线	BVR-0.75，$0.75mm^2$	若干	米	

二、电流互感器与热继电器配合实现对大功率电动机过载保护控制线路的安装

1. 线路安装

根据如图 3-2-7 所示的电流互感器与热继电器配合实现对大功率电动机过载保护控制线路进行线路安装。

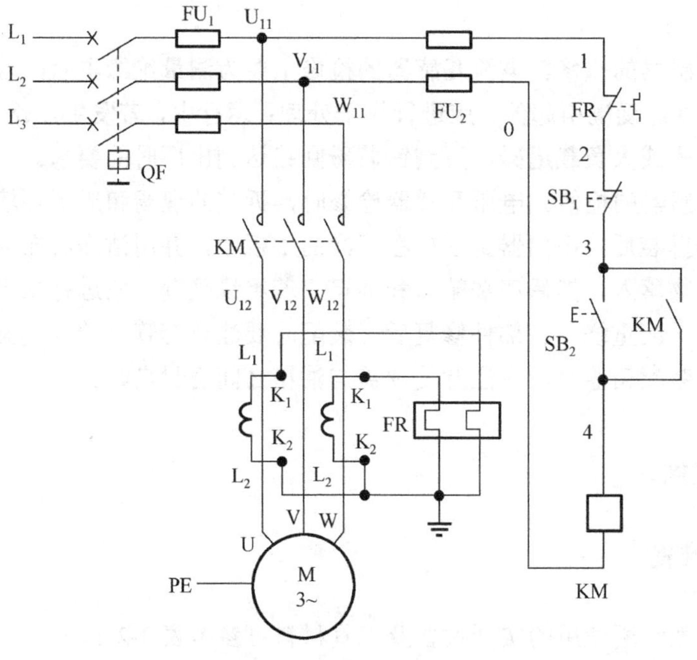

图 3-2-7　线路原理图

2. 通电调试

当线路安装完毕后，在通电试车前必须自检，并经指导教师确认无误后方可通电试车。通电调试时注意观察当电动机负载增大时，电动机是否能实现过载保护。请分析电动机过载保护的工作原理。

三、带电流互感器的三相四线电度表配电线路的安装

1. 控制要求

① 安装一套带三相漏电开关的三相四线电能表配合电流互感器的量电装置配电盘。

② 安装一套带单相电能表的日光灯控制线路，其电源从三相量电装置配电盘上引入。

2. 方法及步骤

① 首先按照控制要求画出接线原理图，如图 3-2-8 所示。

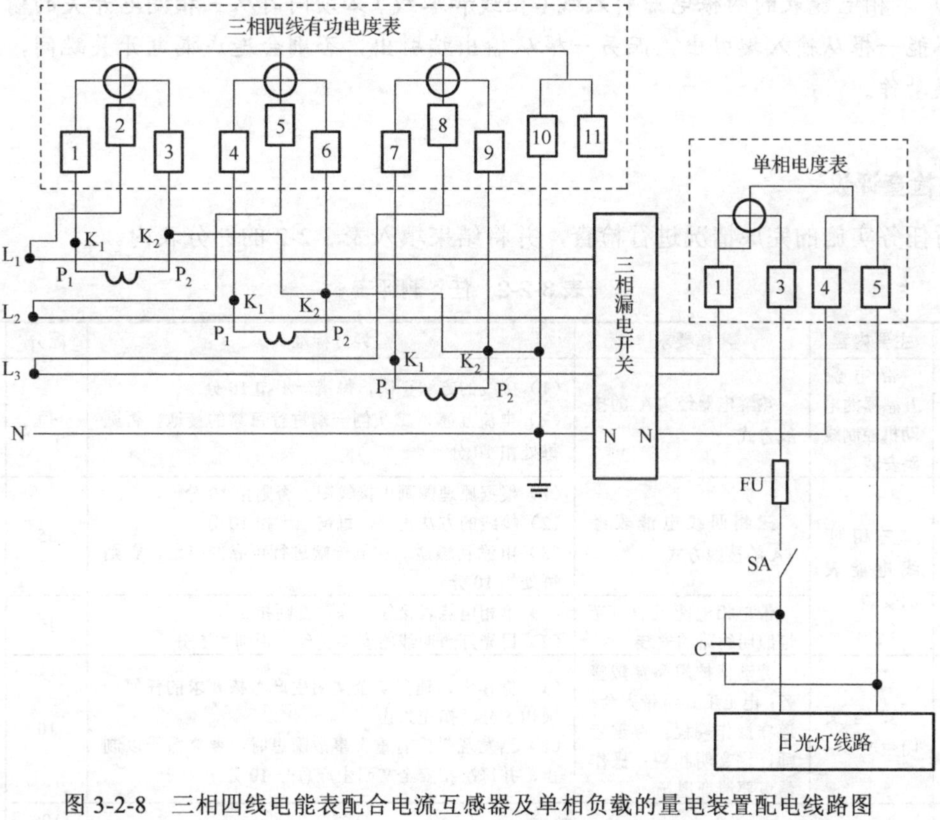

图 3-2-8 三相四线电能表配合电流互感器及单相负载的量电装置配电线路图

② 按照接线原理图先进行三相四线电能表配合电流互感器的三相量电装置配电盘的安装。

操作提示

① 接线时，电源线应从电流互感器一次侧的 P_1 穿入，P_2 穿出，否则会造成电流互感器的极性相反，导致电能表的铝盘反转。

② 三相四线电能表在接线时，应注意电能表的 1、4、7 接线端子的连线应接电流互感器的 K_1 接线柱，2、5、8 接电源和电能表的电压线圈，3、6、9 则接 K_2，所有的 K_2 都必须接地。

③ 安装带单相电能表的日光灯照明线路，然后从三相量电装置的配电盘中将电源引到单相电能表中。

④ 线路安装完毕后，首先进行自检，然后经指导老师检查确认无误后，方可合闸通电调试。

⑤ 调试过程中，注意观察三相四线电能表和单相电能表的铝盘旋转方向。

操作提示

① 在进行单相电能表的接线时，相线的引入可从三相漏电开关出线端的任意一相引入，但必须接到 1 接线柱上，不可接到 3 接线柱上，否则单相电能表的铝盘会反转。

② 单相电能表的两根电源引入线（相线和零线）必须同时从三相漏电开关的输出端引出，不能一根从输入端引出，而另一根从输出端引出，否则会造成漏电开关跳闸，造成线路的误动作。

检查评议

对任务实施的完成情况进行检查，并将结果填入表 3-2-2 的评分表内。

表 3-2-2　任务测评表

序号	主要内容	考核要求	评分标准	配分	得分
1	带电流互感器的电动机控制线路安装	热继电器经 TA 的接线方式	（1）接线的方法正确，每错一步扣 10 分 （2）电流互感器二次侧一端进行可靠的接地，否则每处扣 10 分	45	
2	三相四线电能表的安装	三相四线电能表经 TA 的接线方式	（1）根据原理图画出接线图，否则扣 10 分 （2）接线的方法正确，每错一步扣 10 分 （3）电流互感器二次侧一端进行可靠的接地，否则每处扣 10 分	35	
		带单相电能表的日光灯照明线路的安装	（1）单相电能表接线正确，否则扣 5 分 （2）日光灯照明线路安装正确，否则扣 5 分	10	
3	安全文明生产	劳动保护用品穿戴整齐；电工工具佩带齐全；遵守操作规程；尊重老师，讲文明礼貌；操作结束要清理现场	（1）操作中，违犯安全文明生产考核要求的任何一项扣 5 分，扣完为止 （2）当发现学生有重大事故隐患时，要立即予以制止，并每次扣安全文明生产总分 10 分	10	
合　计				100	
开始时间:			结束时间:		

巩固与提高

一、填空题（请将正确答案填在横线空白处）

1. 互感器是一种测量________和________的仪用变压器，它包括两种：________和________。

2．电流、电压互感器在结构上与普通________变压器相似，也是由________和________两个主要部分组成的。

3．电流互感器一次绕组匝数________，只有________，它________在被测电路中。电压互感器一次绕组匝数________，________在被测电路中。

4．电流互感器二次侧的额定电流一般为________，电压互感器二次侧额定电压一般都规定为________。

5．电流互感器的________大小，影响到测量的准确度，一定要使二次侧的________小于额定阻抗值，使互感器尽量工作在________状态。并且互感器的准确度应比所接仪表的准确度高________个等级，以保证测量结果的准确度。

6．用变流比为 200/5 的电流互感器与量程为 5A 的电流表测量电流，电流表读数为 4.8A，则被测电流是________A；若被测电流为 160A，则电流表的读数应为________A。

7．用变压比为 10/0.1 的电压互感器和量程为 100V 的电压表测量电压，电压表读数为 89.3V，则被测电压是________V；若被测电压为 8500V，则电压表的读数应为________V。

8．电流互感器的准确度有________、________、________、________和________五个等级。例如 0.5 级表示在额定电流时，误差最大不超过________。准确度等级数值越大，误差越________。

9．电压互感器的准确度，由________和________来衡量，准确度可分为________、________、________、________和________五个等级。

10．电压互感器一次侧的额定电压应________安装处电路的工作电压，二次侧负载电流总和不得超过二次侧________，使它尽量接近________状态。

11．在选择电流互感器时，必须按它的________、________、________及要求的________选取，对一次侧电流应尽量选择相符的，如没有相符的，可以稍________一些。

12．电流互感器二次侧严禁________运行，电压互感器二次侧严禁________运行。

二、判断题（正确的在括号内打“√”，错误的打“×”）

1．电流互感器一次侧绕组的电流与其二次侧所接负载的大小无关。（ ）

2．电流互感器实质上是工作时近似于短路运行的降压变压器。（ ）

3．电压互感器实质上是工作时接近于空载运行的升压变压器。（ ）

4．电压互感器一次侧电压 U_1 与二次侧所接负载有关。（ ）

5．与普通变压器一样，当电流互感器二次侧短路时，将会产生很大的短路电流。（ ）

6．与普通变压器一样，当电压互感器二次侧短路时，将会产生很大的短路电流。（ ）

7．为了防止短路造成危害，在电流互感器和电压互感器的二次电路中，都必须装设熔断器。（ ）

8．电流互感器的一次侧电流与二次侧电流之比，等于二次侧匝数与一次侧匝数之比。（ ）

三、选择题（将正确答案的字母填入括号中）

1．为保证互感器的安全使用，要求互感器（ ）。

A．只外壳接地即可　　B．只副绕组接地即可

C．只铁芯接地即可　　D．须铁芯、副绕组都接地

2．如果不断电拆装电流互感器二次侧的仪表，则必须（　　）。

A．先将一次侧断开　　B．先将二次侧短接

C．直接拆装　　D．先将一次侧接地

3．电流互感器一次侧绕组的电流取决于（　　）。

A．二次侧回路所接仪表的阻抗　　B．被测电路的负载电流

C．加在一次侧绕组两端的电压　　D．变流比

4．电流互感器二次侧回路所接的仪表或继电器线圈，属于（　　）阻抗。

A．高　　B．低　　C．高或低　　D．有高有低

5．电压互感器二次侧回路所接的仪表或继电器线圈，属于（　　）阻抗。

A．高　　B．低　　C．高或低　　D．有高有低

四、简答题

1．电流互感器工作在什么状态？为什么电流互感器运行时严禁二次侧开路？

2．电压互感器工作在什么状态？为什么电压互感器运行时严禁二次侧短路？

3．电流互感器、电压互感器在使用中应注意什么问题？

五、计算题

有一块有功功率表，通过变压比为 10/0.1 的电压互感器和电流比为 100/5 的电流互感器接入电路，功率表显示 800W，试求被测功率是多少千瓦？

六、技能题

有一台 60kW 的三相异步电动机要求能实现单方向的连续运行控制，并具有过载保护功能，请画出其控制线路并进行线路的安装与调试。

任务 3　交流弧焊机的使用与维护

学习目标

知识目标：

1．了解交流弧焊机的特性和工作原理。

2．熟悉交流弧焊机的结构及特点。

能力目标：

1．能正确使用交流弧焊机。

2．会正确分析和处理交流弧焊机的常见故障。

工作任务

弧焊机有直流和交流两种。交流弧焊机由于具有结构简单、成本较低、制造容易、使用可靠和维护方便等优点而得到了广泛的应用。交流弧焊机又称弧焊变压器，它把工业交流电降低，变成适宜于弧焊的低压交流电，是手弧焊中最常用的一种电源。

本次任务的主要内容是通过对交流弧焊机的拆装与检测，了解弧焊机的结构，并通过交流弧焊机的故障检修与焊接操作，掌握其使用和维护。

相关理论

一、交流弧焊机的工作原理

1．交流弧焊机的焊接工艺要求

交流弧焊机实质上是一个具有特殊性能的降压变压器，为了保证焊接质量和电弧燃烧的稳定性，交流弧焊机应满足以下的焊接工艺要求。

（1）二次侧空载电压应为 60～75V，以保证容易起弧。同时为了安全，空载电压最高不超过 85V。

（2）具有陡降的外特性，即当负载电流增大时，二次侧输出电压应急剧下降，如图 3-3-1 所示。通常额定运行时的输出电压 U_{2N}（电弧上电压）为 30V 左右。

（3）短路电流不能太大，以免损坏弧焊机，同时也要求变压器有足够的电动稳定性和热稳定性。焊条开始接触工件短路时，产生一个短路电流，引起电弧，然后焊条再拉起产生一个适当长度的电弧间隙。所以变压器要能经常承受这种短路电流的冲击。

（4）为了适应不同的加工材料、工件大小和焊条，焊接电流应能在一定范围内调节。

2．交流弧焊机的工作原理

图 3-3-2 所示是交流弧焊机的电路原理图。它由变压器 T、电抗器 L、引线电缆及焊钳等组成。电抗器 L 用来调节焊接电流。未进行焊接时，变压器二次侧绕组的开路电压为 60～70V。开始焊接时，当焊条接触工件瞬间，变压器二次侧绕组短路，二次侧电压降为零。焊条接触工件后，随即较缓慢地离开，当焊条离工件 5mm 左右时，将产生电弧（起弧）。在电弧稳定燃烧进行焊接的过程中，焊钳与工件间的电压为 20～40V。要停止焊接，只需把焊条与工件间的距离拉长，电弧即可熄灭。

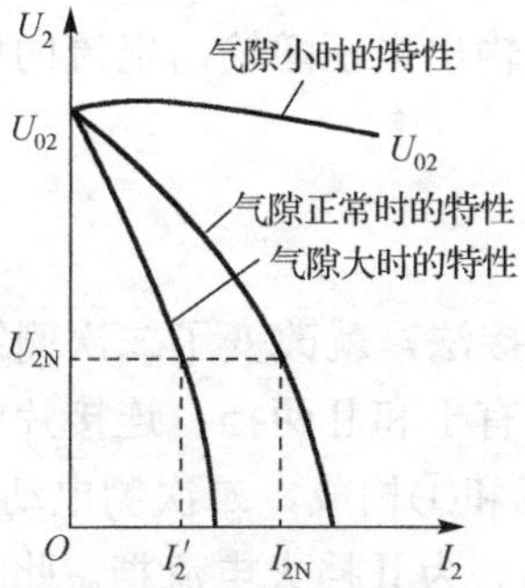

图 3-3-1 交流弧焊机的外特性

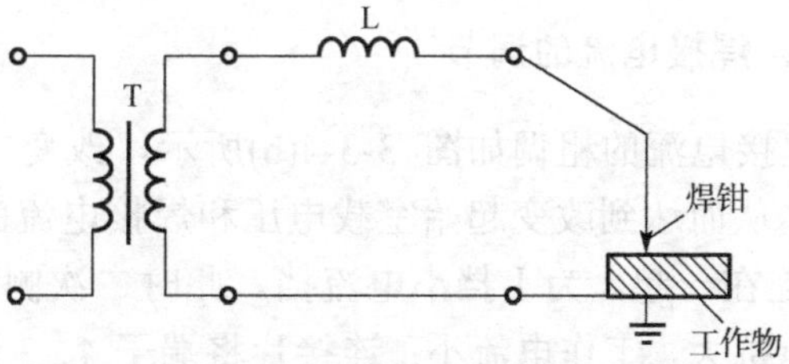

图 3-3-2 交流弧焊机电路原理图

为了满足交流弧焊机的焊接工艺要求，根据前面的分析，影响变压器外特性的主要因素是一次侧、二次侧绕组的漏阻抗 Z_{S1}、Z_{S2} 以及负载功率因数 $\cos\varphi_2$。由于焊接加工是电加热性质，故负载功率因数基本上都一样，$\cos\varphi_2 \approx 1$，所以不必考虑。而改变漏抗可以达到调节输出电流的目的，根据形成漏抗和调节方法的不同，下面介绍 BX1、BX2 和 BX3 三个系列的交流弧焊机的结构及其工作原理。

二、BX1 系列交流弧焊机

1. 结构和工作原理

图 3-3-3 所示为 BX1 系列磁分路动铁式交流弧焊机的外形图。图 3-3-4 所示为 BX1 系列磁分路动铁式交流弧焊机的结构、电路和外特性曲线图。它是在铁芯的两柱中间又装了一个活动的铁芯柱，称为动铁芯，如图 3-3-4(a)所示。变压器的一次侧绕组装在一个主铁芯柱上；二次侧绕组分为两部分，一部分与一次侧绕组同绕在一个铁芯柱的外层上，另一部分装在主铁芯的另一芯柱上，兼作电抗线圈。因此，大大增加了变压器的漏抗。

图 3-3-3　BX1 系列磁分路动铁式交流弧焊机的外形图

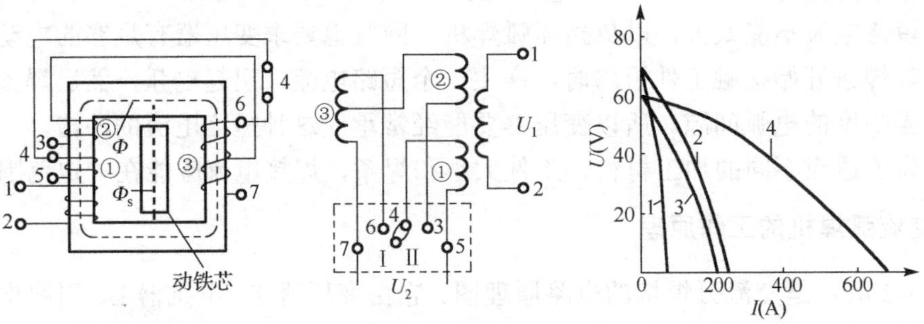

(a) 结构图　(b) 电路图　(c) 外特性曲线

1—粗调Ⅰ，动铁最里；2—粗调Ⅰ，动铁最外；3—粗调Ⅱ，动铁最里；4—粗调Ⅱ，动铁最外

图 3-3-4　BX1 系列磁分路动铁式交流弧焊机结构、电路及外特性曲线

动铁芯也称为磁分路。移动变压器动铁芯的位置，可以方便地改变漏磁通分路的磁阻，从而调节焊接电流。当动铁芯在全部推进位置时，漏磁通增多，输出电压随输出电流的增大而下降较快。当动铁芯在全部拉出位置时，漏磁通减少，输出电压随输出电流的增大而下降较慢。

2. 焊接电流的调节

焊接电流的粗调如图 3-3-4(b)所示，改变二次侧绕组的接法，就改变了二次侧绕组的匝数，从而达到改变起始空载电压和焊接电流的目的。粗调有Ⅰ和Ⅱ两挡：连接片将端子 4、6 连在一起，为Ⅰ挡小电流挡。此时二次侧绕组由线圈③和①构成，二次侧电动势小，串入电抗大，工作电流小；连接片将端子 4、3 连接在一起时，为Ⅱ挡大电流挡。此时线圈①、②的全部和线圈③的一部分构成二次绕组，二次电动势大，串入电抗小，工作电流大。

焊接电流的微调，则是通过调节动铁芯的位置来实现的。如果把动铁芯从铁芯的中间逐步往外移动，那么二次侧绕组中的漏磁通减少，焊接电流增加；如果把动铁芯从外逐步往铁芯的中间移动，那么二次侧绕组中的漏磁通增加，焊接电流减小。

3．特点

BX1 系列交流弧焊机具有体积小、重量轻、成本低、振动小，小电流焊接时焊接性能较理想等优点，适用于经常移动的场合。是目前中小容量手工电弧焊使用最广的一种电源。

三、BX2 系列交流弧焊机

1．结构和工作原理

图 3-3-5 所示为 BX2 系列交流弧焊机的外形图和结构图。这种弧焊机的变压器和可变电抗器采用同体组合式结构，将变压器铁芯和电抗器铁芯制成一体，成为共轭式（有部分磁轭是共用的）。该焊机的铁芯为“日”字形结构，有上、下两个窗口。上窗口为电抗器铁芯，下窗口为变压器铁芯，两窗口之间为公用铁轭。一次侧绕组分成两部分绕于“下窗口”两个铁芯柱上，二次侧绕组也分成两部分绕在主绕组外层。可变电抗线圈一半固定在“上窗口”铁芯上，另一半固定在“上窗口”动铁芯上。

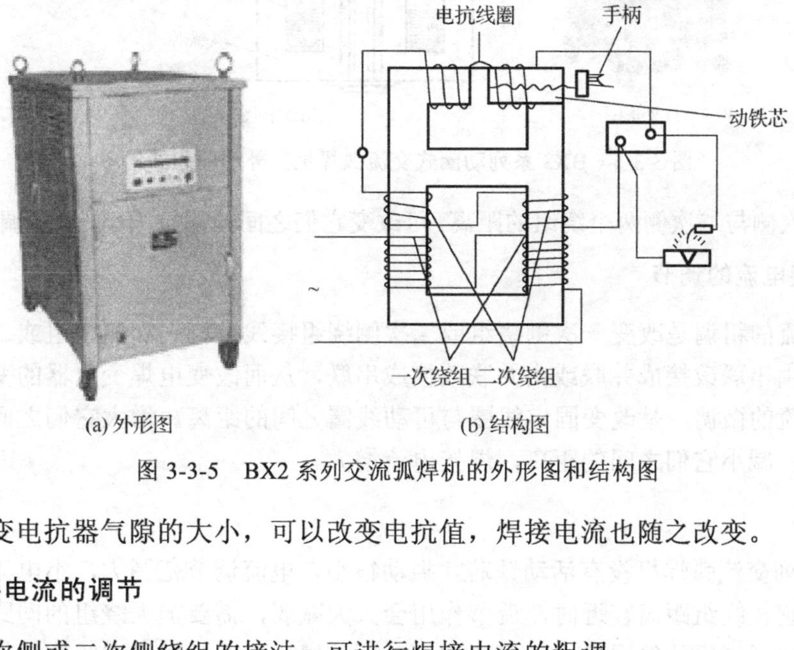

(a) 外形图　　(b) 结构图

图 3-3-5　BX2 系列交流弧焊机的外形图和结构图

调节可变电抗器气隙的大小，可以改变电抗值，焊接电流也随之改变。

2．焊接电流的调节

改变一次侧或二次侧绕组的接法，可进行焊接电流的粗调。

改变可变电抗器的电抗，可进行焊接电流的微调。转动手柄，使电抗器可动铁芯上移，气隙增大，磁阻增大，电抗值减小，焊接电流增大；转动手柄，使电抗器可动铁芯下移，气隙减小，磁阻减小，电抗值增大，焊接电流减小。

3．特点

BX2 系列交流弧焊机因为有电抗器，消耗材料较多，体积和重量均较大。同时由于活动铁芯的存在，焊接时有振动。小电流焊接时，动、静铁芯间隙小，磁力大，振动更厉害，容易使电流波动，电弧不稳。因此这类电焊机不适合用于小电流焊接，一般适用于大容量的场合。

四、BX3系列交流弧焊机

1．结构与工作原理

图3-3-6所示为BX3系列动圈式交流弧焊机的外形图和结构图，这种弧焊机没有设电抗线圈，铁芯是壳式结构，铁芯气隙是固定不可调的。一次侧绕组分成两部分固定在铁芯柱的底部，二次侧绕组也分成两部分，装在铁芯柱上非导磁材料做成的活动架上。可借助手轮转动螺杆，使二次侧绕组沿铁芯柱做上下移动。弧焊机铁芯的芯柱较长，窗口较大，为二次侧绕组提供了较大的调节余地。

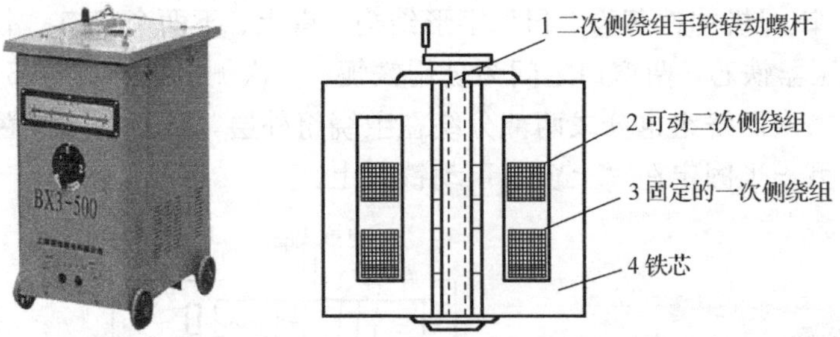

(a) 外形图　　(b) 结构图

图3-3-6　BX3系列动圈式交流弧焊机的外形图和结构图

改变一次侧与二次侧两个绕组的距离，可改变它们之间的漏抗大小，从而调节焊接电流。

2．焊接电流的调节

焊接电流的粗调是改变一次侧绕组或二次侧绕组接线，将一次侧绕组或二次侧绕组的两部分绕组由串联改接成并联或由并联改接成串联，从而改变电焊变压器的变压比。

焊接电流的微调，是改变固定线圈与可动线圈之间的距离。增大它们之间的距离，焊接电流减小；减小它们之间的距离，焊接电流增大。

3．特点

BX3系列交流弧焊机没有活动铁芯，振动很小，电流调节范围大，小电流焊接时电弧也稳定。但它在绕组距离较近时，调节作用会大大减弱，需要加大绕组的间距，铁芯要做得较高，增加了硅钢片的用量，且重心偏高，不易搬运。通常做成中等容量较合适。

五、交流弧焊机的使用安全与维护

为保证交流弧焊机的正常运行，在选择和使用时，应注意以下问题。

（1）安放交流弧焊机的场地，应干燥、通风、防雨、防尘、防腐蚀，工作地点附近不准堆放易燃易爆物品。

（2）交流弧焊机额定电压有单相220V、380V、440V几种。安装使用前，应检查电源电压是否与交流弧焊机的额定电压相符。

（3）交流弧焊机使用时要正确接线，即交流弧焊机的外壳与二次侧应可靠地保护接地或接零，防止外壳漏电或高压窜入低压而对人体造成触电危险，但它的焊钳端不能保护接地或接零。弧焊机的电源线应为三芯橡皮软电缆，长度为 3m；它的焊钳引线和地线应为具有足够截面的多股橡皮软铜线。铜芯接地线的截面积应大于 10mm^2。

（4）交流弧焊机由于移动性大，工作条件差，所以要加强维护保养工作，即除去灰尘和接线处锈蚀，紧固接线螺钉。另外，还要定期对弧焊机进行检修。检修的内容主要包括测量绕组的绝缘电阻值，修复或更换损坏件，检查导线电缆的绝缘是否有损伤，使设备处于良好的技术状态。用 500V 的兆欧表测量各绕组对铁芯及绕组间的绝缘电阻，测量值不应低于 0.5MΩ。

（5）为了获得合适的焊接电流，应根据焊接对象的要求，正确选用端子连接方式，注意不要使绕组过载。

（6）使用交流弧焊机时，要特别注意防触电。弧焊机线路应装漏电保护开关。

任务实施

一、任务准备

实施本任务教学所使用的实训设备及工具材料可参考表 3-3-1。

表 3-3-1 实训设备及工具材料

序号	分类	名称	型号规格	数量	单位	备注
1	工具仪表	电工常用工具		1	套	
2		万用表	MF47 型	1	块	
3		兆欧表	500V	1	块	
4	设备器材	交流弧焊机	自定	1	台	
5		焊钳		1	个	
6		面罩		1	个	
7		焊条		若干	条	

二、交流弧焊机的拆装、检测与维护

1. 交流弧焊机的拆卸

交流弧焊机的拆卸方法及步骤见表 3-3-2。

表 3-3-2 交流弧焊机的拆卸方法及步骤

序号	操作步骤	过程图片	过程描述
1	熟悉交流弧焊机	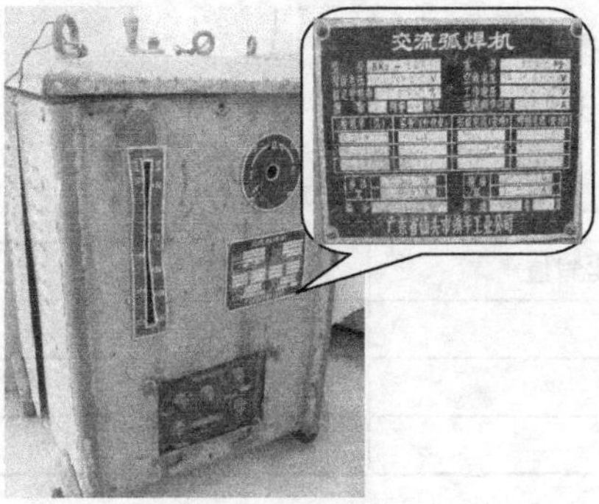	认真观察其外形、调整机构，并仔细查阅铭牌参数

续表

序号	操作步骤	过程图片	过程描述
2	拆卸顶盖		用活扳手将输出电流调节摇把拆下，然后将顶盖四角的锁紧螺钉拆下并取下顶盖装置
3	拆卸前罩		用起子将弧焊机的前罩螺钉松脱
4	取出前罩		待螺钉松脱后取出前罩，同时认真观察交流弧焊机的内部结构

2．操作电流调节机构

待前罩取出后，用抹布小心地将弧焊机上的灰尘清理干净，如图 3-3-7 所示。旋转输出电流调节摇把，可以明显地看到电焊变压器二次侧绕组可以上下移动。

图 3-3-7　电流调节机构

3．交流弧焊机绕组的测试

（1）首先用万用表估测初、次级绕组的直流电阻，然后用单臂电桥测试初、次级绕组的直流电阻。

（2）测试初、次级绕组的绝缘电阻。

将上述测试的结果填入表 3-3-3 中。

表 3-3-3　测试结果

测试项目	实测值	正常值	是否正常
初级绕组直流电阻			
次级绕组直流电阻			
初级与次级间绝缘电阻			

4．交流弧焊机的装配

交流弧焊机的安装过程与拆卸过程正好相反，可参照拆卸过程完成交流弧焊机的装配，并进行简单的电气性能测试，自行设计表格并记录测试结果。

三、交流弧焊机的故障检修

1．教师在交流弧焊机上设置隐蔽的故障 1～2 处，然后进行故障现象的分析及检修

交流弧焊机的常见故障现象、原因分析及检修方法见表 3-3-4。

表 3-3-4　交流弧焊机的常见故障分析和处理方法

故障现象	故障原因	检修方法
熔断器熔断	① 电源线接头处相碰 ② 电线接头碰壳短路 ③ 电源线破损碰地	① 检查并消除短路处 ② 更换或修复电源线
不起弧	① 电源无电压 ② 电压过低 ③ 接线错误 ④ 绕组有短路或断路 ⑤ 地线接触不良或接线脱落	① 检查电源，恢复供电 ② 调整电源电压 ③ 检查接线 ④ 检查绕组，处理断路或短路故障 ⑤ 检查焊接回路
焊接电流失调	① 动铁芯或动绕组卡住，传动机构有故障 ② 大修后，重绕的电抗线圈匝数过少	① 检修传动机构 ② 增加电抗线圈匝数
焊机过热	① 变压器过载 ② 变压器绕组短路 ③ 铁芯螺杆绝缘损坏	① 减小负载 ② 消除短路处或重绕绕组 ③ 恢复绝缘
焊接电流过小	① 焊接电缆过长过细（导线压降太大） ② 焊接电缆盘成圈状，电感大 ③ 电缆线有接头或与工件接触不良	① 减小电缆长度或加大电缆直径 ② 将电缆由圈状放开 ③ 使接头处接触良好，与工件接触良好
焊机外壳带电	① 一次侧或二次侧绕组碰壳 ② 电源线碰壳 ③ 焊接电缆碰壳 ④ 未接地或接地不良	① 检查并消除碰壳处 ② 接好接地线并使接触良好
振动及响声过大	① 动铁芯上的螺杆和拉紧弹簧松动或脱落 ② 传动动铁芯或动绕组的机构有故障 ③ 绕组短路 ④ 铁芯夹件螺钉松动，使铁芯未夹紧	① 紧固动铁芯上的螺杆和拉紧弹簧 ② 检修传动机构 ③ 检查绕组，处理短路故障 ④ 夹紧夹件，拧紧松动螺钉
绕组绝缘电阻太低	① 绕组受潮 ② 绕组长期受热，绝缘老化脱落 ③ 工作环境恶劣	① 在 100～110℃的温度下烘干绕组 ② 进行大修，重绕绕组 ③ 注意工作时的防护

2．交流弧焊机焊接工件的操作训练

内容和步骤：

① 认真穿戴好防护面罩、手套、绝缘鞋等劳保防护用品。

② 按照图 3-3-8 所示，接好线路，并认真检查交流弧焊机的一次侧、二次侧接线以及接地线是否牢固可靠。

③ 检查无误后，合上电源开关通电，练习用交流弧焊机焊接工件。

④ 调节焊接电流。注意应在空载时调节焊接电流，均匀转动手柄，当到位不能转动时，不能使劲摇动手柄，以防铁芯卡住和移动装置损坏。

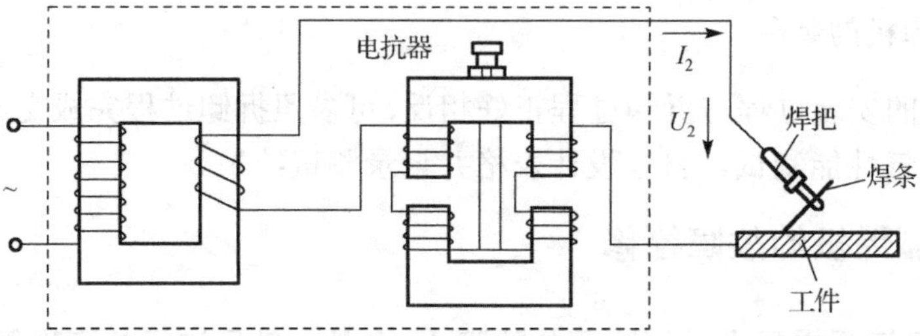

图 3-3-8 BX1 系列交流弧焊机焊接工件电路图

⑤ 关闭交流弧焊机，停止操作。

针对弧焊机使用中应注意的问题进行检查，并针对存在的故障进行处理。

操作提示

1. 操作前认真检查接线螺母是否拧紧，接地线是否可靠接地。
2. 焊条接触工件后，随即要缓慢地离开，否则不能起弧。
3. 调节电流时身体任何部位不能接触外露带电部分和交流弧焊机的外壳。
4. 焊接时，切忌长时间将焊条与工件接触，以免烧坏交流弧焊机。
5. 使用交流弧焊机时，焊接电流不允许超过本交流弧焊机的焊接规范值。

检查评议

对任务实施的完成情况进行检查，并将结果填入表 3-3-5 的评分表内。

表 3-3-5 任务测评表

序号	测评内容	评分标准		配分	得分
1	准备工作	（1）未将所需工具、仪器准备好，每少 1 件扣 2 分 （2）未采用安全保护措施，扣 5 分		5	
2	交流弧焊机的拆装与测试	（1）拆装步骤错误一次扣 5 分 （2）测试方法错误一次扣 5 分		30	
3	交流弧焊机故障排除	（1）故障原因分析错误，扣 10 分 （2）检修方法错误，扣 10 分 （3）不能排除故障，每个扣 15 分		30	
4	交流弧焊机的使用	（1）操作电流调节机构方法错误的，扣 10 分 （2）操作电流调节机构步骤错误的，扣 10 分		25	
5	安全文明生产	（1）违反安全文明生产规程，扣 5～40 分 （2）发生人身和设备安全事故，不及格		10	
6	定额时间	2h，超时扣 5 分			
7	备注		合计	100	

巩固与提高

一、填空题（请将正确答案填在横线空白处）

1. 交流弧焊机实质上是一个具有特殊性能的________，具有________的外特性。
2. 交流弧焊机主要有________、________和________三种。

3．磁分路动铁式交流弧焊机是在铁芯的两柱中间又装了一个活动的________，称为________。它的二次侧绕组分为________部分，大大增加了变压器的________。

4．磁分路动铁式交流弧焊机焊接电流的粗调方法是________；微调方法是________。

5．BX2 系列交流弧焊机的变压器和可变电抗器采用________结构，调节可变电抗器________的大小，可以改变________，焊接电流也随之改变。

二、判断题（正确的在括号内打“√”，错误的打“×”）

1．交流弧焊机工作时不能短路。（ ）

2．动圈式交流弧焊机内有一可变电抗器。（ ）

3．交流弧焊机具有较大的漏抗。（ ）

4．动圈式交流弧焊机改变漏磁的方式是通过改变一次侧与二次侧两个绕组的距离来实现的。（ ）

5．交流弧焊机的输出电压随负载电流的增大而略有增大。（ ）

三、选择题（将正确答案的字母填入括号中）

1．下列关于交流弧焊机性能的几种说法，正确的是（ ）。

A．二次侧输出电压较稳定，焊接电流也稳定

B．空载时二次侧电压很低，短路电流很大，焊接时二次侧电压为零

C．空载时二次侧电压很低，短路电流很小，焊接时二次侧电压较大

D．空载时二次侧电压较大，焊接时为零，短路电流不大

2．磁分路动铁式交流弧焊机二次侧接法一定，其焊接电流最大时，动铁芯的位置位于（ ）。

A．最里侧 B．最外侧 C．中间 D．不确定

3．若增大动圈式交流弧焊机一次侧与二次侧两个绕组的距离，其焊接电流将（ ）。

A．变大 B．变小 C．不变 D．不确定

4．同体式弧焊变压器中的电抗器铁芯中间留有可调的间隙，以调节（ ）。

A．空载电压 B．电弧电压 C．短路电流 D．焊接电流

四、简答题

1．交流弧焊机应满足哪些要求？

2．说明 BX1、BX2、BX3 系列交流弧焊机是如何调节焊接电流的。并比较它们的优缺点。

五、技能题

教师设置不起弧等故障，学生分析故障原因，编制检修工艺进行检修。

项目4 三相异步电动机的使用与维护

电动机是一种将电能转换成机械能，并输出机械转矩的原动机，其应用十分广泛。电动机按用电类型可分为交流电动机和直流电动机；按交流电动机的转速与电网电源频率之间的关系可分为同步电动机和异步电动机；按电源相数可分为三相异步电动机和单相异步电动机。单相异步电动机功率小，多用于小型机械设备或家用电器。三相异步电动机功率大，广泛用于普通机床、电力运输、起重设备等生产机械的动力机械。本课题的任务就是通过对三相异步电动机的结构、工作原理、机械特性和运行理论等知识的学习，掌握三相异步电动机的拆装、检测、定子绕组嵌线、使用维护和维修等技能。

任务1 认识三相异步电动机

学习目标

知识目标：

1. 掌握三相异步电动机的基本结构、分类和用途。
2. 熟悉三相异步电动机的铭牌参数。

能力目标：

能独立完成三相异步电动机的拆装。

工作任务

三相异步电动机具有结构简单、价格低廉、坚固耐用、使用维护方便等优点，广泛应用于各种工作场合。由于其某些使用场合环境比较差，因此需要经常定期拆装清洗。但若拆装方法不正确，有可能损坏电动机的零部件，不仅会使维修质量难以保证，还会为以后电动机的正常运行留下隐患。

本任务的主要内容是通过拆装三相笼型异步电动机，掌握三相异步电动机的结构及拆装操作技巧。

相关理论

一、三相异步电动机的种类及用途

1. 根据防护形式分类

三相异步电动机根据防护形式分为开启式、防护式、封闭式和防爆式，其外形、特点及适用场合见表 4-1-1。

表 4-1-1　三相异步电动机根据防护形式分类的结构形式、特点与适用场合

结构形式	特点	适用场合
开启式 	开启式电动机的定子两侧与端盖上都有很大的通风口，其散热条件好，价格便宜，但灰尘、水滴、铁屑等杂物容易从通风口进入电动机内部	适用于清洁、干燥的工作环境
防护式 	防护式电动机在机座下面有通风口，散热较好，可防止水滴、铁屑等杂物从与垂直方向成小于 45°角的方向落入电动机内部，但不能防止潮气和灰尘的侵入	适用于比较干燥、少尘、无腐蚀性和爆炸性气体的工作环境
封闭式 	封闭式电动机的机座和端盖上均无通风孔，是完全封闭的。这种电动机仅靠机座表面散热，散热条件不好	封闭式电动机多用于灰尘多、潮湿、易受风雨、有腐蚀性气体、易引起火灾等各种较恶劣的工作环境。密封式电动机能防止外部的气体或液体进入其内部，因此适用于在液体中工作的生产机械，如潜水泵等
防爆式 	防爆式电动机是在封闭式结构的基础上制成隔爆形式，机壳有足够的强度	适用于有易燃、易爆气体的工作环境，如有瓦斯的煤矿井下、油库、煤气站等

2. 根据转子形式分类

三相异步电动机根据转子形式分为笼型电动机和绕线式电动机，其外形、特点及适用场合见表 4-1-2。

表 4-1-2　三相异步电动机根据转子形式分类的结构形式、特点与适用场合

结构形式		特点	适用场合
笼型	普通笼型 	机械特性硬、启动转矩不大、调速时需要调速设备	调速性能要求不高的各种机床、水泵、通风机（与变频器配合使用可方便地实现电动机的无级调速）
	高启动转矩笼型（多速） 	启动转矩大 有多挡转速(2～4 速)	带冲击性负载的机械，如剪床、冲床、锻压机；静止负载或惯性负载较大的机械，如压缩机、粉碎机、小型起重机 要求有级调速的机床、电梯、冷却塔等
绕线式 		机械特性硬（转子串电阻后变软）、启动转矩大、调速方法多、调速性能和启动性能好	要求有一定的调速范围、调速性能较好的机械，如桥式起重机；启动、制动频繁且对启动、制动转矩要求高的生产机械，如起重机、矿井提升机、压缩机、不可逆轧钢机

二、三相异步电动机的结构

三相异步电动机的种类很多，但各类三相异步电动机的基本结构大致相同，它们都是由定子（固定部分）和转子（旋转部分）及其他附件所组成。定子和转子之间的气隙一般为 0.25～2mm。三相交流异步电动机的内部结构和构件分解如图 4-1-1 和图 4-1-2 所示。

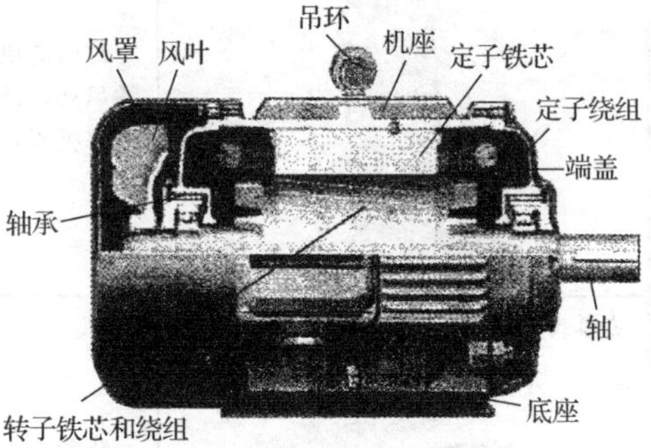

图 4-1-1　三相交流异步电动机的内部结构

1. 定子

电动机的固定部分称为定子，三相异步电动机的定子是用来产生旋转磁场的，是将三相电能转换为磁场能的环节。三相异步电动机的定子一般包括机座、定子铁芯和定子绕组等部件。

（1）机座。机座通常采用铸铁或钢板制成，用来固定定子铁芯，利用两个端盖支撑转子，散发电动机运行中产生的热量，并对三相异步电动机的定子绕组起到保护作用。

（2）定子铁芯。定子铁芯是电动机磁路的一部分。定子铁芯一般由 0.35～0.5mm 厚、表面涂有绝缘层的薄硅钢片叠压成圆筒，以减少由于交变磁通通过时而引起的涡流损耗和磁滞损耗。在定子铁芯的内圆周表面冲有均匀分布的槽，用于嵌放定子绕组。机座与定子铁芯如图 4-1-3 所示。

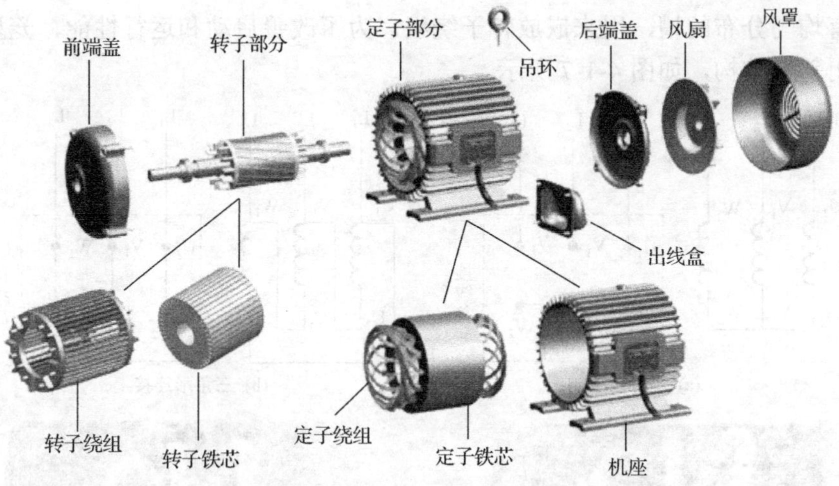

图 4-1-2　三相交流异步电动机构件分解图

（3）定子绕组。三相异步电动机定子绕组的作用是通入三相对称交流电流，产生旋转磁场，它是三相异步电动机的电路部分。异步电动机的定子绕组通常采用高强度的漆包线绕制而成。其中，中、小型三相异步电动机的绕组多采用圆漆包线，大、中型三相异步电动机的定子绕组则是由较大截面的绝缘扁铜线或扁铝线绕制而成。它有三相绕组，即 U 相、V 相和 W 相。它们对称嵌放在定子铁芯槽内，彼此在空间位置上相差 120° 电角度，如图 4-1-4 所示。

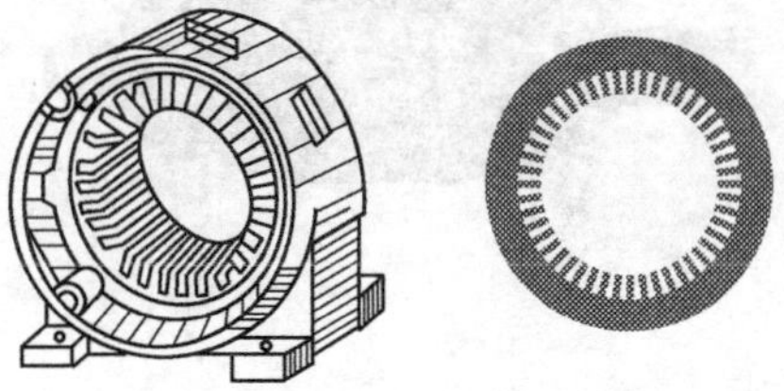

图 4-1-3　三相交流异步电动机的机座与定子铁芯

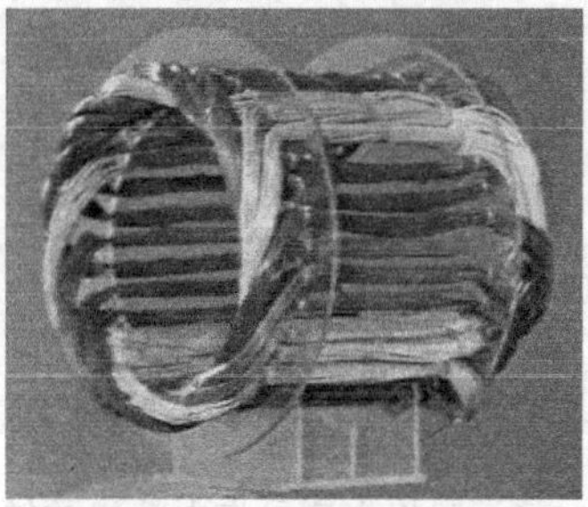

图 4-1-4　三相定子绕组

三相定子绕组分别引出 6 个端子接在电动机外壳的接线盒里，其中，U_1、V_1、W_1 为三相绕组的首端，U_2、V_2、W_2 为三相绕组的末端。三相定子绕组根据电源电压和绕组额定电压的大小连接成 Y（星）形或△（三角）形，三相绕组的首端接三相交流电源，如图 4-1-5 所示。

2．转子

转子是电动机的旋转部分，三相异步电动机的转子是将旋转磁场能转化为转子导体上的电动势能而最终转化为机械能的环节，主要由转轴、转子铁芯和转子绕组等部件构成。

（1）转轴。如图 4-1-6 所示，转轴由碳钢或合金钢制成，主要用来传递动力和支撑转子旋转，保证定子与转子间均匀的空气隙。

（2）转子铁芯。转子铁芯一方面作为电动机磁路的一部分，另一方面用来嵌放定子绕组。转子铁芯一般是由 0.5mm 厚、表面涂有绝缘层的薄硅钢片叠压而成。转子铁芯的外圆周表面冲有均匀分布的槽，用来嵌放转子绕组。为了改善启动和运行性能，笼型异步电动机一般采用斜槽结构，如图 4-1-7 所示。

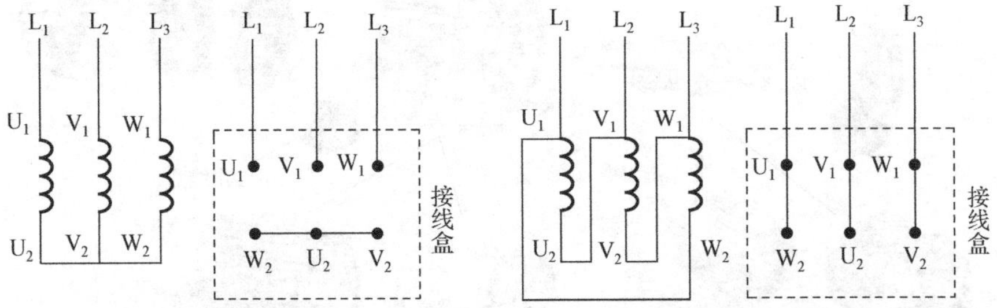

(a) 星形连接　　(b) 三角形连接

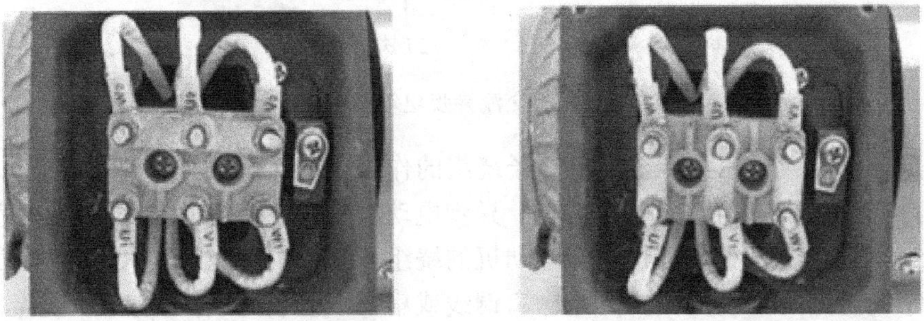

(c) 星形连接接线实物　　(d) 三角形连接接线实物

图 4-1-5　三相交流异步电动机定子绕组的连接

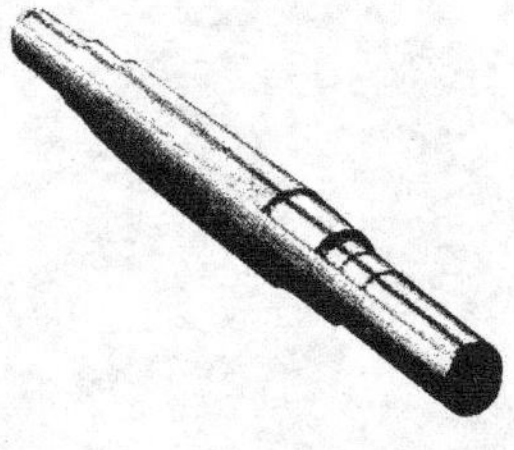

图 4-1-6　三相交流异步电动机的转轴

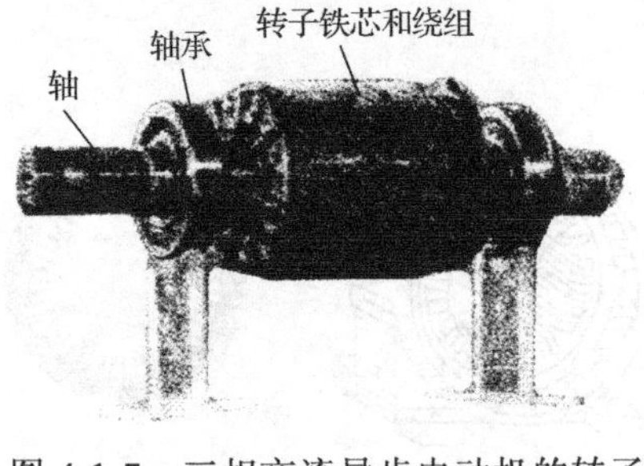

图 4-1-7　三相交流异步电动机的转子

（3）转子绕组。转子绕组的作用是产生感应电动势和电流，并在旋转磁场的作用下产生电磁力矩而使转子转动。转子绕组分为笼型转子绕组和绕线式转子绕组两种。

① 笼型转子绕组。笼型转子绕组如图 4-1-8 所示。转子上的铝条或铜条导体切割旋转磁场，相互作用产生电磁转矩。笼型绕组由嵌放在转子铁芯槽内的若干铜条构成，两端分别焊接在两个短接的端环上。如果去掉铁芯，转子绕组的形状就像一个鼠笼，故称笼型转子。为了简化制造工艺，目前三相异步电动机大都在转子铁芯槽中直接浇铸铝液，铸成笼型绕组，并在端环上铸出叶片，作为冷却风扇。

② 绕线式转子绕组。绕线式转子绕组与定子绕组相似，也是采用绝缘铜线绕制而成，然后对称嵌入转子铁芯槽内，如图 4-1-9 所示。转子的三相绕组一般接成星形，三根引出线分别接在转轴上的三个铜制集电环上。集电环与集电环之间以及集电环与轴之间彼此绝缘，转子绕组通过电刷与外电路接通。三相绕线式异步电动机的电刷装置如图 4-1-10，绕线转子与外电阻接线图如图 4-1-11 所示。

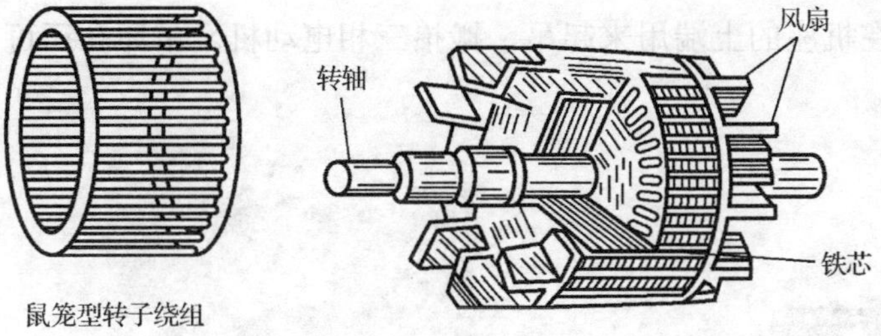

图 4-1-8　三相交流异步电动机的笼型转子绕组

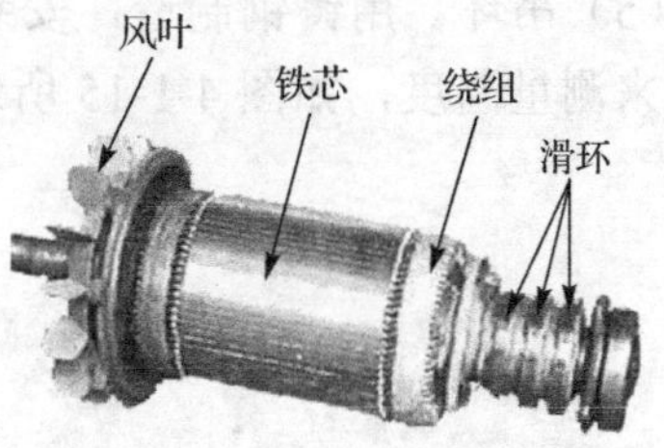

图 4-1-9　三相异步电动机的绕线式转子绕组

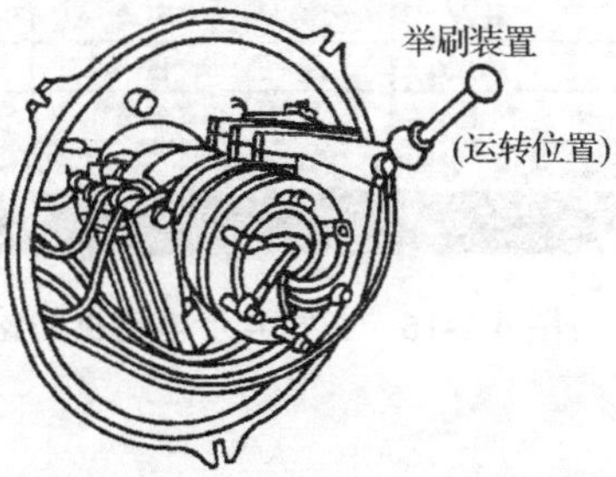

图 4-1-10　三相绕线式异步电动机的电刷装置

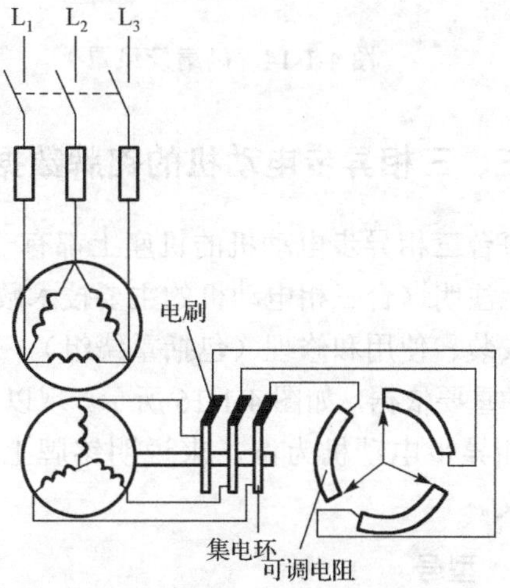

图 4-1-11　绕线转子与外电阻接线图

3．其他附件

（1）端盖。端盖除了起防护作用外，在端盖上还装有轴承，用以支撑转子轴。端盖一般用铸铁或铸钢浇铸成型，其形状如图 4-1-12 所示。

（2）轴承和轴承端盖。轴承是连接转动与不动部分，一般采用滚动轴承。轴承端盖用来固定转子，使转子不能轴向移动，另外起存放润滑油和保护轴承的作用，轴承端盖一般采用铸铁或铸钢浇铸成型，如图 4-1-13 所示。

图 4-1-12　端盖

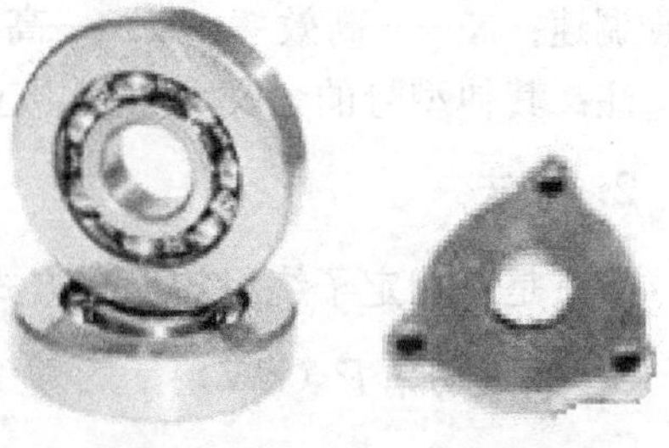

(a) 轴承　　(b) 轴承端盖

图 4-1-13　轴承和轴承端盖

（3）轴承端盖。保护轴承，不使润滑油溢出。

（4）风扇及风罩。用铝材或塑料制成，起冷却作用，如图 4-1-14 所示。

（5）吊环。用铸钢制造，安装在机座的上端用来起吊、搬抬三相电动机。吊环孔还可以用来测量温度，如图 4-1-15 所示。

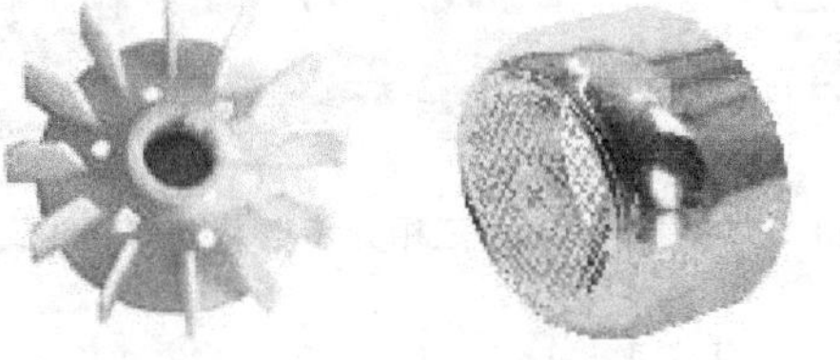

图 4-1-14　风扇及风罩

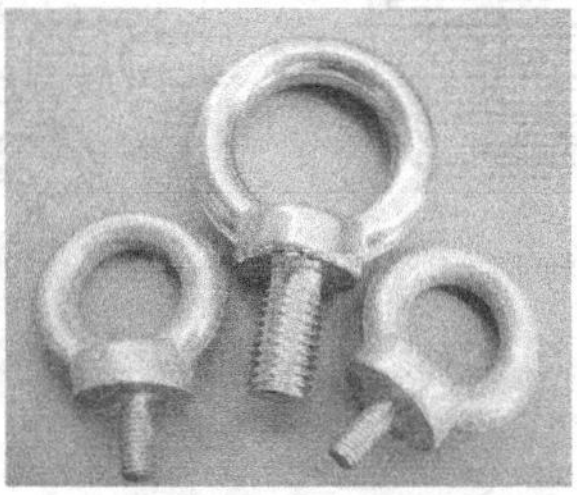

图 4-1-15　吊环

三、三相异步电动机的铭牌数据

每台三相异步电动机的机座上都有一块铭牌。铭牌上注明这台三相电动机的主要技术数据，是选择、安装、使用和修理（包括重绕组）三相异步电动机的重要依据，如图 4-1-16 所示。现以 Y100 L–2 型三相异步电动机为例，来说明铭牌上各个数据的含义。

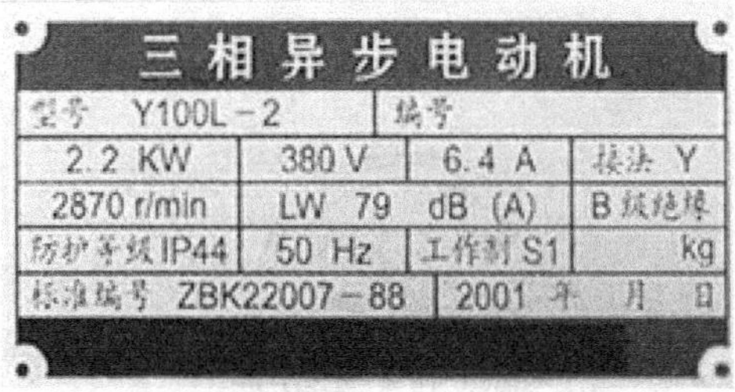

图 4-1-16　三相异步电动机的铭牌

1．型号

型号是电动机类型、规格的代号，以型号 Y100 L–2 为例，其中：

Y——一般用途三相笼型异步电动机；

100——机座中心高度 100mm；

L——机座长度代号（S——短机座，M——中机座，L——长机座）；

2——磁极个数（磁极对数 $p = 1$）。

三相异步电动机型号字母含义：

Y——异步电动机；IP44——封闭式；IP23——防护式；W——户外；F——化工防腐用；Z——冶金起重；Q——高启动转轮；D——多速；B——防爆；R——绕线式；CT——电磁调速；X——高效率；H——高转差率。

注：其他型号的含义可查《电工手册》。

2．接法

接法是三相定子绕组的连接方式，有星形（Y）和三角形（△）两种。

3．额定功率 *P*（kW）

额定功率也称额定容量，是指在额定运行状态下，电动机转轴上输出的机械功率。

4．额定电压 *U*（V）

额定电压是指电动机在正常运行时加到定子绕组上的线电压。常用的中小功率电动机额定电压为 380V。

5. 额定电流 I（A）

额定电流是指电动机在额定条件下运行时，定子绕组的额定电流值。由于电动机启动时转速很低，转子与旋转磁场的相对速度差很大，因此，转子绕组中感应电流很大，引起定子绕组中电流也很大。通常，电动机的启动电流约为额定电流的 4～7 倍。虽然启动电流很大，但启动时间很短，而且随着电动机转速的上升，电流会迅速减小，故对于容量不大且不频繁启动的电动机影响不大。

6. 额定频率 f（Hz）

额定频率是指电动机使用交流电源的频率。我国工业用交流电的频率为 50Hz，在调速时可以通过变频器来改变电动机的电源频率。

7. 额定转速 n（r/min）

额定转速是指电动机在额定电压、额定频率及输出额定功率时的转速。

8. 绝缘等级

绝缘等级是指三相电动机所采用的绝缘材料的耐热能力，它表明三相电动机允许的最高工作温度。绝缘等级可分为 A、E、B、F、H 五个等级，见表 4-1-3。

表 4-1-3　三相异步电动机的绝缘等级

绝缘等级	A	E	B	F	H
最高允许温度（℃）	105	120	130	165	180

注：表中的最高允许温度为环境温度（40℃）与允许温升之和。

9. 工作方式

工作方式是对电动机在额定条件下持续运行时间的限制，以保证电动机的温升不超过允许值。电动机常用的工作方式有以下三种。

（1）连续工作方式（S1）。连续工作方式是指电动机带额定负载运行时，运行时间很长，电动机的温升可以达到稳态温升的工作方式，如水泵、通风机等。

（2）短时工作方式（S2）。短时工作方式是指电动机带额定负载运行时，运行时间很短，使电动机的温升达不到稳态温升；停机时间很长，使电动机的温升可以降到零的工作方式。短时工作方式分为 10min，30min，60min，90min 四种。

（3）周期断续工作方式（S3）。周期断续工作方式是指电动机带额定负载运行时，运行时间很短，使电动机的温升达不到稳态温升；停止时间也很短，使电动机的温升降不到零，工作周期小于 10min 的工作方式，即电动机以间歇方式运行。采用周期断续工作方式的机械如吊车、起重机等。

10. 防护等级

防护等级表示三相电动机外壳的防护等级，其中 IP 是防护等级标志符号，其后面的两位数字分别表示电动机防固体和防水能力。数字越大，防护能力越强，如 IP44 中第一位数字“4”表示电机能防止直径或厚度大于 1mm 的固体进入电机内壳。第二位数字“4”表示能承受任何方向的溅水。

11. 铭牌额定数值计算

（1）转矩和功率的关系：

$$T_N = 9.55\frac{P_N}{n_N}$$

（2）输入功率和额定电压、额定电流的关系：

$$P_1 = \sqrt{3}U_N I_N \cos\varphi_N$$

（3）效率。

① 损耗。铁损耗即铁芯中的涡流损耗和磁滞损耗，与电源电压有关，是不变损耗。铜损耗即通过定子绕组和转子绕组中的电流发热产生的损耗，与电流的平方成正比，是可变损耗。机械损耗即机械摩擦和空气阻力所产生的损耗。

② 效率。

$$\eta = \frac{p_2}{p_1}\times 100\%$$

【例 4-1】 某三相异步电动机，额定输出功率 $P_N = 100\text{kW}$，额定电压 $U_N = 380\text{V}$，额定电流 $I_N = 183.5\text{A}$，功率因数 $\cos\varphi_N = 0.9$，额定转速 $n_N = 1460\text{r/min}$，求输入功率 P_1、效率 η、额定输出转矩 T_N。

解：

$$P_1 = \sqrt{3}U_N I_N \cos\varphi_N = \sqrt{3}\times 380\times 183.5\times 0.9 = 108.70\text{kW}$$

$$\eta = \frac{p_2}{p_1}\times 100\% = \frac{100}{108.70}\times 100\% = 92\%$$

$$T_N = 9.55\frac{P_N}{n_N} = 9.55\times\frac{100000}{1460} = 654.11\text{N}\cdot\text{m}$$

任务实施

一、准备工作

实施本任务教学所使用的实训设备及工具材料可参考表 4-1-4。

表 4-1-4 实训设备及工具材料

序号	分类	名称	型号规格	数量	单位	备注
1	工具仪表	电工常用工具		1	套	
2		外圆卡圈钳		1	把	
3		内圆卡圈钳		1	把	
4		自制扳手		1	把	
5		木锤		1	把	
6		铁锤		1	把	
7		拉拔器		1	个	

续表

序号	分类	名称	型号规格	数量	单位	备注
8	工具仪表	汽油喷灯		1	个	
9		铜棒		1	根	
10		万用表	MF47 型或 MF30 型	1	块	
11		钳形电流表	301-A	1	块	
12		转速表		1	块	
13		兆欧表	500V	1	块	
14	设备器材	三相异步电动机	Y112M-4 或自定	1	台	
15		低压断路器	DZ10-250/330	1	个	
16		多股软线	BVR2.5	若干	米	

二、三相笼型异步电动机的拆装

1. 拆卸前的准备工作

（1）必须断开电源，拆除电动机与外部电源的连接线，并标好电源线在接线盒的相序标记，以免安装电动机时搞错相序。

（2）清理施工现场环境。

（3）熟悉电动机结构特点和检修技术要求。

（4）准备好拆卸电动机的工具和设备。

2. 三相异步电动机的拆卸

（1）拆卸带轮（或联轴器）。拆卸带轮（或联轴器）的操作步骤及要点如图 4-1-17 所示。

(1) 在带轮(或联轴器)的轴伸端上做好在安装时的复原标记
皮带轮
(3) 用合适的工具将固定皮带轮(或联轴器)的销子拆下
(2) 将三爪拉马的丝杆尖端对准电动机轴端的中心，挂住带轮(或联轴器)使其受力均匀，把带轮(或联轴器)慢慢拉出

图 4-1-17　拆卸带轮（或联轴器）

（2）拆卸风罩。用旋具将风罩四周的 3 颗螺栓拧下并用力将风罩往外拔，即可使风罩脱离机壳，如图 4-1-18 所示。

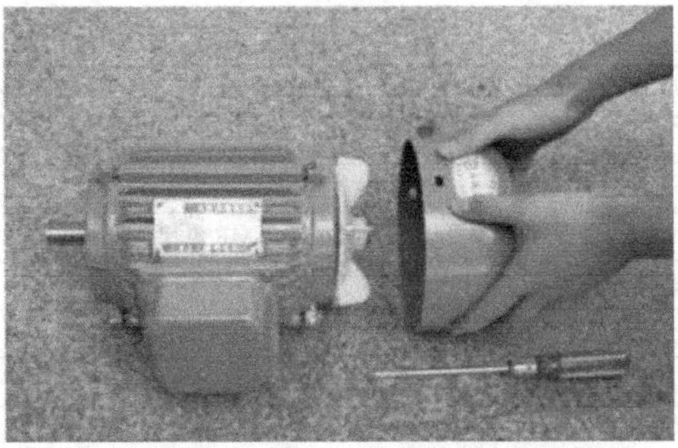

图 4-1-18　拆卸风罩

（3）拆卸风叶。取下风罩后，把风叶上的定位螺钉或销松脱取下，用木锤在风叶四周均匀地轻敲，风叶就可松脱下来。步骤及注意事项如图 4-1-19 所示。

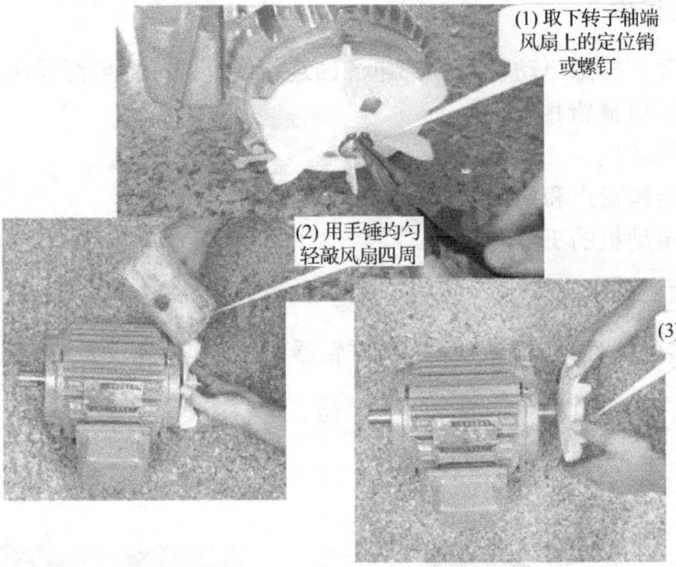
(1) 取下转子轴端
风扇上的定位销
或螺钉
(2) 用手锤均匀
轻敲风扇四周
(3) 取下风扇

图 4-1-19　拆卸风扇

（4）拆卸端盖螺钉。选择适当扳手，先逐步松开前端盖紧固对角螺钉，并用紫铜棒均匀敲打前端盖有脐的部分；然后在后端盖与机座之间打好记号，拆卸后端盖螺钉，如图 4-1-20 所示。

前端盖
后端盖

(a) 拆卸前端盖螺钉　　(b) 拆卸后端盖螺钉

图 4-1-20　拆卸前端盖和后端盖螺钉

（5）拆卸后端盖。用木锤敲打轴伸端，使后端盖脱离机座，如图 4-1-17(a)所示。当后端盖稍与机座脱开，即可把后端盖连同转子一起抽出机座，如图 4-1-21(b)所示。

(a) 用木锤敲打轴伸端

(b) 抽出转子

图 4-1-21 拆卸后端盖的过程

（6）拆卸前端盖。用硬木条从后端伸入，顶住前端盖的内部敲打，松动后，用双手轻轻将前端盖取下，如图 4-1-22 所示。

(a) 松动前端盖

(b) 取下前端盖

图 4-1-22 拆卸前端盖

（7）取下后端盖。用木锤均匀敲打后端盖四周，即可取下后端盖，如图 4-1-23 所示。

（8）拆卸电动机轴承。根据轴承的规格，选用适宜的拉具，使拉具的脚爪紧扣在轴承内圈上，拉具的丝杠顶点对准转子轴的中心，缓慢均匀地扳动丝杠，轴承就会逐渐脱离转轴而被卸下来，如图 4-1-24 所示。

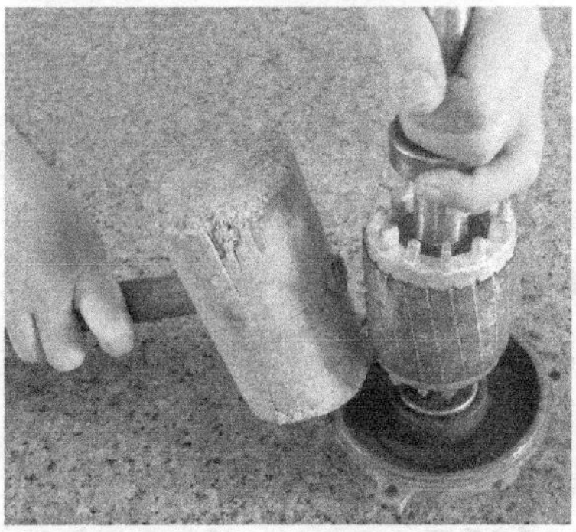

图 4-1-23 取下后端盖

图 4-1-24 拆卸电动机轴承

3. 三相异步电动机的装配

三相异步电动机的装配顺序与拆卸相反。在装配前应先清洗电动机内部的灰尘，清洗轴承并加足润滑油，然后按以下顺序进行操作。

（1）在转子上安装轴承和后端盖。将轴承套在轴上，用紫铜棒将轴承压入轴颈，缓慢地敲入，切勿总是敲击一边，或敲轴承外圈，如图 4-1-25(a)所示。然后，将轴伸出端朝下垂直放置，在其断面上垫上木板，将后端盖套在后轴承上，用木锤敲打，把后端盖敲进去，如图 4-1-25(b)所示。

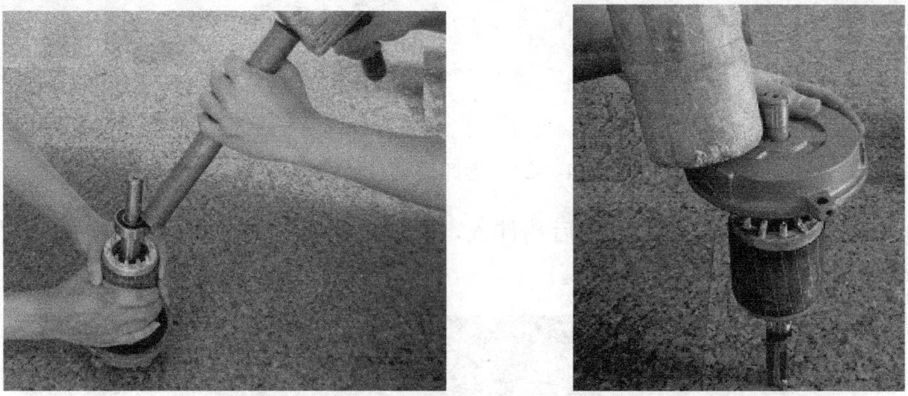

(a) 安装轴承　　(b) 在转子上安装后端盖

图 4-1-25　安装电动机轴承和后端盖

（2）安装转子。用手托住转子，将其慢慢移入定子中，以免损伤转子表面，如图 4-1-26 所示。

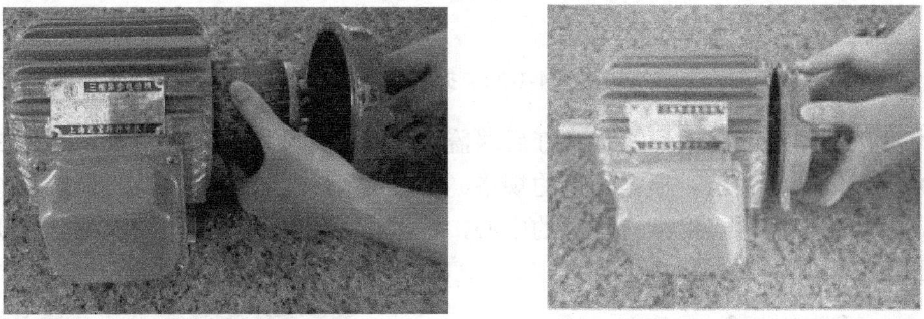

(a) 安装转子　　(b) 推入转子

图 4-1-26　电动机转子的安装

（3）安装后端盖。先用木锤均匀敲打后端盖四周，然后用木锤小心敲打后端盖 3 个耳朵，使螺孔对准标记，并用螺钉固定后端盖，如图 4-1-27 所示。

（4）安装前端盖。用木锤均匀敲击端盖四周，并调整至对准标记。调整的方法与安装后端盖相同，如图 4-1-28(a)所示。然后用螺栓固定前端盖，如图 4-1-28(b)所示。

（5）安装风扇和风罩。用木锤敲打风扇，用弹簧卡钳安装卡簧，然后将风罩上的螺钉孔与机座上的螺母对准并将螺钉拧紧即可，如图 4-1-29 所示。

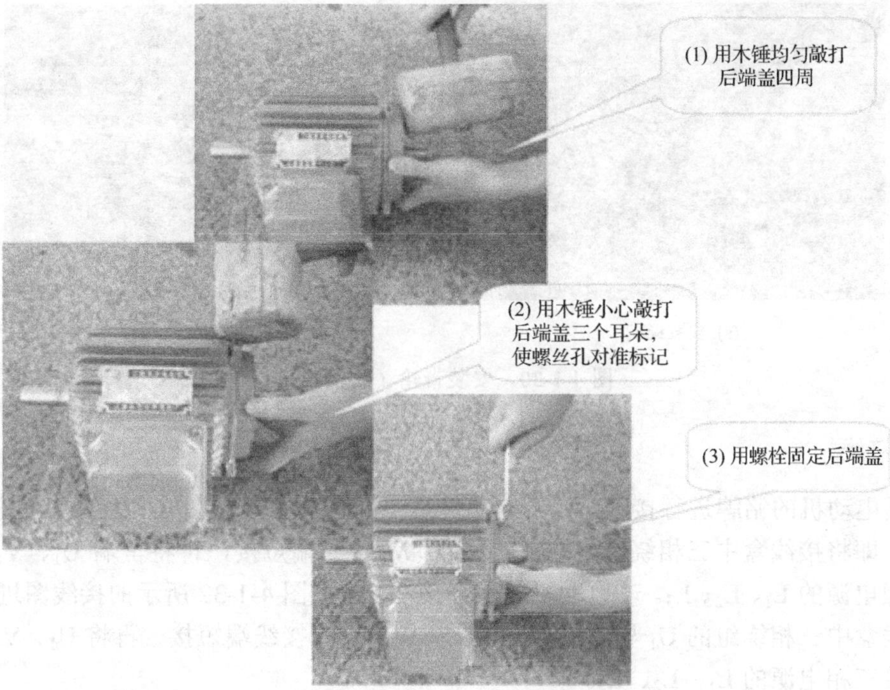
(1) 用木锤均匀敲打
后端盖四周
(2) 用木锤小心敲打
后端盖三个耳朵，
使螺丝孔对准标记
(3) 用螺栓固定后端盖

图 4-1-27 安装后端盖

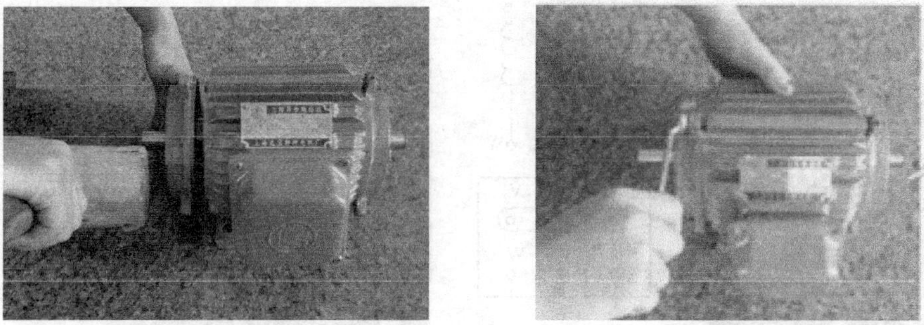

(a) 安装前端盖　　(b) 用螺栓固定前端盖

图 4-1-28 安装前端盖

(a) 用木锤敲打风扇　　(b) 安装卡簧　　(c) 安装风罩

图 4-1-29 安装风扇和风罩

（6）安装带轮（联轴器）。轻轻地用木锤敲打键楔，使其进入键槽，如图 4-1-30(a)所示。然后将带轮（联轴器）的键楔对准键槽并用木锤敲击进行安装，如图 4-1-30(b)所示。

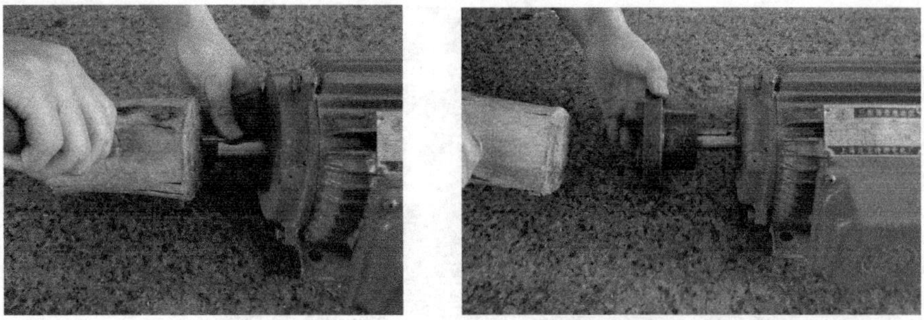

(a) 安装键楔　　(b) 安装带轮（联轴器）

图 4-1-30　安装带轮（联轴器）

4．接线

根据电动机的铭牌进行接线。如果电动机是 Y 形接法，应按图 4-1-31 所示的接线图进行接线，即将接线盒中三相绕组尾端 U_2、V_2、W_2 接线端短接，再将首端 U_1、V_1、W_1 分别接三相电源的 L_1、L_2、L_3。若电动机是△形接法，应按图 4-1-32 所示的接线图进行接线，即将接线盒中三相绕组的 U_1 与 W_2、V_1 与 U_2、W_1 与 V_2 接线端短接，再将 U_1、V_1、W_1 首端分别接三相电源的 L_1、L_2、L_3。

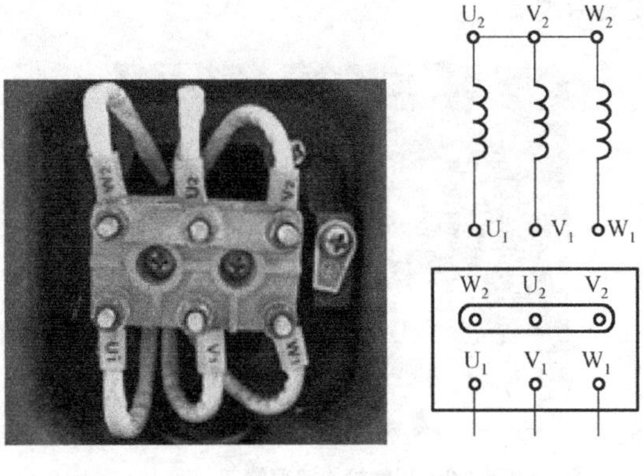

图 4-1-31　Y 形接法接线图

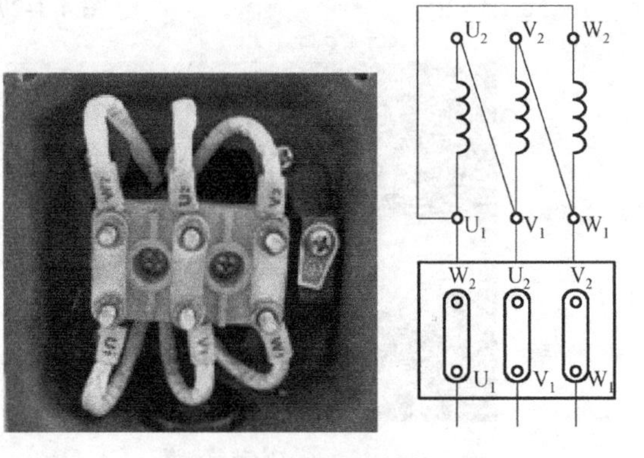

图 4-1-32　△形接法接线图

为了安全起见，一定要将电动机的接地线接好、接牢。将电源线的接地线接在电动机外壳接线柱上，如图 4-1-33 所示。

图 4-1-33　接地线的连接

5. 测量与试车

（1）测量空载电流。当交流电动机空载运行时，用钳形电流表测量三相空载电流是否平衡。同时观察电动机是否有杂声、振动及其他较大的噪声，如果有应立即停车，进行检查，如图 4-1-34 所示。

（2）测量电动机转速。用转速表测量电动机的转速并与电动机的额定转速进行比较，如图 4-1-35 所示。

图 4-1-34 测量交流电动机的空载电流

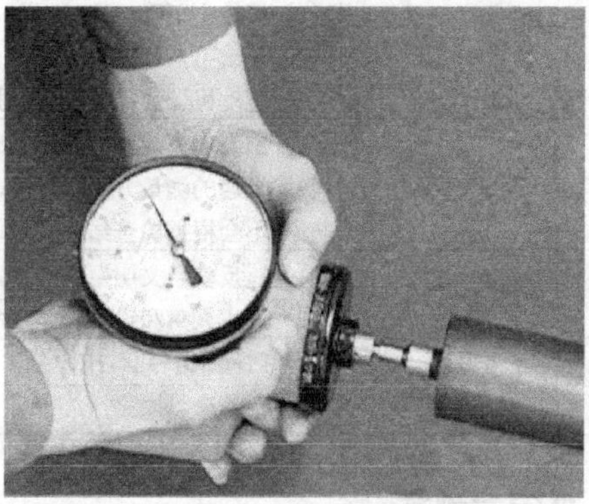

图 4-1-35 测量电动机转速

操作提示

（1）拆卸带轮或轴承时，要正确使用拉具。

（2）电动机解体前，要做好记号，以便组装。

（3）端盖螺钉松动与紧固必须按对角线上下、左右依次旋动。

（4）不能用手锤直接敲打电动机的任何部位，只能用紫铜棒在垫好木块后再敲击或直接用木锤敲打。

（5）抽出转子或安装转子时动作要小心，一边送一边接，不可擦伤定子绕组。

（6）电动机装配后，要检查转子转动是否灵活，有无卡阻现象。

（7）用转速表测量电动机的转速时一定要注意安全。

检查评议

对任务实施的完成情况进行检查，并将结果填入表 4-1-5 的评分表内。

表 4-1-5 任务测评表

序号	主要内容	评分标准	配分	得分
1	拆装前的准备	（1）拆装前未将所需工具、仪器及材料准备好，扣 2 分 （2）拆除电动机接线盒内接线及电动机外壳保护接地工艺不正确，扣 3 分	5	
2	拆卸	（1）拆卸方法和步骤不正确，每次扣 5 分 （2）碰伤绕组，扣 6 分 （3）损坏零部件，每次扣 4 分 （4）装配标记不清楚，每处扣 2 分	25	

续表

序号	主要内容	评分标准		配分	得分
3	装配	（1）装配步骤方法错误，每次扣5分 （2）碰伤绕组，扣4分 （3）损伤零部件，每次扣5分 （4）轴承清洗不干净、加润滑油不适量，每次扣3分 （5）紧固螺钉未拧紧，每次扣3分 （6）装配后转动不灵活，扣5分		25	
4	接线	（1）接线不正确，扣15分 （2）接线不熟练，扣5分 （3）电动机外壳接地不好，扣5分		15	
5	测量与试车	（1）空载电流测量方法不正确，扣10分 （2）转速的测量方法不正确，扣10分 （3）不会根据检查结果判定电动机是否合格，扣10分		20	
6	安全文明生产	（1）违反安全文明生产规程，扣5～40分 （2）发生人身和设备安全事故，不及格		10	
7	工时	定额时间4h，超时扣5分			
8	备注		合计	100	

巩固与提高

一、填空题（请将正确答案填在横线空白处）

1．三相异步电动机均由________和________两大部分组成。它们之间的气隙一般为________至________mm。

2．三相异步电动机定子铁芯的作用是作为________的一部分，并在铁芯槽内放置________。

3．三相异步电动机转子按转子结构分为________和________两种。

4．三相异步电动机转子绕组的作用是产生________和________，并在旋转磁场的作用下产生________而使转子转动。

二、判断题（正确的在括号内打“√”，错误的打“×”）

1．三相异步电动机的机座必须采用导磁材料制造。（　）

2．只要看国产三相异步电动机型号中的最后一个数字，就能估算出该电动机的转速。（　）

3．三相异步电动机的额定电压和额定电流是指电动机的输入线电压和线电流，额定功率是指电动机轴上输出的机械功率。（　）

三、选择题（请将正确答案的字母填入括号中）

1．一般中小型异步电动机转子与定子间的气隙为（　）。

A．0.2～1mm　B．0.25～2mm　C．2～2.5mm　D．3～5mm

2．三相异步电动机的定子铁芯及转子铁芯均采用硅钢片叠成，其原因是（　）。

A．减少铁芯中的能量损耗　B．允许电流流过

C．价格低廉　D．制造方便

3．三相笼型异步电动机的转子铁芯一般采用斜槽结构，其原因是（　）。

A．改善电动机的启动及运行性能　　B．增加转子导体的有效长度

C．简化制造工艺

4．国产小功率三相笼型异步电动机转子结构最广泛采用的是（　　）。

A．铜条结构转子　　B．铸铝转子　　C．深槽式转子

四、计算题

1．Y112–M 三相异步电动机额定数据为：$P_N = 7.5\text{kW}$，$U_N = 380\text{V}$，$I_N = 15.4\text{A}$，$\cos\varphi = 0.85$，$n_N = 1440\text{r/min}$，求输入功率 P_1，功率损耗 ΔP，效率 η，额定转矩 T_N。

2．某三相异步电动机额定数据为：$P_N = 40\text{kW}$，$U_N = 380\text{V}$，$\eta = 84\%$，$\cos\varphi = 0.79$，$n_N = 950\text{r/min}$，求输入功率 P_1，线电流 I_N，额定转矩 T_N。

五、技能题

拆装一台 Y132M–4，功率为 7.5kW 的三相异步电动机，写出工艺要点。

任务2　三相异步电动机的检测

学习目标

知识目标：

1．掌握三相异步电动机旋转磁场产生的条件。

2．掌握三相异步电动机的工作原理。

3．掌握三相异步电动机转差率的计算。

4．了解三相异步电动机转差率与转子电路各物理量之间的关系。

能力目标：

1．会进行三相异步电动机定子绕组直流电阻、绝缘电阻和空载电流的测试。

2．掌握三相异步电动机的现场安装技能。

工作任务

前一任务进行了三相异步电动机的拆装，拆装后的电动机必须经过检查，确定其装配质量，以及绕组直流电阻、绝缘电阻、空载电流等各项性能指标均达到要求后方可应用。本任务的主要内容是通过学习，了解三相异步电动机的工作原理，进而进行现场实地安装，并根据其各项性能指标和要求，完成三相异步电动机的绕组直流电阻、绝缘电阻、空载电流的检测。

相关理论

一、三相异步电动机的工作原理

1．旋转磁场的产生

当电动机定子绕组通以三相交流电流时，三相定子绕组中的电流都将产生各自的磁场。

由于电流随时间变化，其产生的磁场也将随时间变化，而三相电流产生的总磁场（合成磁场）是在空间旋转的，故称旋转磁场。现以 2 极三相异步电动机为例分析旋转磁场的产生过程。

在三相异步电动机的定子铁芯中放置三相结构完全相同的绕组 U_1U_2、V_1V_2、W_1W_2，各相绕组在空间互差 120° 电角度，如图 4-2-1(a)所示；U_1、V_1、W_1 和 U_2、V_2、W_2 分别代表三相定子绕组的首端和末端。三相定子绕组接成星形连接，即将三相绕组的末端接到一起，再将三相绕组的首端接在三相对称交流电源上，如图 4-2-1(b)所示；绕组内便通入三相对称交流电流 i_U、i_V、i_W，其波形图如图 4-2-1(c)所示，各相电流为：

$$i_U = I_m \sin \omega t$$

$$i_V = I_m \sin(\omega t - 120^\circ)$$

$$i_W = I_m \sin(\omega t + 120^\circ)$$

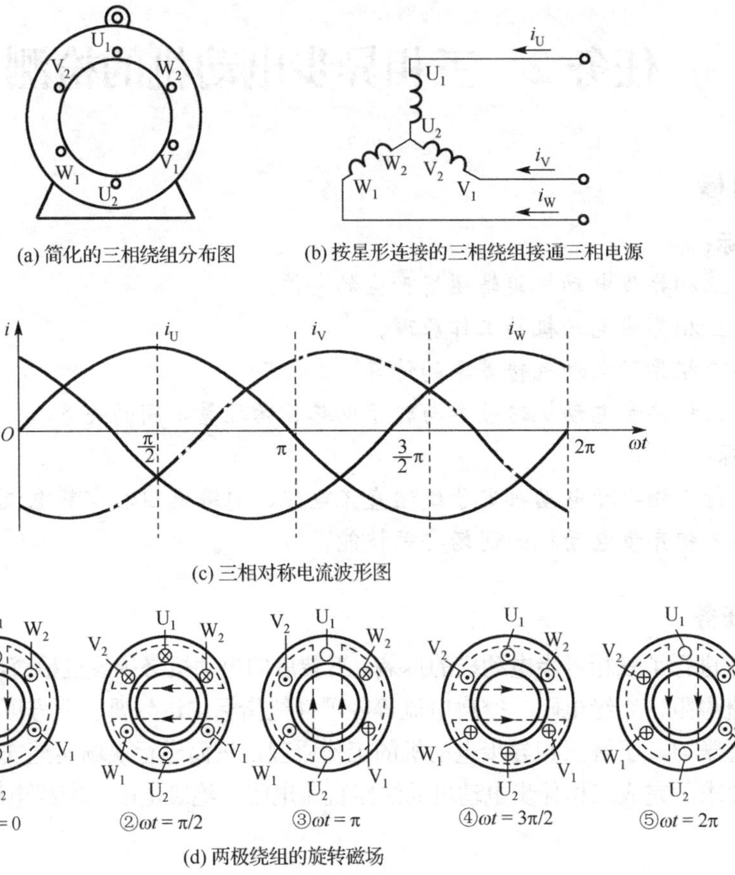

(a) 简化的三相绕组分布图　(b) 按星形连接的三相绕组接通三相电源

(c) 三相对称电流波形图

(d) 两极绕组的旋转磁场

图 4-2-1　三相定子绕组 2 极旋转磁场的形成

现用一个周期的五个特定瞬时来分析三相交流电流通入后，电动机气隙磁场的变化情况。

规定：三相交流电为正半周时，电流由绕组的首端流入（用“⊗”表示），由末端流出（用“⊙”表示）；三相交流电为负半周时，电流由绕组的末端流入（用“⊗”表示），由首端流出（用“⊙”表示）。

（1）当$\omega t=0$时，$i_U=0$，U 相绕组中没有电流，不产生磁场；i_V是负值，V 相绕组中的电流由V_2端流入，V_1端流出；i_W是正值，W 相绕组中的电流由W_1端流入，W_2端流出；用安培定则可以确定此瞬间 V、W 两相电流的合成磁场如图 4-2-1(d)中图①所示。此时磁力线穿过定子、转子的间隙部位时，磁场恰好合成一对磁极，上方是 N 极，下方是 S 极。

（2）当$\omega t=\pi/2$时，i_V和i_W是负值，V 相绕组中的电流由V_2端流入，V_1端流出；W 相绕组中的电流是由W_2端流入，W_1端流出；i_U是正值，U 相绕组中的电流是由U_1端流入，U_2端流出。用安培定则可以确定此瞬间的磁场方向，如图 4-2-1(d)中图②所示，可见磁场方向已较$\omega t=0$时顺时针转过 90°。

（3）当$\omega t=\pi$时，$i_U=0$，U 相绕组中又没有电流，不产生磁场；i_V是正值，V 相绕组中的电流由V_1端流入，V_2端流出；i_W是负值，W 相绕组中的电流由W_2端流入，W_1端流出；用安培定则可以确定此瞬间的磁场方向，如图 4-2-1(d)中图③所示，可见磁场方向已较$\omega t=0$时顺时针转过 180°。

同理，当$\omega t=3\pi/2$、$\omega t=2\pi$时的磁场方向，如图 4-2-1(d)中图④、⑤所示。从图4-2-1(d)所示的几个图中可以看出，随着交流电一周的结束，三相合成磁场刚好顺时针旋转了一周。因此，三相异步电动机旋转磁场产生必须具备以下两个条件：

① 三相绕组必须对称，在定子铁芯空间上互差 120° 电角度；

② 通入三相对称绕组的电流也必须对称，即大小、频率相同，相位相差 120°。

2．旋转磁场的旋转方向

图 4-2-1 中三相交流电按正序 U-V-W 接入电动机 U 相、V 相、W 相绕组，三个电流相量的相序是顺时针的，由此产生的旋转磁场的转向也是顺时针，即由电流相位超前的绕组转向电流相位落后的绕组。如果任意调换图 4-2-1 中电动机两相绕组所接交流电的相序，假定 U 相绕组仍接 U 相交流电，V 相绕组接 W 相交流电，W 相绕组接 V 相交流电，画出$\omega t=0$、$\omega t=\pi/2$时的合成磁场如图 4-2-2 所示。可见三个电流相量的相序是逆时针的，由此产生的旋转磁场的转向是逆时针的，也是由电流相位超前的绕组转向电流相位落后的绕组。

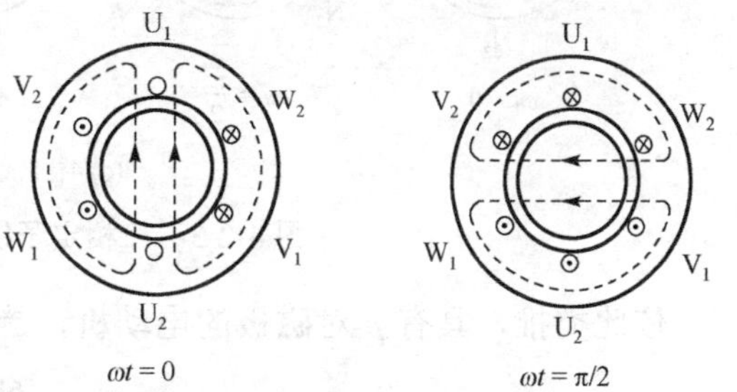

图 4-2-2 旋转磁场转向的改变

由此可以得出：电动机的转向是由接入三相绕组的电流相序所决定的，只要调换电动机任意两相绕组所接的电源接线（相序），旋转磁场即反向转动，电动机也随之反转。

3．旋转磁场的转速

如图 4-2-1 所示，三相异步电动机的旋转磁场合成的只是一对磁极，该电动机称为 2 极电动机。当三相交流电变化一周时，磁场在空间旋转一周，若交流电的频率为f_1（50Hz），则旋转磁场转速为$n_1=60f_1$ r/min=60×50 r/min = 3000 r/min。

如果将各相绕组分成由两个线圈串联而成，各相线圈排列顺序如图 4-2-3(a)所示，画出交流电一个周期五个瞬间的合成磁场，如图 4-2-3(b)所示。从图中可以看出合成磁场有两对磁极，三相交流电完成一周交变时，合成磁场只旋转了半圈。故 4 极电动机旋转磁场转速只有 2 极电动机旋转磁场转速的一半，即 $n_1 = (60\,f_1/2)\text{r/min} = (60\times 50/2)\text{r/min} = 1500\ \text{r/min}$。

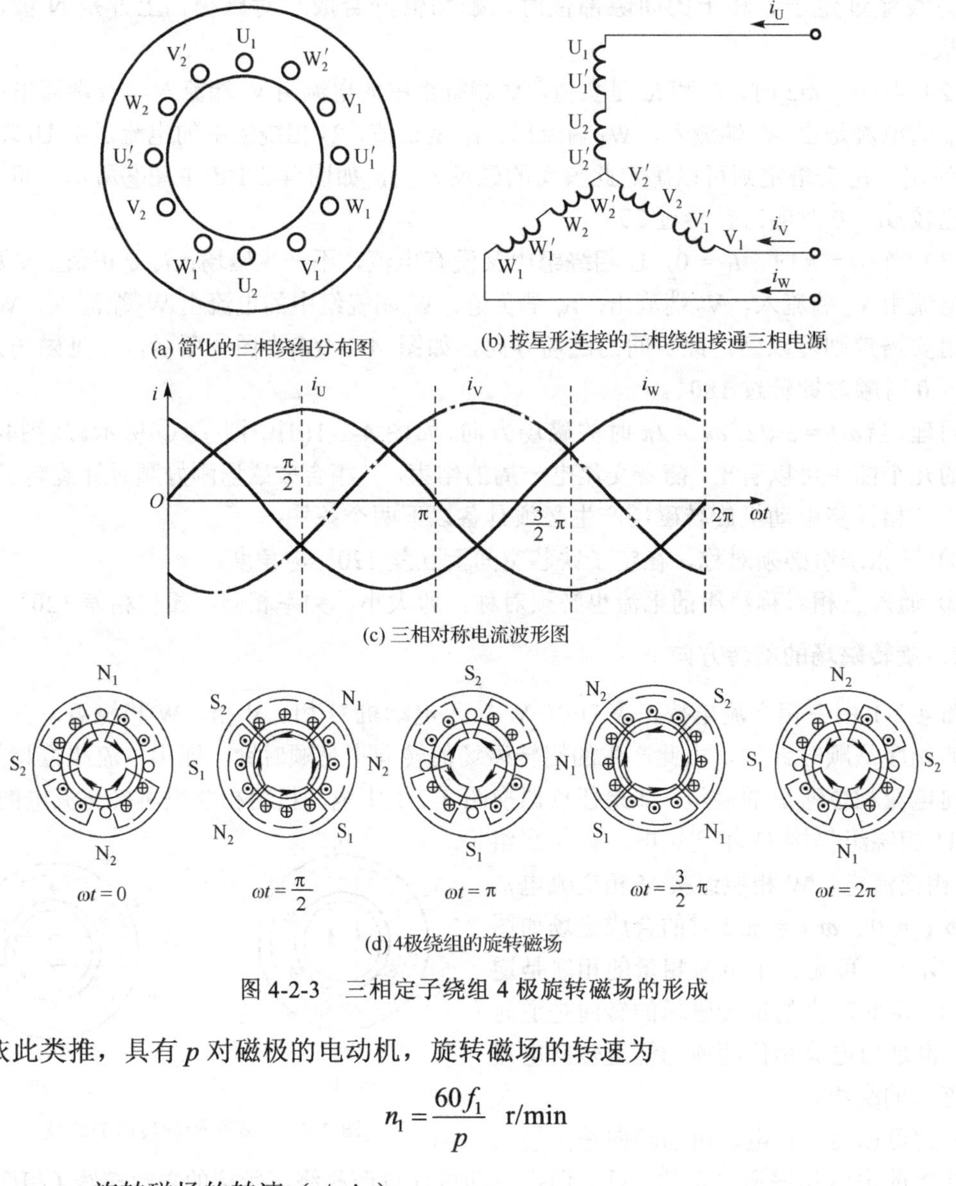

(a) 简化的三相绕组分布图　(b) 按星形连接的三相绕组接通三相电源

(c) 三相对称电流波形图

(d) 4极绕组的旋转磁场

图 4-2-3　三相定子绕组 4 极旋转磁场的形成

依此类推，具有 p 对磁极的电动机，旋转磁场的转速为

$$n_1 = \frac{60 f_1}{p}\ \text{r/min}$$

式中　n_1——旋转磁场的转速（r/min）；

f_1——交流电源的频率（Hz）；

p——电动机定子绕组的磁极对数。

若电源频率为 50Hz，电动机磁极个数与旋转磁场的转速关系见表 4-2-1。

表 4-2-1　磁极个数与旋转磁场转速的关系

磁极（个）	2 极	4 极	6 极	8 极	10 极	12 极
n_1（r/min）	3000	1500	1000	750	600	500

4．三相异步电动机的转动原理

图 4-2-4 所示为一台三相笼型异步电动机定子与转子剖面图。转子上的 6 个小圆圈表示自成闭合回路的转子导体。当向三相定子绕组中通入三相交流电后，由前面分析可知，将在定子、转子及其空气隙内产生一个同步转速为 n_1，在空间按顺时针方向旋转的磁场。该旋转的磁场将切割转子导体，在转子导体中产生感应电动势，由于转子导体自成闭合回路，因此该电动势将在转子导体中形成电流，其电流方向可用右手定则判定。在使用右手定则时必须注意，右手定则的磁场是静止的，导体在做切割磁感线的运动，而这里正好相反。为此，可以相对地把磁场看成不动，而导体以与旋转磁场相反的方向(逆时针)去切割磁感线，从而可以判定出在该瞬间转子导体中的电流方向，如图 4-2-4 所示，即电流从转子上半部的导体中流出，流入转子下半部导体中。有电流流过的转子导体将在旋转磁场中受电磁力 F 的作用，其方向可用左手定则判定，如图 4-2-4 中箭头所示，该电磁力 F 在转子轴上形成电磁转矩，使异步电动机以转速 n 旋转。

三相异步电动机的旋转原理为：在定子三相绕组中通入三相交流电时，在电动机气隙中即形成旋转磁场；转子绕组在旋转磁场的作用下产生感应电流；载有电流的转子导体受电磁力的作用，产生电磁转矩，驱动转子旋转，与定子的旋转磁场方向相同。

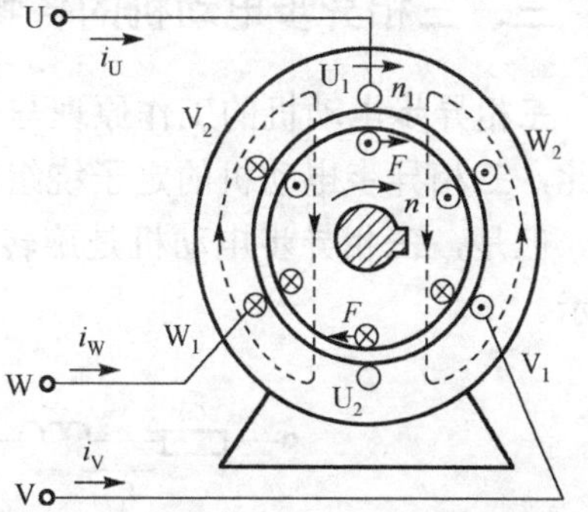

图 4-2-4 三相异步电动机的转动原理图

二、转差率

虽然转子在电磁转矩作用下与旋转磁场同方向转动，但转子的转速不可能与旋转磁场的转速相等，因为如果两者相等，则转子与旋转磁场之间便没有相对运动，转子导体不切割磁力线，不能产生感应电动势和感应电流，转子就不会受到电磁转矩的作用。所以，转子的转速应始终小于旋转磁场的转速（又称同步转速），这就是异步电动机名称的由来。通常将同步转速 n_1 和转子转速 n 之差与同步转速 n_1 之比称为转差率，即

$$S=\frac{n_1-n}{n_1}\times 100\%$$

转差率是分析三相异步电动机工作特性的重要参数之一。它对分析三相异步电动机的运行有着至关重要的意义。

（1）电动机启动瞬间，$n=0$（转子未动），$S=1$，转子切割相对速度最大，转子中的感应电动势和电流最大，反映在定子上，启动电流最大，可达 4～7 倍的额定电流。

（2）空载运行时，$n\approx n_1$，S 很小，一般在 0.005 左右，转子和定子中的感应电动势和电流也较小，反映在定子上，电动机的空载电流也较小，一般为 0.3～0.5 倍的额定电流。

（3）电动机在额定状态下运行时，有额定转速 n_N，额定转差率 S_N，S_N 一般在 0.01～0.07 之间，通常为 0.05 左右。

（4）电动机处于运行状态下时，$0<S<1$。

电动机的转速 n 与电源频率 f_1、磁极对数 p 和转差率 S 的关系式为

$$n = \frac{60f_1}{p}(1 - S)$$

【例 4-2】 有一台三相异步电动机，额定转速为 1440r/min，求该电动机的额定转差率。

解：同步转速为：

$$n_1 = \frac{60f_1}{p} = \frac{60 \times 50}{p} = \frac{3000}{p}$$

由于异步电动机的额定转速略小于同步转速，所以 $n_1 = 1500$ r/min，$p = 2$，为 4 极电动机，即 $2p = 4$。则：

$$S_N = \frac{n_1 - n_N}{n_1} = \frac{1500 - 1440}{1500} = 0.04$$

三、三相异步电动机的各物理量之间的关系

三相异步电动机的工作原理与变压器的工作原理相似，都是利用电磁感应原理制成的。因此，三相异步电动机的定子绕组和转子绕组可以等效为变压器的一次侧绕组和二次侧绕组。但是，三相异步电动机是旋转的电气设备，与变压器相比又有不同之处，如图 4-2-5 所示。

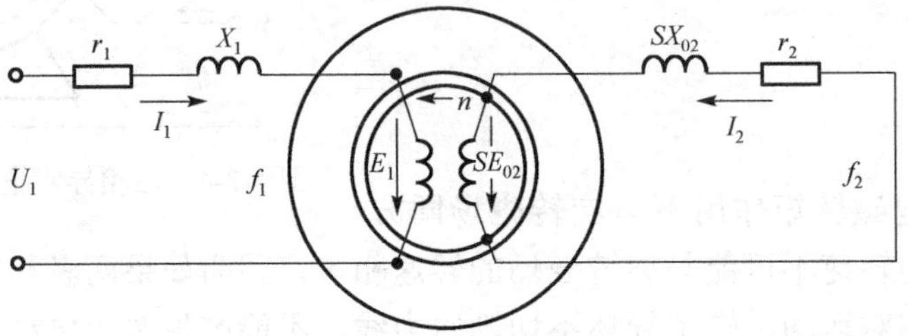

图 4-2-5　旋转时异步电动机的电路关系

1. 定子电路

在电动机三相定子绕组通入三相交流电后，即产生旋转磁场，旋转磁场的转速 $n_1 = 60f_1 / p$，而定子绕组固定不动，所以定子本身会产生频率为 f_1 的感应电动势，大小为：

$$E_1 = 4.44K_1N_1f_1\Phi_m$$

式中　E_1——定子绕组每相的感应电动势（V）；

K_1——定子绕组系数，$K_1 < 1$，约为 0.9；

N_1——定子绕组每相的匝数；

f_1——定子中交流电的频率，等于所加电源频率（Hz）；

Φ_m——定子绕组中的主磁通的幅值（Wb）。

上式与前面变压器中的感应电动势公式相比，多了一个绕组系数 K_1，这是因为三相异步电动机的定子绕组嵌放于定子铁芯各槽内，是分布绕组，各槽导体相位不一样，合成电动势要乘以绕组系数 K_1。在图 4-2-5 中，定子绕组电阻 r_1 和漏电抗 X_{S1} 比较小，因此可近似地认为：

$$U_1 \approx E_1 = 4.44 K_1 N_1 f_1 \Phi_m$$

从上式可知：电源电压不变时，定子绕组中的主磁通基本不变。

2．转子电路

（1）转子绕组的感应电动势和频率。

旋转磁场转速 n_1 与转子旋转速度 n 之间的速度差决定了转子中感应电动势频率 f_2：

$$f_2 = \frac{p\Delta n}{60} = \frac{p(n_1 - n)}{60} = \frac{n_1 p(n_1 - n)}{n_1 60} = S f_1$$

由上式可知：转子中感应电流的频率与转差率成正比。

转子绕组的感应电动势为：

$$E_2 = 4.44 K_2 N_2 f_2 \Phi_m = 4.44 K_2 N_2 S f_1 \Phi_m = S E_{20}$$

式中 E_{20}——转子不转时的感应电动势（V）；

K_2——转子绕组系数；

N_2——定子绕组每相的匝数。

由上式可知：转子电路中的感应电动势与转差率成正比。

（2）转子绕组的阻抗。在启动过程中电流的频率是变化的，所以漏电抗也是变化的，其感抗为：

$$X_2 = 2\pi f_2 L_2 = 2\pi S f_1 L_2$$

$$X_2 = 2\pi f_2 L_2 = 2\pi S f_1 L_2 = S X_{20}$$

式中 L_2——每相转子绕组的漏电感（H）；

X_{20}——每相转子未转时的漏电抗（Ω）；

X_2——每相转子转动时的漏电抗（Ω）。

所以转子阻抗为：

$$Z_2 = \sqrt{r_2^2 + X_2^2} = \sqrt{r_2^2 + (S X_{20})^2}$$

（3）转子电流和功率因数。转子每相绕组电流 I_2 的计算（参照图4-2-5）应为：

$$I_2 = \frac{E_2}{Z_2} = \frac{S E_{20}}{\sqrt{r_2^2 + (S X_{20})^2}}$$

式中 I_2——转子中每相的感应电流（A）；

E_{20}——转子不转时的感应电动势（V）；

r_2——转子的直流电阻（Ω）；

X_{20}——每相转子未转时的漏电抗（Ω）。

转子电路的功率因数为：

$$\cos\varphi_2 = \frac{r_2}{Z_2} = \frac{r_2}{\sqrt{r_2^2 + (S X_{20})^2}}$$

当 $S = 1$ 时，由于 $r_2 << X_{20}$，故功率因数很小；当 S 下降时，功率因数提高，I_2 和 $\cos\varphi_2$

与转差率 S 的关系如图 4-2-6 所示。可见电动机在刚启动或堵住不转时，转子中的电流最大，大约是额定电流的 4～7 倍；但功率因数很小，所以力矩并不大。

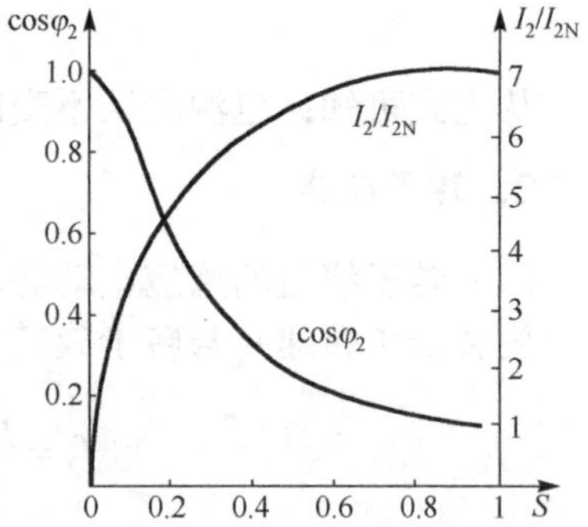

图 4-2-6　转子电流和功率因数与转差率的关系

四、异步电动机转矩与电压的关系

转矩的物理定义是力乘以与力垂直的力臂，它是衡量旋转驱动能力大小的物理量。电动机的转矩一般是指转轴输出转矩，加上电动机的空载转矩，就是电动机的电磁转矩。从电动机的驱动来说，电磁转矩是电动机的转子导体所受的电磁力乘以力臂，通过数学分析得到其公式：

$$T = T_0 + T_2 = C_{\mathrm{m}}\Phi_{\mathrm{m}} I_2 \cos\varphi_2 \approx \frac{CSr_2U_1^2}{f_1[r_2^2 + (SX_{20})^2]}$$

式中　T——电磁转矩（N·m）；

C_{m}——电动机转矩常数，与电动机结构有关；

C——电动机结构常数。

由上式可知：电磁转矩与电压的平方成正比，电压的变化将显著影响电动机的输出转矩。

任务实施

一、任务准备

实施本任务教学所使用的实训设备及工具材料可参考表 4-2-2。

表 4-2-2　实训设备及工具材料

序号	分类	名称	型号规格	数量	单位	备注
1	工具仪表	电工常用工具		1	套	
2		万用表	MF47 型或 MF30	1	块	
3		兆欧表	500V　0～2000MΩ	1	块	
4		钳形电流表	T301–A	1	块	
5		双臂电桥	QJ44 型	1	块	
6	设备器材	三相异步电动机	Y132M–4 或自定	1	台	
7		断路器	DZ10–250/330	1	台	
8		导线	BVR2.5	若干	米	

二、绝缘电阻的测定

1. 测量绕组对机壳的绝缘电阻

将三相绕组的三个尾端（W_2、U_2、V_2）用裸铜线连在一起。兆欧表 L 端子接任一绕组首端；E 端子接电动机外壳。以约 120r/min 的转速摇动兆欧表（500V）的手柄 1min 左右后，读取兆欧表的读数并记录在表 4-2-3 中，如图 4-2-7 所示。

表 4-2-3 电动机绝缘电阻的测量 单位：MΩ

对地绝缘电阻	U 相	V 相	W 相
相间绝缘电阻	U 相与 V 相之间	U 相与 W 相之间	V 相与 W 相之间

2．测量绕组相与相之间的绝缘电阻

将三相绕组尾端连线拆除。兆欧表两端分别接 U_1 和 V_1、U_1 或 W_1、W_1 和 V_1，按上述方法测量各相绕组间的绝缘电阻，并记录在表 4-2-3 中。

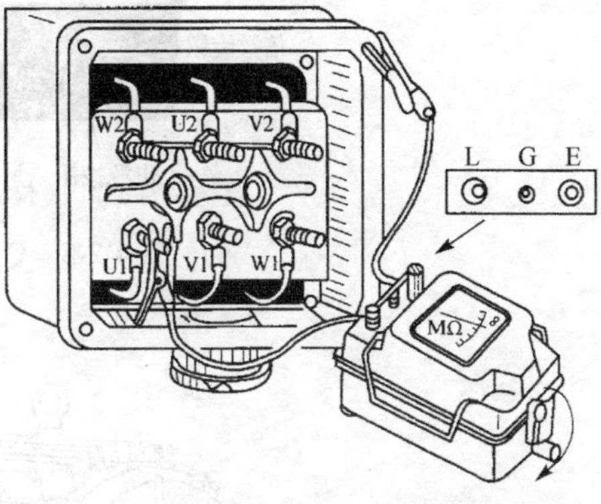

图 4-2-7 兆欧表测绕组对地绝缘电阻

3．测量绕线转子绕组的绝缘电阻

绕线转子的三相绕组一般均在电动机内部接成 Y 形，所以只需测量各相对机壳的绝缘电阻。测量时，应将电刷等全部装到位。兆欧表 L 端应接在转子引出线端或刷架上，E 端接电动机外壳或转子轴上，按上述方法测量绝缘电阻并作记录。

4．测量结果的判定

绕组对机壳的绝缘电阻不小于 30MΩ，两相绕组间的绝缘电阻应无穷大。

操作提示

（1）应根据电动机的额定电压选择兆欧表的电压等级（额定电压低于 500V 的电动机，选用 500V 的兆欧表测量；额定电压在 500～3000V 的电动机，选用 1000V 的兆欧表测量；额定电压大于 3000V 的电动机，选用 2500V 的兆欧表测量），并检查所用兆欧表及引线是否正常。

（2）兆欧表在使用前必须进行开路实验和短路实验。

（3）测量时，未参与的绕组应与电动机外壳用导线连接在一起。

（4）测量完毕后，应用接地的导线接触绕组进行放电，然后再拆下仪表连线，否则在用手拆线时就可能遭受电击。这一点对大型电动机或高压电动机尤为重要。

三、绕组直流电阻的测定

本任务以图 4-2-8 所示 QJ44 型双臂电桥为例，介绍测量绕组直流电阻的方法。

（1）首先按照图 4-2-9 所示测量绕组直流电阻的接线图接好线路。

（2）安装好电池，外接电池时应注意正、负极。

（3）接好被测电阻 R_x，接线时应注意四条接线的位置，如图 4-2-10 所示。

（4）将电源开关拨向“通”的方向，接通电源。

（5）调整调零旋钮，使检流计的指针指在 0 位。一般测量时，将灵敏度旋钮调到较低的位置。

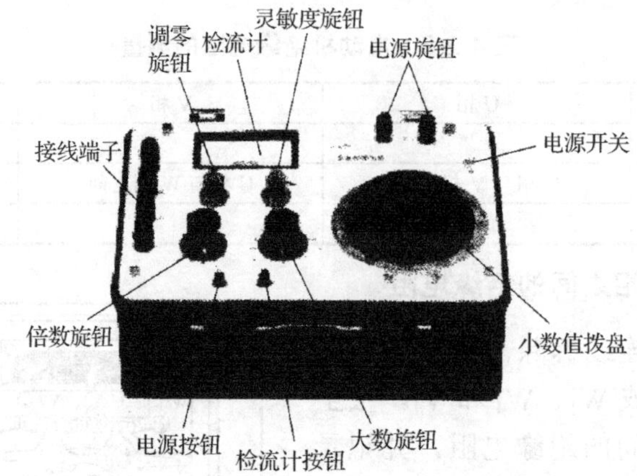

图 4-2-8　QJ44 型双臂电桥外形图

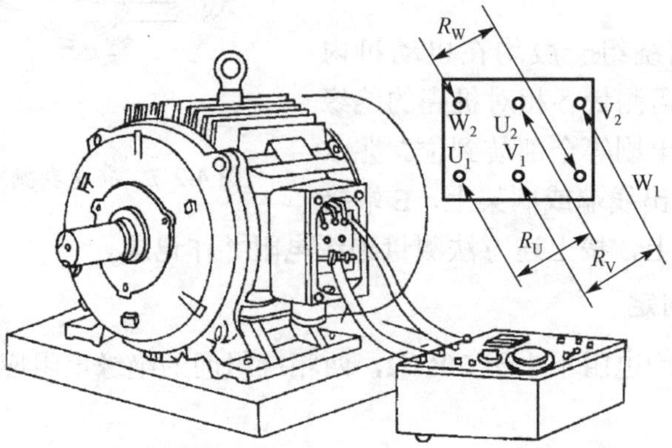

图 4-2-9　测量绕组直流电阻接线图

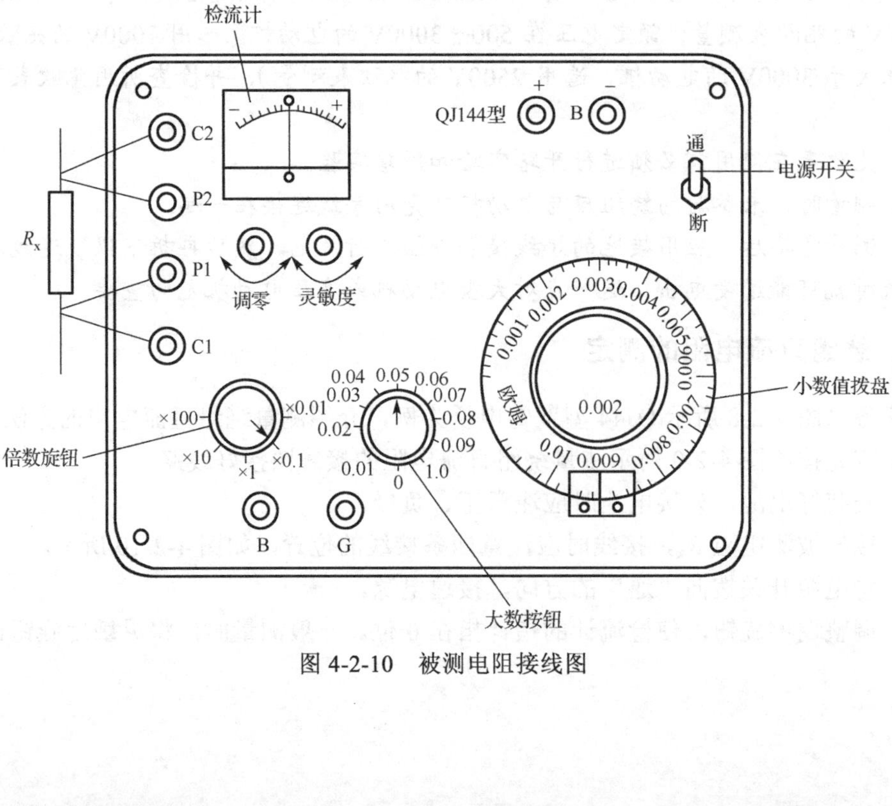

图 4-2-10　被测电阻接线图

（6）按估计的被测电阻值选择倍数旋钮或大数旋钮。倍率与被测电阻值范围的关系见表 4-2-4。

表 4-2-4 QJ44 型双臂电桥倍率与被测电阻值范围对应表

被测电阻值范围（Ω）	1～11	0.1～1.1	0.01～0.11	0.001～0.011	0.0001～0.0011
应选倍率（×）	100	10	1	0.1	0.01

（7）先按下按钮 B，再按下按钮 G。先调大数旋钮，粗略调定数值范围，再调小数值拨盘，细调确定最终数值，使检流计指针指向零。检流计指零后，应先松开“G”按钮，再松开“B”按钮。测量结果为：

（大数旋钮所指数+小数值拨盘所指数）×倍数旋钮所指倍数

例如，图 4-2-10 中，被测电阻 $R_x = (0.05+0.009)\times 0.1 = 0.0059$（Ω）

（8）测量完毕，将电源开关拨向“断”，断开电源。

（9）测量结果的判定　所测各相电阻值之间的误差与三相平均值之比不得大于 5%，即：

$$\frac{R_{max} - R_{min}}{R_{av}} \leqslant 5\%$$

如果超过此值，说明有短路现象。

（10）将上述测量的结果填入表 4-2-5 中。

表 4-2-5 电动机定子绕组直流电阻的测量

被测电阻	U 相	V 相	W 相

操作提示

（1）合理选择电桥。小于 1Ω 的用双臂电桥，大于 1Ω 的可用单臂电桥，电桥的准确度等级不得低于 0.5 级。三相异步电动机各相定子绕组的直流电阻值：10kW 以下，一般为 1～10Ω；10～100kW 为 0.05～1Ω；100kW 以上，高压电动机为 0.1～5Ω；低压电动机为 0.001～0.1Ω。

（2）若按下按钮 G 时，指针很快打到“+”或“−”的最边缘，则说明预调值与实际值偏差较大，此时应先松开按钮 G，调整有关旋钮后，再按下按钮 G 观看调整情况。长时间让检流计指针偏在边缘处会对检流计造成损害。

（3）B、G 两个按钮分别负责电源和检流计的通断。使用时应注意开关顺序：先按下按钮 B，后按下按钮 G；先松开按钮 G，后松开按钮 B。否则有可能损坏检流计。

（4）长时间不使用时，应将内装电池取出。

四、电动机的安装与空载实验

1. 电动机安装前的准备

（1）准备好安装场地及摆放好各种所需工具。

（2）选择好电动机安装地点。一般电动机的安装地点选择在干燥、通风好、无腐蚀气体侵害的地方。

（3）制作电动机的底座、座墩和地脚螺钉。

电动机的座墩有两种形式：一种是直接安装座墩；另一种是槽轨安装座墩。座墩高度一般应高出地面 150mm，具体高度要按电动机的规格、传动方式和安装条件等决定。座墩的长与宽大约等于电动机机座底尺寸+150mm 左右的裕度，如图 4-2-11(a)所示。

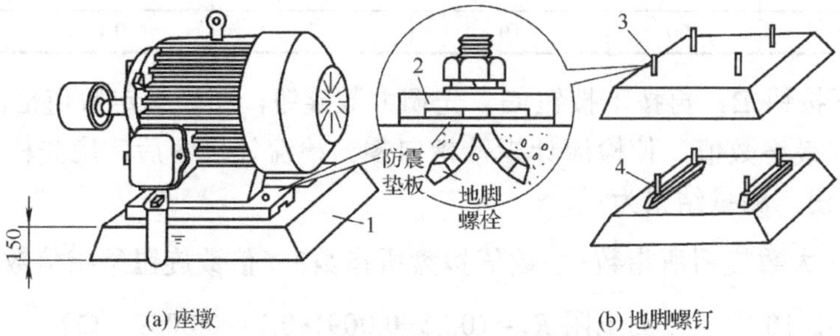

(a) 座墩　　(b) 地脚螺钉

图 4-2-11　座墩和底座

1—水泥墩；2—机座；3—固定的地脚螺钉；4—活动的地脚螺钉

地脚螺钉用六角螺栓制作，首先用钢锯在六角螺栓上锯一条 25～40mm 的缝，再用钢凿把它分成人字形，依据电动机机座尺寸，埋入水泥墩里面，如图 4-2-11(b)所示。

2．电动机的安装

（1）电动机与座墩的安装。

① 将电动机与座墩之间衬垫一层质地坚韧的木板或硬橡皮的防震物。

② 用起重设备将电动机吊到基础上，如图 4-2-12 所示。

（2）用水平仪校正水平。

① 电动机的水平校正，一般用水平仪放在转轴上，对电动机纵向、横向进行检查，并用 0.5～5mm 厚的钢片垫在机座下，来调整电动机的水平，如图 4-2-13 所示。

② 在四个紧固螺栓上套上弹簧垫圈，按对角线交错依次逐步拧紧螺帽。

如果电动机在使用过程中，需要调整位置，电动机功率较小时，可先在基座上预埋槽轨，槽轨的支脚深埋在基座下固定，电动机安装在槽轨上。这种安装方式，可以方便电动机在安装时进行必要的校正或调整，如图 4-2-14 所示。

图 4-2-12　吊电动机到底座

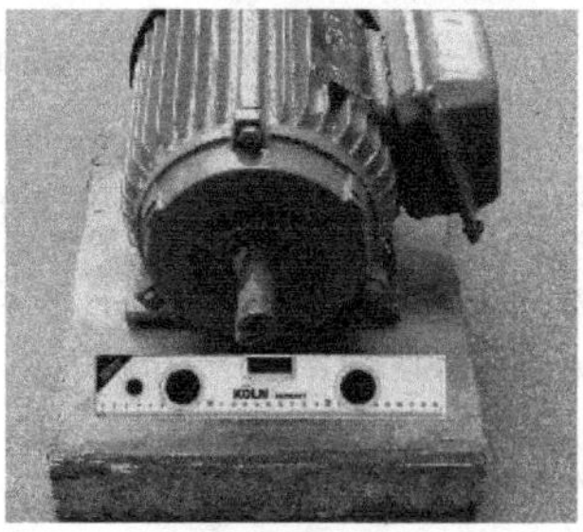

图 4-2-13　电动机的水平校正

图 4-2-14　小型电动机的槽轨安装法

操作提示

在用水平尺进行水平校正时，水平尺中的水珠往某方向偏，则表明某方向偏高，需在偏低方向的机座下垫 0.5～5mm 的钢片，直至水平正好为止。发现水平尺中的水珠处于正中位置时，说明水平正好。

3．电动机的空载实验

将电动机安装固定好，调节水平后，再安装启动线路和控制保护装置，然后接通电源，检测电动机的空载电流，保持额定电压下空载运行半小时左右，观察电动机的运行情况（振动、声音等），检查装配质量。

检查评议

对任务实施的完成情况进行检查，并将结果填入表 4-2-6 的评分表内。

表 4-2-6 任务测评表

序号	项目内容	评分标准		配分	得分
1	测试前的准备	（1）测试前未将工具、仪器及材料准备好，每少 1 件扣 2 分 （2）选用仪表时选用错误，扣 4 分		5	
2	绝缘电阻的测量	（1）接线有误，扣 4 分 （2）选择仪表挡位、量程错误，扣 4 分 （3）绕组对地绝缘电阻测试错误，扣 4 分 （4）绕组与绕组间绝缘电阻测试错误，扣 4 分		30	
3	绕组直流电阻的测量	（1）接线有误，扣 4 分 （2）选择仪表挡位、量程错误，扣 4 分 （3）各相绕组的直流电阻测试错误，扣 4 分 （4）数据记录错误，扣 4 分		30	
4	电动机的安装与空载实验	（1）安装前的准备不符合要求，扣 5 分 （2）安装方法错误、水平校正错误，扣 5～10 分 （3）接线有误，扣 5 分 （4）选择仪表挡位、量程错误，扣 5 分		25	
5	安全文明生产	（1）违反安全文明生产规程，扣 10 分 （2）发生人身和设备安全事故，不及格		10	
6	定额时间	2h，超时扣 5 分			
7	备注		合计	100	

巩固与提高

一、填空题（请将正确答案填在横线空白处）

1．旋转磁场产生的条件是________。

2．旋转磁场的转向是由接入三相绕组中电流的________决定的，改变电动机任意两相绕组所接的电源接线（相序），旋转磁场即________。

3．三相定子绕组中产生的旋转磁场的转速 n_1 与________成正比，与________成反比；且转子转速总是________旋转磁场的转速，因此称为异步电动机。

4．三相异步电动机转子绕组的作用是产生________和________，并在旋转磁场的作用下产生________而使转子转动。

5．异步电动机的电磁转矩的计算公式是________。电磁转矩与________的平方成正比，________的变化将显著影响电动机的输出转矩。

二、判断题（正确的在括号内打“√”，错误的打“×”）

1．旋转磁场的转速公式 $n_1 = 60f_1/p$，当 $f_1 = 50Hz$ 时，则 2 极异步电动机（$p = 1$）和 4 极异步电动机（$p = 2$）的额定转速分别为 3000r/min 和 1500r/min。（　）

2．转差率 S 是分析异步电动机运行性能的一个重要参数，当电动机转速越快时，则对应的转差率也越大。（　）

3．异步电动机转速最大时，转子导体切割磁力线最多，感应电流和电磁转矩最大。（　）

4．当加在三相异步电动机定子绕组上的电压不变时，电动机内部的铁损耗就基本保持不变，它不受电动机转速的影响。（　）

三、选择题（将正确答案的字母填入括号中）

1．某台进口三相异步电动机的额定频率为 60Hz，现工作于 50Hz 的交流电源上，则电动机的额定转速将（　）。

A．有所提高　　B．相应降低　　C．保持不变

2．若电源频率为 50Hz 的 2 极、4 极、6 极、8 极四台异步电动机的同步转速分别为 n_1、n_2、n_3、n_4，则 $n_1:n_2:n_3:n_4$ 等于（　）。

A．12∶6∶4∶3　　B．1∶2∶3∶4　　C．4∶3∶2∶1　　D．1∶4∶6∶9

3．有 A、B 两台电动机，其额定功率和额定电压均相等，但 A 为 4 极电动机，B 为 6 极电动机，则它们的额定转矩 T_A、T_B 与额定转速 n_A、n_B 的正确关系应该是（　）。

A．$T_A<T_B$、$n_A>n_B$　　B．$T_A>T_B$、$n_A<n_B$　　C．$T_A=T_B$、$n_A=n_B$

4．要改变三相异步电动机的转向，需调换（　）。

A．三相定子绕组所接电源的相序

B．任意两相定子绕组所接电源的相序

C．改变定子绕组的接法

四、技能题

测量一台三相笼型异步电动机的定子绕组绝缘电阻，并写出工艺要点。

任务 3　三相异步电动机的运行

学习目标

知识目标：

1．理解三相异步电动机的工作特性。
2．掌握三相异步电动机机械特性的分析方法。
3．掌握三相异步电动机的启动原理及方法。
4．掌握三相异步电动机的调速原理及方法。
5．掌握三相异步电动机的制动原理及方法。
6．掌握三相异步电动机的反转原理及方法。

能力目标：

1. 会正确使用和维护三相异步电动机。
2. 能进行三相异步电动机的直接启动、降压启动、正反转控制线路的安装与调试。

工作任务

三相异步电动机工作时，主要有三种运行状态：当 $n_1>n>0$ 时，即 $0<S<1$ 为电动机运行状态；当 $n>n_1$ 时为发电机运行状态；当 $n<0$（转子逆着磁场方向旋转）时，为制动运行状态。三相异步电机绝大多数都是作为电动机运行的。本任务的主要内容是学习三相异步电动机的机械特性，了解三相异步电动机的启动、调速、制动和反转的原理、方法及其应用，并通过三相异步电动机的启动和反转试验，进一步掌握三相异步电动机的应用。

相关理论

一、三相异步电动机的机械特性

三相异步电动机的机械特性是指电动机的转速与电磁转矩之间的关系曲线。它表明了电动机的主要性能指标，也是选择电动机的依据。

1. 固有机械特性

电动机的固有机械特性曲线通常是指在三相异步电动机的电源电压、频率一定时，电动机的电磁转矩与转速或转差率之间的关系曲线。电磁转矩为：

$$T = C_m \Phi_m I_2 \cos\varphi_2$$

式中 I_2——转子中每相的感应电流（A）；

$\cos\varphi_2$——转子的功率因数。

转子电流和转子功率因数都与转差率有关，因此 T 与 S 有关，如图 4-3-1 中 T–S 曲线所示。

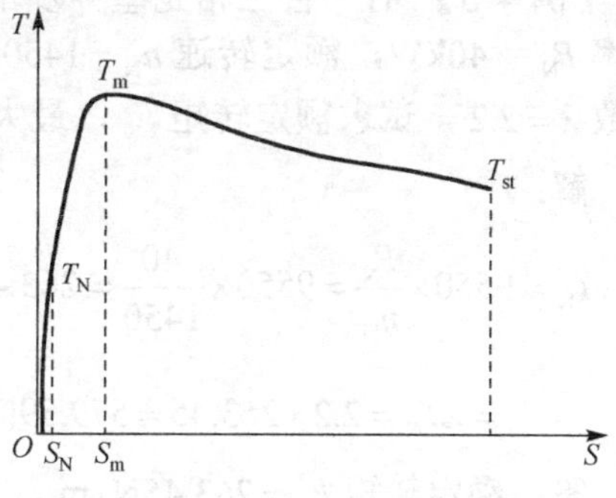

图 4-3-1 三相异步电动机的固有机械特性曲线

（1）几个关键点。

① 启动点 $n = 0$，$S = 1$，启动电流最大，功率因数最小，启动转矩 T_{st} 并不大。

② 最大转矩点 T_m，相应的 $S_m = R_2/X_{02}$，称为临界转差率。

③ 额定工作点 S_N，额定转矩 T_N。

④ 同步点 $S = 0$，$T = 0$。

（2）结论。

① 稳定运行区（$0<S<S_m$），机械特性为硬特性。负载变化时，转速变化很小。

② 不稳定运行区（$S_m<S<1$），机械特性为软特性。负载变化时，转速变化很大，带风机型负载。

③ 三相异步电动机的过载能力强。过载系数：$\lambda = T_m/T_N$

④ 增大转子电阻，使 $S_m = 1$，$T_{st} = T_m$。绕线式异步电动机常采用这种方法启动。

2．人为机械特性

（1）降低电源电压时的人为机械特性如图 4-3-2 所示，这种人为机械特性对恒转矩负载的调速变化很小，实用价值不大，但对风机型负载，调速范围大，效果显著。

（2）绕线式异步电动机转子电路接电阻时的人为机械特性如图 4-3-3 所示，这种人为机械特性只适用于绕线式异步电动机调速，调速范围大，但效率低，有能量损耗。

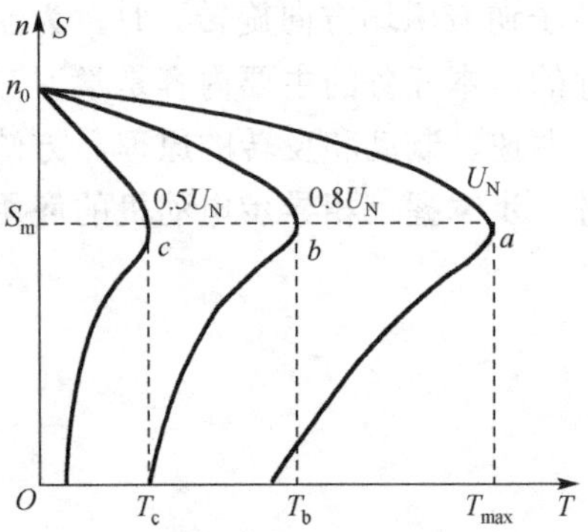

图 4-3-2　降低电源电压的人为机械特性

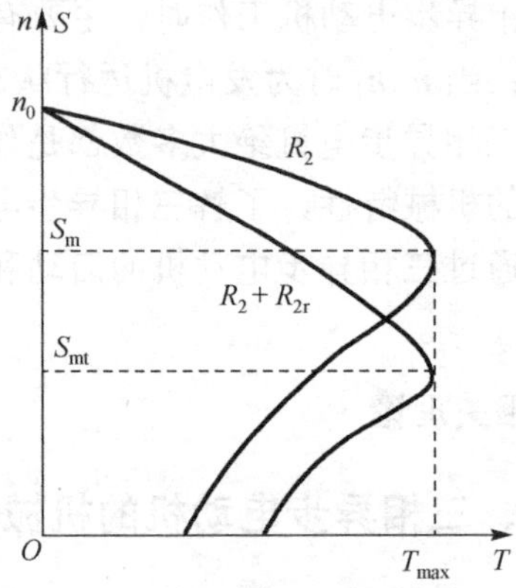

图 4-3-3　绕线式异步电动机转子电路接电阻时的人为机械特性

（3）改变电源频率时的人为机械特性如图 4-3-4 所示，这种人为机械特性调速范围大，调速平稳，属于无级调速，效果好。

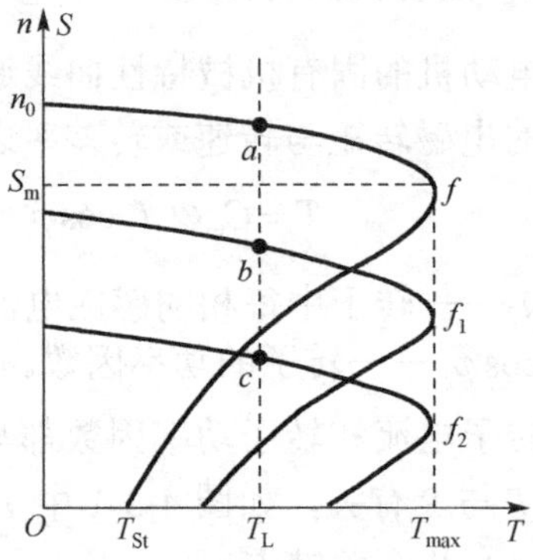

图 4-3-4　改变电源频率时的人为机械特性

【例 4-3】 有一台三相笼型异步电动机，额定功率 P_N= 40kW，额定转速 $n_N = 1450\text{r/min}$。过载系数 $\lambda = 2.2$，试求额定转矩 T_N，最大转矩 T_m。

解：

$$T_N = 9550 \times \frac{P_N}{n_N} = 9550 \times \frac{40}{1450} = 263.45(\text{N}\cdot\text{m})$$

$$T_m = \lambda T_N = 2.2 \times 263.45 = 579.59(\text{N}\cdot\text{m})$$

答：额定转矩 $T_N = 263.45\text{N}\cdot\text{m}$，最大转矩 $T_m = 579.59\text{N}\cdot\text{m}$。

【例 4-4】 已知 Y2-132S-4 三相异步电动机的额定功率 P_N= 5. 5kW，额定转速 $n_N = 1440\text{r/min}$，$\lambda_{st} = 2.3$，试求：

（1）在额定电压下启动时的启动转矩 T_{st}；

（2）若电动机轴上所带负载的阻力矩 T_L 为 60 N·m，当电网电压降为额定电压的 90%时，该电动机能否启动？

解：（1）

$$T_N = 9550 \times \frac{P_N}{n_N} = 9550 \times \frac{5.5}{1440} = 36.48(\text{N}\cdot\text{m})$$

$$T_{st} = \lambda_{st} T_N = 2.3 \times 36.48 = 83.9(\text{N}\cdot\text{m})$$

（2）因为

$$\frac{T'_{st}}{T_{st}} = \left(0.9\frac{U_1}{U_1}\right)^2 = 0.81$$

所以 $$T'_{st}=0.81T_{st}=0.81\times 83.9=68(\mathrm{N\cdot m})$$

答：（1）在额定电压下启动时的启动转矩 $T_{st}=83.9\mathrm{N\cdot m}$。

（2）由于 $T'_{st}>T_L$，所以当电网电压降为额定电压的 90%时，该电动机可以启动。

二、三相异步电动机的启动

电动机的启动是指电动机加入电压开始转动到正常运转为止的过程。异步电动机启动时，由于静止的转子导体与定子旋转磁场之间的相对切割速度很大，转子电流通常可达到额定状态时的 5～8 倍，由于转子电流是从定子绕组内感应而来的，从而使定子绕组中的电流也相应增加为电动机额定电流的 4～7 倍，功率因数很低，启动转矩不高。电动机启动电流大将带来两种不好的影响。

（1）大启动电流会在线路上产生很大的电压降，影响同一线路上其他负载的正常工作，严重时可能使本电动机因启动转矩太小而不能启动。

（2）经常启动电动机，容易造成绕组发热，绝缘老化，从而缩短电动机的使用寿命。

常用的启动方法有笼型异步电动机的直接启动和降压启动、绕线式转子异步电动机转子串电阻启动。

1．笼型异步电动机的直接启动

电动机直接启动又称为全压启动，启动时加在电动机定子绕组上的电压为额定电压。电动机只需要满足下述三个条件中的一个，就能直接启动：

（1）容量在 7.5kW 以下的三相异步电动机。

（2）电动机在启动瞬间造成电网电压波动小于 10%，不经常启动的电动机可放宽到 15%。如有专用变压器，其容量 $S_{变压器}\geqslant 5P_{电动机}$，电动机允许直接频繁启动。

（3）满足下列经验公式：

$$\frac{I_{st}}{I_N}<\frac{3}{4}+\frac{S_T}{4P_N}$$

式中 S_T——公用变压器容量（kV・A）；

P_N——电动机的额定功率（kW）；

I_{st}——启动电流。

电动机直接启动的优点是启动设备简单，可靠，成本低，启动时间短。

2．笼型异步电动机的降压启动

降压启动是指电动机启动时降低加在电动机定子绕组上的电压（小于额定电压），启动结束后使电动机恢复到额定电压下运行。降压启动能减少电动机的启动电流，但电动机的转矩与电压的平方成正比，所以也大大减少了电动机的启动转矩，故降压启动只适用于空载或轻载启动。常用的启动方法有：自耦变压器降压启动，星形—三角形（Y–△）降压启动，延边三角形降压启动和定子绕组串电阻降压启动。

各种启动方法的特点与适用场合见表 4-3-1。

表 4-3-1　三相异步电动机各种降压启动方法比较

启动方法	接线方法	特点	适用范围
自耦变压器降压启动	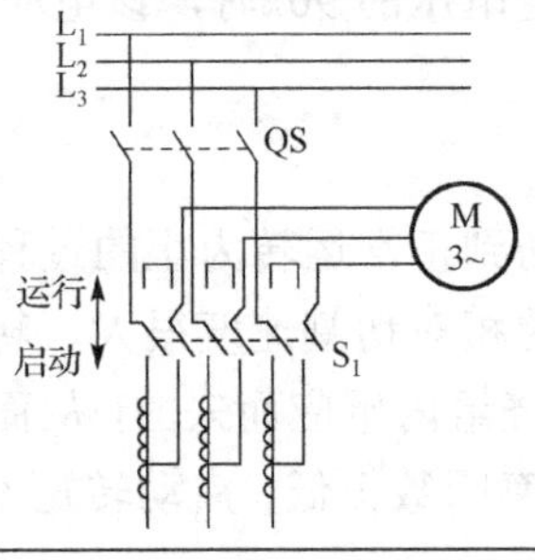	自耦变压器二次侧有 2～3 组抽头，其电压分别为一次侧电压的 80%、65%或 80%、60%、40%。优点是自耦变压器的不同抽头可供不同负载启动时选择；缺点是体积大、价格高、质量重	适用于 Y 形或△形接法的电动机
Y–△降压启动	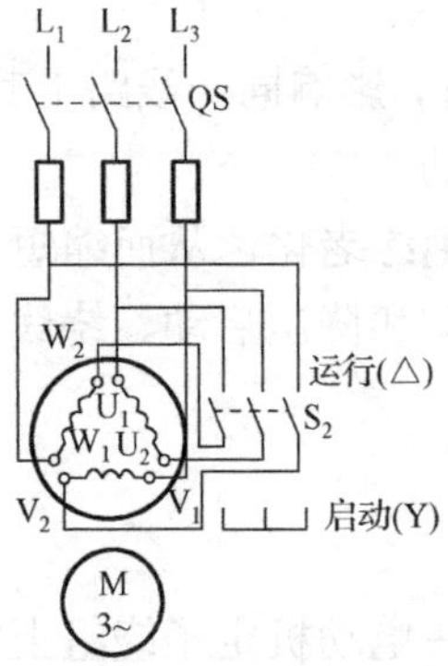	启动电流、转矩为直接采用三角形启动时电流、转矩的 1/3；启动电压是三角形直接启动时的 $1/\sqrt{3}$ 。优点是设备简单、价格低；缺点是不适宜重载启动	适用于正常运行时△形接法的电动机
延边三角形降压启动	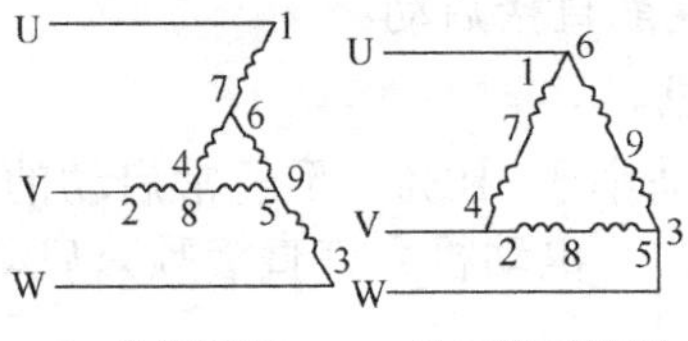 (a) 启动时接法　(b) 正常运行接法	启动时定子绕组一部分接成 Y 形，另一部分接成△形。优点是启动电流和启动转矩介于 Y 形和△形之间，缺点是抽头多	适用于定子绕组有中间抽头的三相异步电动机
定子绕组串电阻降压启动	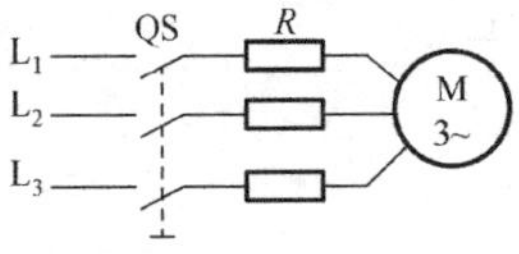	串联电阻上有电能损耗，一般使用电抗器以减少电能的损耗，但电抗器体积大、成本高	此方法已经很少使用

3．绕线式转子异步电动机的启动

三相绕线式转子异步电动机有转子串电阻及转子串接频敏电阻器两种启动方法，两种方法的比较见表 4-3-2。

三、三相异步电动机的调速

在实际应用中，往往要改变异步电动机的转速，即调速。根据异步电动机的转速公式 $n=\dfrac{60f_1}{p}(1-S)$ 可知，异步电动机的调速有三种方法：

① 改变定子绕组磁极对数 p——变极调速。

② 改变电动机的转差率 S——变转子电阻，或改变定子绕组上的电压。

③ 改变供给电动机电源的频率 f ——变频调速。

三相异步电动机调速方法的比较见表 4-3-3。

表 4-3-2 三相绕线式转子异步电动机的启动方法比较

启动方法		接线方法	特点	适用范围
转子串联电阻启动	小容量	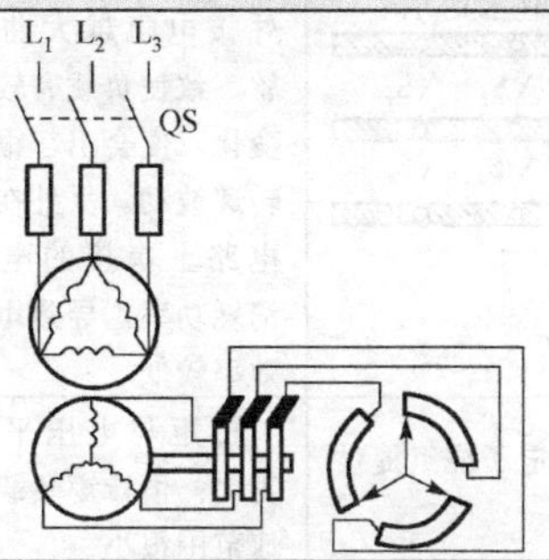	优点是减少了启动电流，又有较大的启动转矩；缺点是控制设备复杂，投资大，启动时有一部分能量消耗在电阻上，且启动过程中存在电流与机械上的冲击，不是平滑启动	适用于电动机重载启动（起重机、卷扬机、龙门吊等）
	较大容量	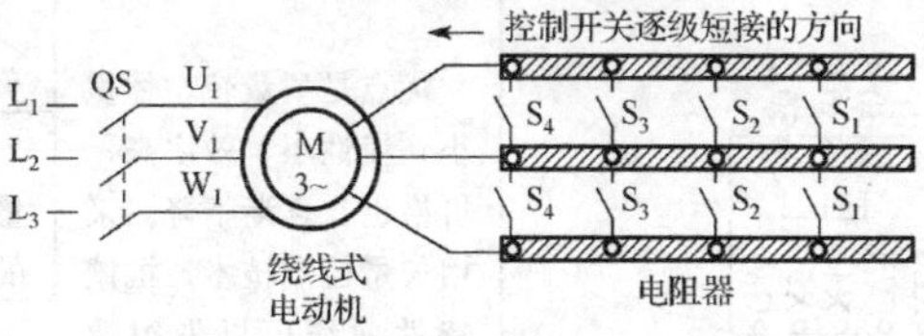		
转子串接频敏电阻器启动		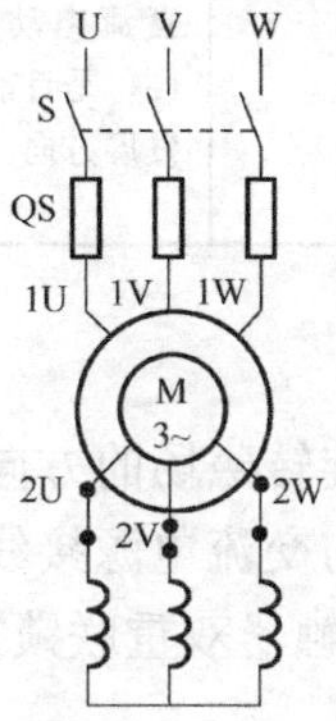	优点是结构简单、使用方便、寿命长，能平滑、恒转矩启动；缺点是功率因数低，启动转矩不是很大	适用于启动转矩要求不高的场合

表 4-3-3 三相异步电动机调速方法比较

调速方法	接线方法	特点	适用范围
变极调速	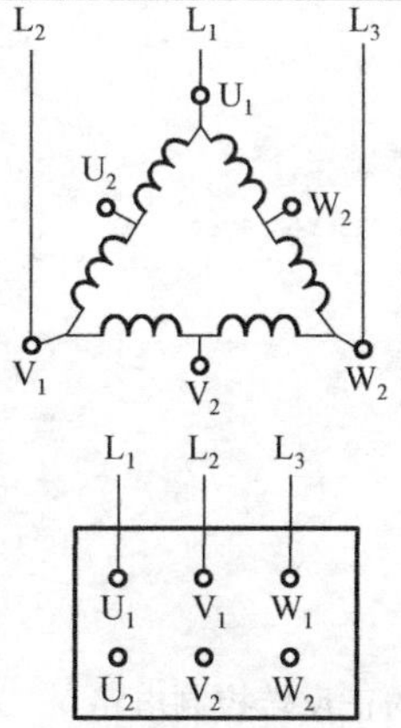(a) 低速-△形接法(4极) 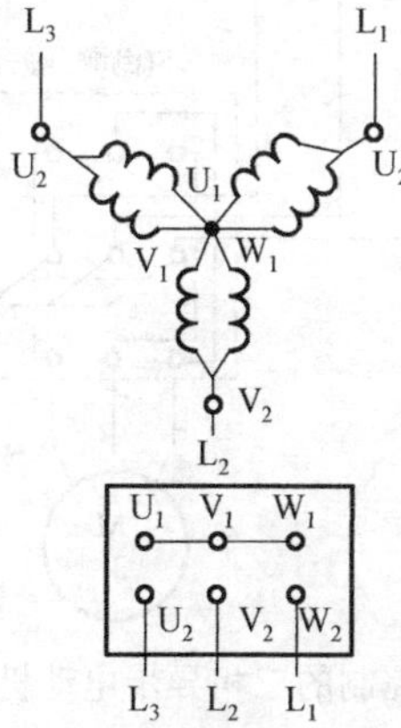(b) (2极)	优点是所需设备简单；缺点是电动机绕组引出线头多，调速只能有级调速，但极数少，变极调速通常不单独用，往往与机械调速配套使用，以达到相互补充、扩大调速范围的目的	变极调速只适用于笼型异步电动机且调速要求不高的场合

续表

调速方法		接线方法	特点	适用范围
改变转差率调速	改变转子电阻	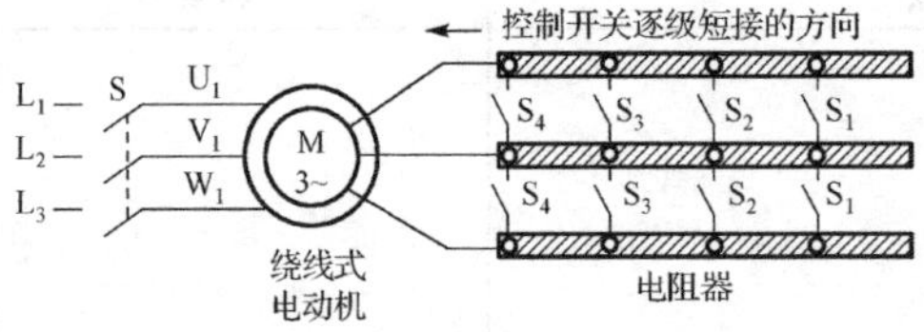	方法简单方便，但机械特性曲线较软，而且外接电阻越大曲线越软，致使负载有较小的变化，便会引起很大的转速波动。另外在转子电路上串接的电阻要消耗功率，导致电动机效率较低	变阻调速只适用于绕线转子电动机的调速。主要应用于起重运输机械的调速
	改变电源电压	通过三相调压器为三相异步电动机的定子绕组提供电源电压	转矩与电压平方成正比；恒转矩负载的调速范围很小	适用于风机型负载
变频调速	恒转矩	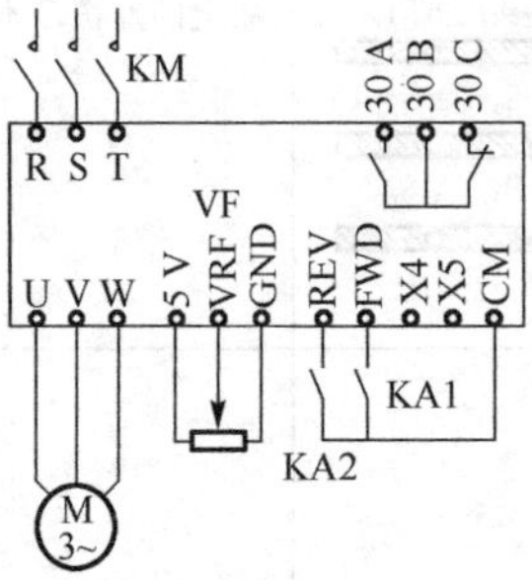	优点是质量轻、体积小、惯性小、效率高，价格也在逐渐下降。采用矢量控制技术，机械特性曲线可以做得像直流电动机调速一样硬，是目前交流调速的发展方向	适用于恒转矩负载
	恒电流			适用于负载容量小而变化不大的场合
	恒功率			适用于电动机的调速要高于额定转速，而电源电压又不能很高的场合

四、三相异步电动机的反转

电动机的转向取决于旋转磁场方向，而改变旋转磁场的方向，只需改变接入定子绕组的三相交流电电源相序，即电动机任意两相绕组与交流电源接线互相对调。常用的正反转控制方法有倒顺开关控制（见图 4-3-5）或按钮接触器双重联锁控制（见图 4-3-6）。

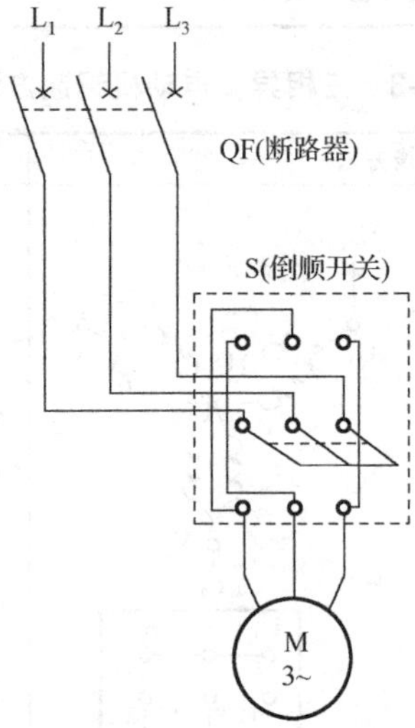

图 4-3-5　倒顺开关控制的三相异步电动机的正反转控制电路

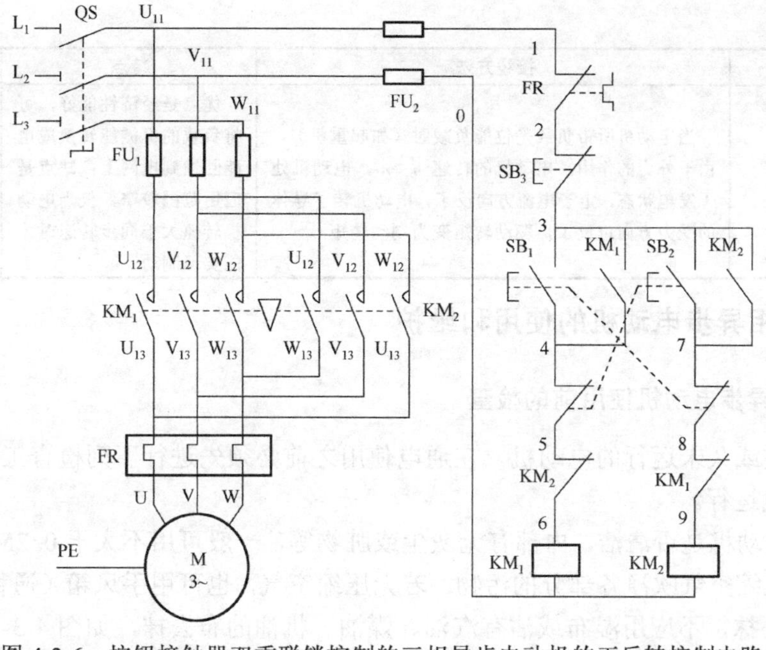

图 4-3-6 按钮接触器双重联锁控制的三相异步电动机的正反转控制电路

五、三相异步电动机的制动

三相异步电动机与电源断开之后，由于转子有惯性，要经过一段时间后才能停车。为了使电动机迅速准确地停转，必须对电动机实行制动，通常采用的制动方法有机械制动和电气制动两种，电气制动又分为反接制动、能耗制动和再生制动，见表 4-3-4。

表 4-3-4 三相异步电动机的电气制动方法比较

制动方法	接线方法	特点	适用范围
反接制动	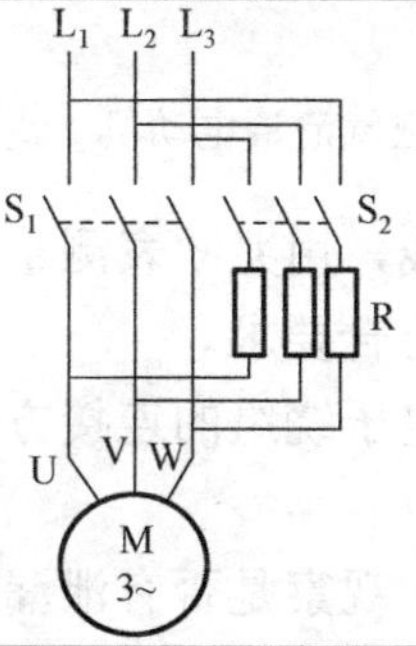	优点是停车迅速，设备简易；缺点是对电动机及负载冲击大	一般只用于小型电动机，且不经常停车制动的场合
能耗制动	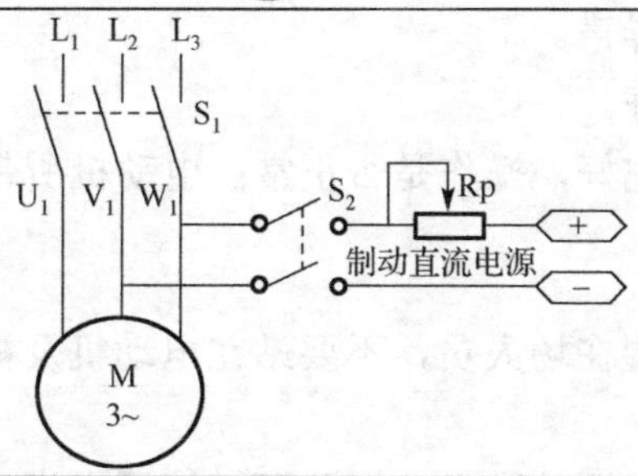	优点是制动力较强，能耗少，制动较平稳，对电网及机械设备冲击小；但在低速时制动力矩也随之减小，不易制动停止，需要直流电源	常用于机床设备中

续表

制动方法	接线方法	特点	适用范围
再生制动	当电动机所带负载是位能负载时（如起重机），由于外力的作用，电动机的转速 $n>n_1$，电动机处于发电状态，定子电流方向反了，电动机转子导体的受力方向也反了，驱动转矩变为制动转矩	优点是经济性能好，可将负载的机械能转换成电能回馈到电网上；缺点是应用范围较窄，仅当电动机转速大于同步转速时才能实现制动	主要用于起重机、电力机车和多速异步电动机

六、三相异步电动机的使用和维护

1. 三相异步电动机使用前的检查

对新安装或久未运行的电动机，在通电使用之前必须先进行下列检查工作，以验证电动机能否通电运行。

（1）看电动机是否清洁，内部有无灰尘或脏物等，一般可用不大于 0.2MPa（2 个大气压）的干燥压缩空气吹净各部分的污物。若无压缩空气，也可用手风箱（通称皮老虎）吹，或用干抹布去抹，不应用湿布或沾有汽油、煤油、机油的布去抹，如图 4-3-7 所示。

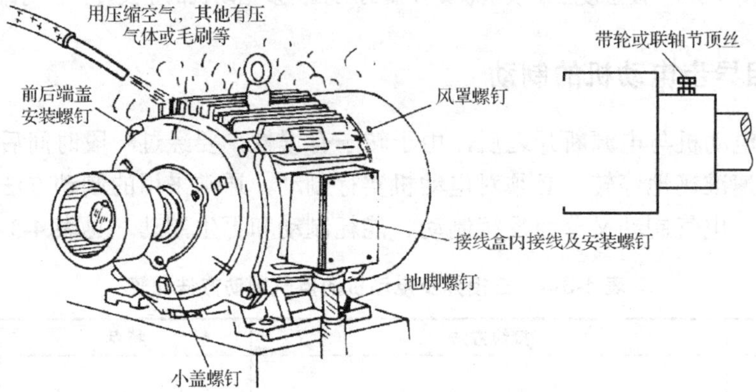

图 4-3-7　压缩空气清洁电动机

（2）拆除电动机出线端上的所有外部接线，用兆欧表测量电动机各相绕组之间及各相绕组与地（机壳）之间的绝缘电阻，看是否符合要求。

（3）对照电动机铭牌数据，检查电动机定子绕组的连接方法是否正确，电源电压、频率是否合适。

（4）检查电动机轴承的润滑油是否正常，观察是否有泄漏的迹象，转动电动机转轴，看转动是否灵活，有无摩擦声或其他异声。

（5）检查电动机接地装置是否良好。

（6）检查电动机的启动设备是否完好，操作是否正常；电动机所带的负载是否良好。

2. 异步电动机启动中的注意事项

（1）电动机在通电运行时必须提醒在场人员，不要站在电动机及被拖动设备的两侧，以免旋转物切向飞出造成伤害事故。

（2）接通电源之前就应做好切断电源的准备，以防万一接通电源后电动机出现不正常的情况（如电动机不能启动、启动缓慢、出现异常声音等）时能立即切断电源。

（3）笼型异步电动机采用全压启动时，启动次数不宜过于频繁，尤其是电动机功率较大时要随时注意电动机的温升情况。

（4）绕线式电动机在接通电源前，应检查启动器的操作手柄是不是已经在“零”位，若不是则应先置于“零”位。接通电源后再逐渐转动手柄，随着电动机转速的提高而逐渐切除启动电阻。

3. 三相异步电动机运行中的监视与维护

（1）电动机在运行时，要通过听、看、闻、摸等手段及时监视电动机的运行状况，以便当电动机出现不正常现象时能及时切断电源，排除故障。具体情况如下：

听——电动机在运行时发出的声音是否正常。电动机正常运行时，发出的声音应该是平稳、轻快、均匀、有节奏的。如果出现尖叫、沉闷、摩擦、撞击、振动等异常声音时，应立即停机检查，如图 4-3-8 所示。

看——电动机的振动情况，传动装置传动应流畅。

闻——注意电动机在运行中是否发出焦臭味，若有，说明电动机温度过高，应立即停机检查原因。

摸——电动机停机以后，可触摸电动机。若烫手，说明电动机过热。

（2）通过多种渠道经常检查、监视电动机的温度，检查电动机的通风是否良好，如图 4-3-9 所示。

图 4-3-8　听电动机运行时的声音

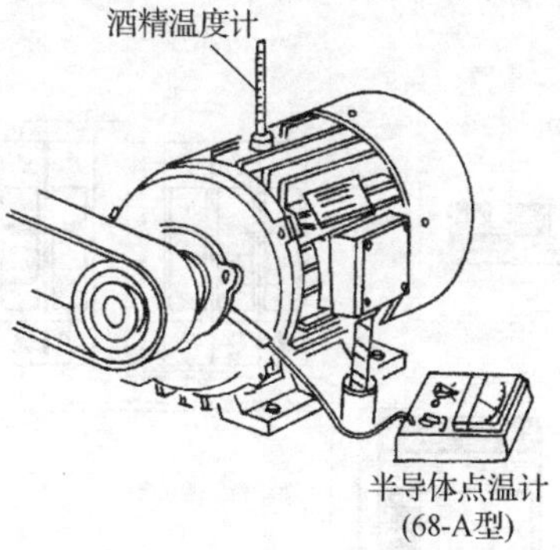

图 4-3-9　监视电动机的温度

（3）要保持电动机的清洁，特别是接线端和绕组表面的清洁。

（4）要定期测量电动机的绝缘电阻，特别是电动机受潮时，若发现绝缘电阻过低，要及时进行干燥处理。

（5）对绕线式异步电动机，要经常注意电刷与集电环间火花是否过大，如火花过大，要及时做好清洁工作，并进行检修。

任务实施

一、任务准备

实施本任务教学所使用的实训设备及工具材料可参考表 4-3-5。

表 4-3-5　实训设备及工具材料

序号	分类	名称	型号规格	数量	单位	备注
1	工具仪表	电工常用工具		1	套	
2		万用表	MF47 型	1	块	
3		兆欧表	500V	1	块	
4		钳形电流表		1	块	
5	设备器材	低压断路器	DZ5-20/330	1	只	
6		三相异步电动机	自定	1	台	
7		接触器	CJ10-20，380V，20 A	3	只	
8		熔断器 FU_1	RL1-60/25，380V，60A，熔体配 25A	3	套	
9		熔断器 FU_2	RL1-15/2，380V，15A，熔体配 2A	2	套	
10		热继电器	JR16-20/3，3 极，20A	1	只	
11		按钮	LA10-3H	1	只	
12		时间继电器	JS20 或 JS7-4A	1	只	
13		多股软线	BVR2.5	若干	米	

二、三相异步电动机的启动试验

1. 三相异步电动机直接启动试验

（1）了解三相异步电动机的铭牌数据，明确电动机的额定值、接线方法和使用条件。

（2）按图 4-3-10 所示三相异步电动机直接启动控制的电气原理图接线。

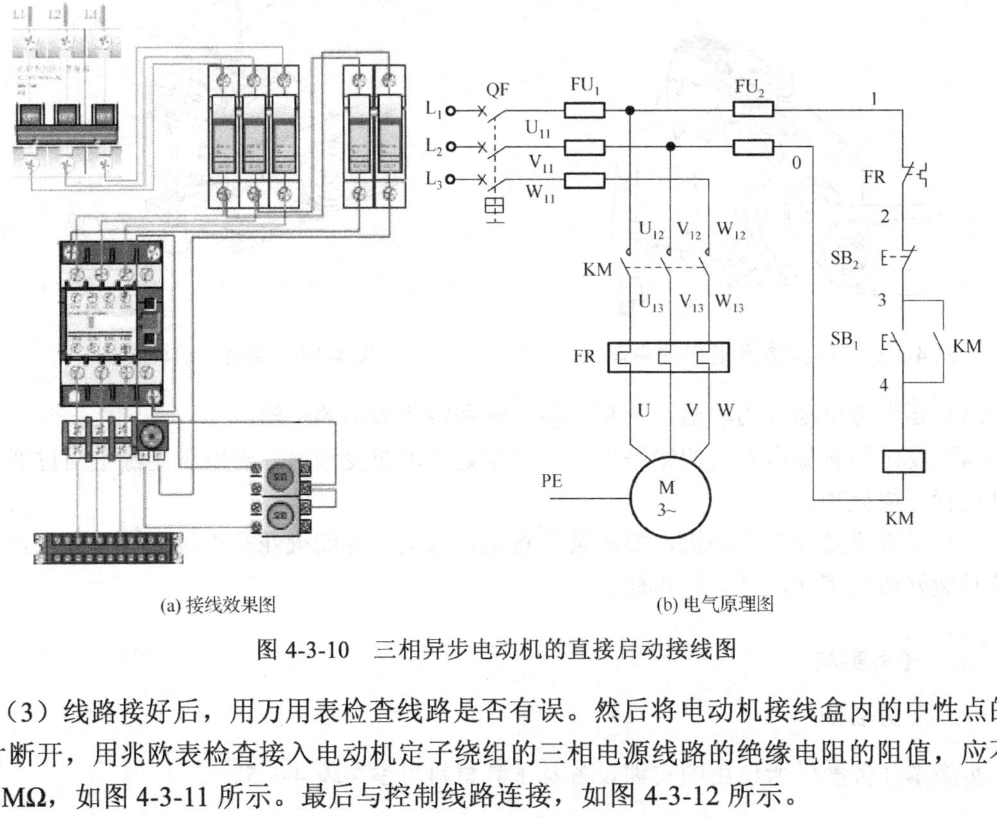

(a) 接线效果图　　(b) 电气原理图

图 4-3-10　三相异步电动机的直接启动接线图

（3）线路接好后，用万用表检查线路是否有误。然后将电动机接线盒内的中性点的连接片断开，用兆欧表检查接入电动机定子绕组的三相电源线路的绝缘电阻的阻值，应不小于 2MΩ，如图 4-3-11 所示。最后与控制线路连接，如图 4-3-12 所示。

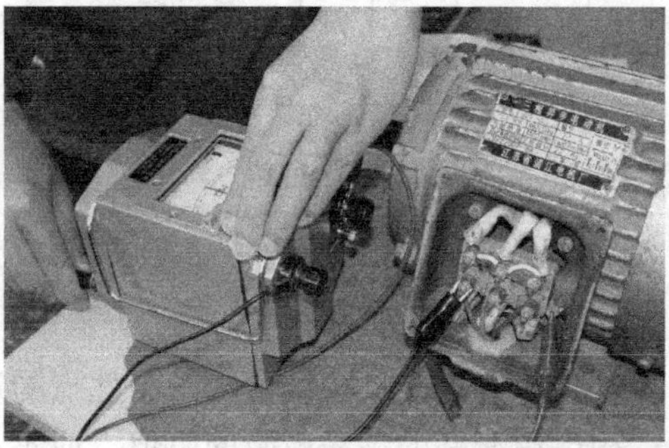

图 4-3-11　用兆欧表测量电动机绝缘电阻

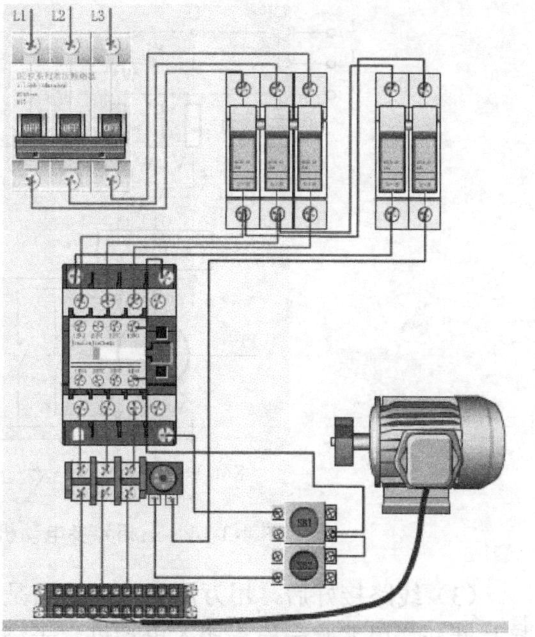

图 4-3-12　三相异步电动机的直接启动安装效果图

（4）通电测试。

① 合上电源开关 QF，然后按下启动按钮 SB_1，电动机通电直接启动，用钳形电流表观察记录启动瞬间启动电流的大小，如图 4-3-13 所示。

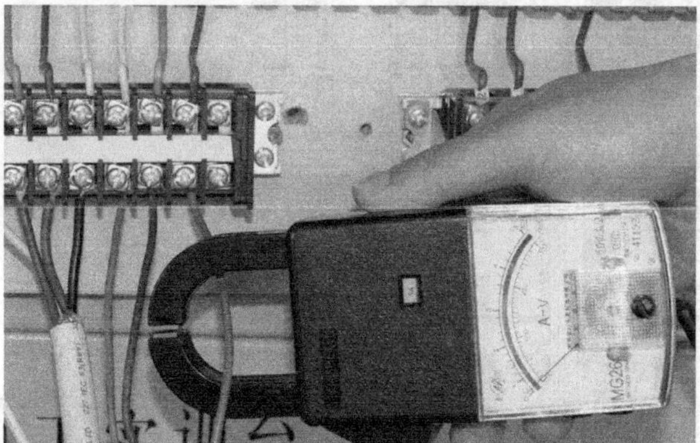

图 4-3-13　三相异步电动机的直接启动电流测试

② 重复测量启动电流两次，并记录启动电流的大小。取三次直接启动电流的平均值作为电动机的直接启动电流。

③ 通电试车完毕后，应切断电源，然后先拆除三相电源线，再拆除电动机线。

2. 三相异步电动机 Y–△降压启动试验

（1）了解三相异步电动机的铭牌数据，明确电动机的额定值、接线方法和使用条件。

（2）按图 4-3-14 所示三相异步电动机 Y–△降压启动电气控制的电气原理图接线。

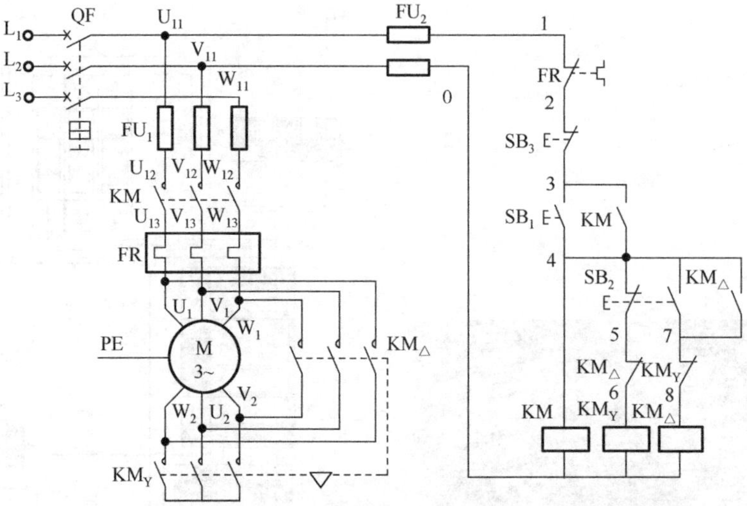

图 4-3-14　三相异步电动机 Y–△降压启动电气控制线路

（3）线路接好后，用万用表检查线路是否有误。然后将电动机接线盒内的中性点的连接片断开，用兆欧表检查接入电动机定子绕组的三相电源线路的绝缘电阻的阻值，应不小于 2MΩ，最后与控制线路连接，如图 4-3-15 所示。

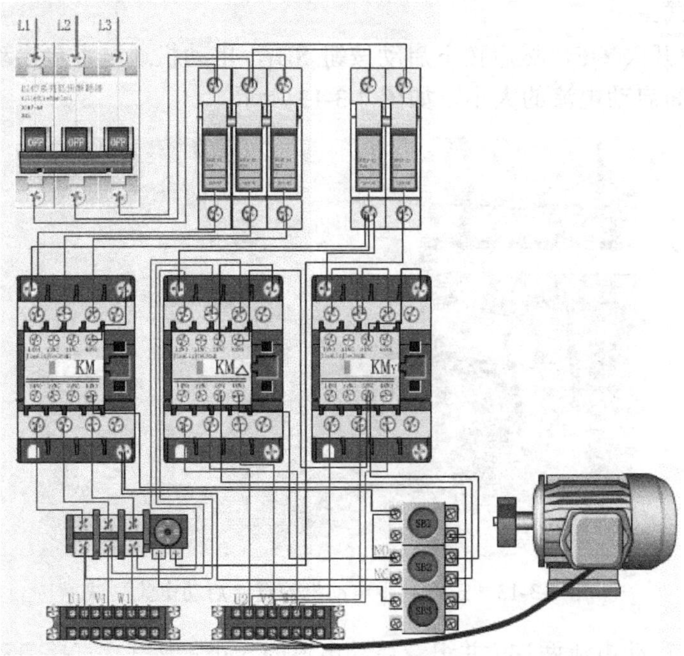

图 4-3-15　三相异步电动机 Y–△降压启动控制线路安装效果图

（4）通电测试。

① 合上电源开关 QF，然后按下启动按钮 SB_1，电动机接成 Y 形降压启动。用钳形电流表观察记录启动瞬间启动电流的大小，连续测量三次启动电流并计算平均值。

② 比较电动机接成 Y 形启动和前面测试的△形直接启动时的启动电流的大小，并通过数值比较，验证电动机接成 Y 形启动和△形启动时启动电流的关系。

③ 通电试车完毕后，应切断电源，然后先拆除三相电源线，再拆除电动机线。

提示

（1）再次启动前必须让电动机完全停止转动，否则测量值会偏小。

（2）启动电流测量时间很短，读数应迅速准确。

（3）实验时启动次数不宜过多。

（4）遇异常情况时，应迅速断开电源开关，处理故障后再继续试验。

三、三相异步电动机的反转试验

1. 接线

按图 4-3-6 所示的电气原理图接线，接好后的效果图如图 4-3-16 所示。

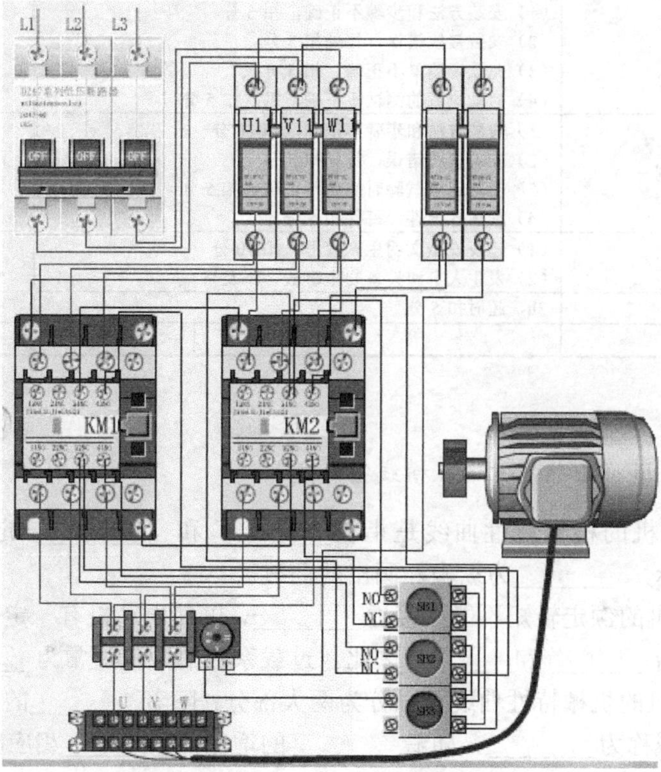

图 4-3-16 三相异步电动机正反转控制线路安装效果图

2. 通电测试

（1）合上电源开关 QF，然后按下正转启动按钮 SB_1，KM_1 线圈得电，电动机三相电源按正相序接通，观察电动机转子的旋转方向。

（2）按下停止按钮 SB_3，KM_1 线圈失电。等电动机完全停稳后，按下反转按钮 SB_2，KM_2 线圈得电，电动机三相电源按逆相序接通，观察电动机转子的旋转方向。

（3）通电试车完毕后，应切断电源，然后先拆除三相电源线，再拆除电动机线。

（4）总结三相异步电动机反转的方法。

检查评议

对任务实施的完成情况进行检查，并将结果填入表 4-3-6 的评分表内。

表 4-3-6 任务测评表

步骤	内容	评分标准	配分	得分
1	使用前的检查	（1）操作前未将所需工具准备好，扣 5 分 （2）操作前未将所需仪器及材料准备好，扣 5 分 （3）操作前未检查工具、仪表，扣 5 分 （4）操作前未检查电动机，扣 5 分	10	
2	直接启动	（1）安装方法和步骤不正确，扣 5 分 （2）安装接线错误，每处扣 5 分 （3）兆欧表测量不正确，扣 5 分 （4）启动电流的测试不正确，每次扣 5 分	20	
3	降压启动	（1）安装方法和步骤不正确，扣 5 分 （2）安装接线错误，每处扣 5 分 （3）兆欧表测量不正确，扣 5 分 （4）启动电流的测试不正确，每次扣 5 分	30	
4	正反转控制	（1）安装方法和步骤不正确，扣 10 分 （2）安装接线错误，每处扣 5 分 （3）反转通电试验时操作不正确，扣 5 分 （4）损坏零部件，每件扣 5 分	30	
5	安全文明生产	（1）违反安全文明生产规程，扣 10 分 （2）发生人身和设备安全事故，不及格	10	
6	定额时间	2h，超时扣 5 分		
7	备注	合计	100	

巩固与提高

一、填空题（请将正确答案填在横线空白处）

1．异步电动机的机械特性曲线是指在________和________一定时，以电动机的________为横坐标，________为纵坐标画出的曲线。

2．异步电动机的额定转矩不能太接近________，以使电动机有一定的________，电动机的过载系数是指________和________之比。过载系数的数值通常为________。

3．异步电动机的机械特性曲线可以分为两大部分：随着________的增加，________相应增加，这一区域称为________；随着________的增加，________相应减少，这一区域称为________。

4．三相异步电动机运行中要通过________、________、________和________等方式随时监视电动机。

5．三相笼型异步电动机的降压启动包括________、________、________、________等。

6．三相笼型异步电动机的调速方法包括________、________、________等。

7．三相笼型异步电动机的电气制动方法包括________、________、________等。

二、判断题（正确的在括号内打“√”，错误的打“×”）

1．三相异步电动机在机械特性曲线的稳定区运行时，当负载转矩减小时，电动机的转速有所增加，电流及电磁转矩将减小。（　）

2. 风机型负载在转速增大时，负载转矩也增大，因此能在异步电动机机械特性的不稳定区域运行。（ ）

3. 转子串电阻调速适用于笼型异步电动机。（ ）

三、选择题（将正确答案的字母填入括号中）

1. 由转矩特性分析可知，电动机临界转差率 $S_m = R_2/X_{02}$，为了增加启动转矩，希望转子回路电阻 R_2（ ）。

A. 越大越好　　B. 越小越好　　C. 等于 X_{02}

2. 三相异步电动机要保持稳定运行，则其转差率 S 应该（ ）。

A. 小于临界转差率　　B. 等于临界转差率　　C. 大于临界转差率

3. 用改变电源电压的方法来调节异步电动机的转速主要用于（ ）。

A. 带恒转矩负载的笼型异步电动机

B. 带风机型负载的笼型异步电动机

C. 变极调速的异步电动机

四、计算题

Y-160M1-2 型三相异步电动机额定功率 $P_N = 1.1\text{kW}$，额定转速 $n_N = 2930\text{r/min}$，$\lambda = 2.2$，启动转矩倍数 2.0，求额定转矩 T_N，最大转矩 T_m，启动转矩 T_{st}。

五、技能题

根据某一控制要求（如要求实现正反转控制、降压启动控制或能耗制动控制等），安装一台三相异步电动机，并调试运行。

任务 4 三相异步电动机的检修

学习目标

知识目标：

了解三相异步电动机的常见故障及维修方法。

能力目标：

会进行三相异步电动机常见故障的检修。

工作任务

三相异步电动机在使用过程中经常会出现各种故障，按照故障性质可分为机械故障和电气故障两类。机械故障如轴承、铁芯、风叶、机座、转轴等的故障，一般比较容易观察与发现。电气故障主要是定子绕组、转子绕组、电刷等导电部分出现的故障。无论电动机出现机械故障还是电气故障都会对电动机的正常运行带来影响，因此，如何通过电动机在运行中出现的各种异常现象来进行分析，从而找到电动机的故障部位与故障点，是处理电动机故障的关键，也是衡量操作者技术熟练程度的重要标志。由于电动机的结构形式、制造质量、使用和维护情况的不同，往往同一种故障可能有不同的外观现象，或同一外观现象由不同的故障原因引起。因此要正确判断故障，必须先进行认真细致的研究、观察和分析，然后进行检查与测量，找出故障所在，并采取相应的措施予以排除。

本任务的主要内容是通过对电动机定子绕组与转子绕组常见故障的检修训练，掌握根据故障现象检修排除电动机常见故障的方法。

相关理论

三相异步电动机的常见故障主要有定子绕组接地、定子绕组短路、定子绕组断路、转子导条断裂等。如果三相异步电动机定子绕组发生故障，会造成电动机不能正常运转或完全不能运行，甚至烧毁。如果转子导条断裂，会使电动机启动困难，带不动负载；运行中的电动机转速变慢；定子电流时大时小；电流表指针呈周期性摆动；电动机过热；机身振动等，还可能产生周期性的“嗡嗡”声。

检查电动机故障的一般步骤是：调查→查看故障现象→分析故障原因→排除故障。

一、调查

首先了解电动机的型号、规格、使用条件及使用年限，以及电动机在发生故障前的运行情况，如所带负载的大小、温升高低、有无不正常的声音、操作使用情况等，并认真听取操作人员的反映。

二、查看故障现象

查看的方法要按照电动机故障情况灵活掌握，有时可以把电动机接上电源进行短时运转，直接观察故障情况，再进行分析研究。有时电动机不能接上电源，需通过仪表测量或观察来进行分析判断，然后再把电动机拆开，测量并仔细观察其内部情况，找出故障所在。

三、分析故障原因

三相异步电动机常见故障现象及产生故障的可能原因见表 4-4-1。

表 4-4-1　三相异步电动机常见故障现象及原因分析

序号	故障现象	产生故障的可能原因
1	电源接通后电动机不转	（1）定子绕组接线错误 （2）定子绕组断路、短路或接地，绕线式电动机转子绕组断路 （3）负载过重或传动机构卡阻 （4）绕线式电动机转子回路断开 （5）电源电压过低
2	电动机温升过高或冒烟	（1）负载过重或启动过于频繁 （2）三相异步电动机断相运行 （3）定子绕组接线错误 （4）定子绕组接地或匝间、相间短路 （5）笼型电动机转子断条 （6）绕线式电动机转子绕组断相运行 （7）定子、转子相擦 （8）通风不良 （9）电源电压过高或过低

续表

序号	故障现象	产生故障的可能原因
3	电动机振动	(1) 转子不平衡 (2) 带轮不平衡或轴身弯曲 (3) 电动机或负载轴线不对 (4) 电动机安装不良 (5) 负载突然过重
4	运行时有异声	(1) 定子、转子相擦 (2) 轴承损坏或润滑不良 (3) 电动机两相运行 (4) 风叶碰机壳
5	电动机带负载时转速过低	(1) 电源电压过低 (2) 负载过大 (3) 笼型异步电动机转子断条 (4) 绕线式电动机转子绕组一相接触不良或断开
6	电动机外壳带电	(1) 接地不良或接地电阻太大 (2) 绕组受潮 (3) 绝缘有损坏，有脏物或引出线碰壳

任务实施

一、任务准备

实施本任务教学所使用的实训设备及工具材料可参考表 4-4-2。

表 4-4-2 实训设备及工具材料

序号	分类	名称	型号规格	数量	单位	备注
1	工具仪表	电工常用工具		1	套	
2		万用表	MF47 型	1	块	
3		钳形电流表	T301–A 型	1	块	
4		兆欧表	5050 型	1	块	
5		电桥		1	台	
6		转速表		1	块	
7		电动机拆卸工具		1	套	
8		短路侦察器		1	只	
9		小磁针		1	只	
10	设备器材	三相闸刀开关		1	个	
11		三相异步电动机		1	台	
12		煤油		若干	千克	
13		汽油		若干	千克	
14		刷子		2	把	
15		绝缘胶布		1	卷	

二、定子绕组故障的检修

1. 定子绕组断路故障的检修

(1) 检查方法。

① 将万用表置于R×1或R×10挡，并校零。

② 对于 Y 形接法电动机，可用万用表的一支表笔搭接在星点上，而另一支表笔依次接在三相绕组首端，若测得的电阻为无穷大，则说明被测相断路，如图 4-4-1(a)所示。

③ 对△形接法的电动机，应先把三相绕组拆开，然后分别测量三相绕组的直流电阻，电阻为无穷大的一相则为断路，如图 4-4-1(b)所示。

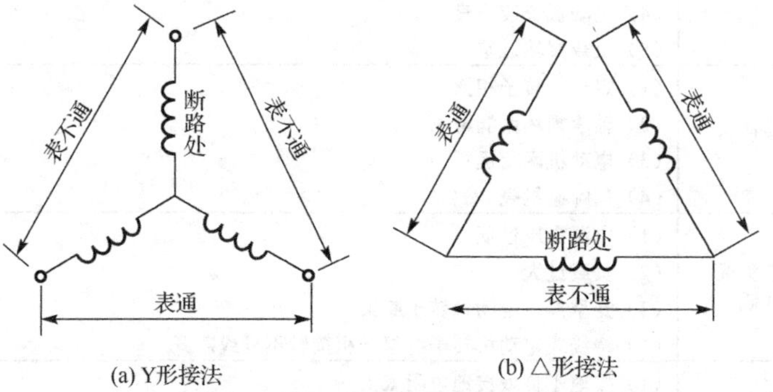

图 4-4-1　检查定子绕组是否断路

（2）修理方法。

① 局部补修。若断路点在端部、接头处，可将其重新接好焊好，包好绝缘并刷漆即可。如果原导线不够长，可加一小段同线径导线绞接再焊接。

② 更换绕组或穿绕修补。定子绕组发生故障后，若经检查发现仅个别线圈损坏需要更换，为了避免将其他的线圈从槽内翻起而受损，可以用穿绕法修补。穿绕时先将绕组加热到 80～100℃，使绕组的绝缘软化，然后把损坏线圈的槽楔敲出，并把损坏线圈的两端剪断，将导线从槽内逐根抽出。原来的槽绝缘可以不动，另外用一层 6520 聚酯薄绝缘纸卷成圆筒，塞进槽内。然后把与原来的导线规格、型号相同的导线，一根一根地在槽内来回穿绕到尽量接近原来的匝数。最后按原来的接线方式接好线、焊好之后，进行浸漆干燥处理，如图 4-4-2 所示。

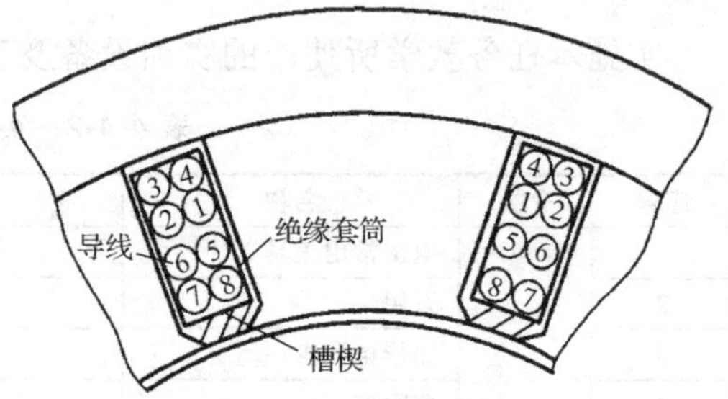

图 4-4-2　穿绕修补

2．定子绕组短路故障的检修

（1）检查方法。

① 用电桥检查。用电桥测量各相绕组的直流电阻，阻值较小的一相可能有匝间短路。

② 用兆欧表检查。用兆欧表分别测量任意两相绕组之间的绝缘电阻，若绝缘电阻很小或等于零，说明绕组相间短路。

③ 用短路侦察器检查。如图 4-4-3 所示，将短路侦察器加上励磁电压后，逐槽移动，若经过某一槽口时，电流明显增大，说明该槽有匝间短路。

（2）修理方法。

绕组匝间短路故障一般事先不易发现，往往均是在绕组烧损后才知道，因此遇到这类故障往往需视故障情况，全部或部分更换绕组。

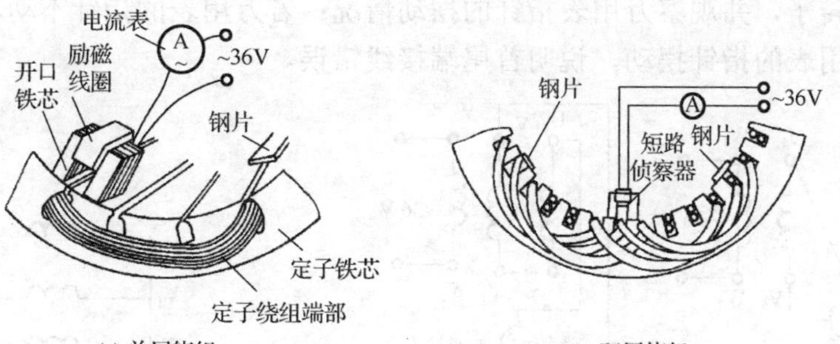

图 4-4-3　短路侦察器查找短路线圈

3．定子绕组接地故障的检修

（1）检查方法。

① 用兆欧表检查。若用兆欧表测出每相绕组对地绝缘电阻小于 0.5MΩ 或等于零，说明该相绕组对地绝缘性能不好或接地。

② 用校验灯检查。如图 4-4-4 所示，若灯泡发亮，说明绕组接地。

（2）修理方法。若槽口处接地，填塞新的绝缘材料，涂漆烘干；若槽内部接地，更换绕组或穿绕修补；若受潮，烘干即可。

4．定子绕组接错与嵌反故障的检修

（1）内部接线错误的检查方法。首先拆开电动机，取出转子，将 3～6V 直流电压通入某相绕组，用指南针逐槽移动，如绕组接线正确，则指南针顺次经过每一极相组时，就南北交替变化，如图 4-4-5 所示。如果指南针经过相邻极相组时，指向相同，表示极相组接错。如果指南针经过同一极相组时，南北交替变化，则极相组有个别线圈嵌反。

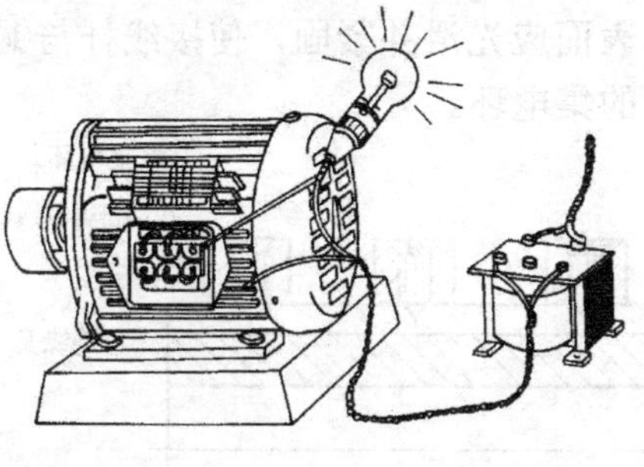

图 4-4-4　校验灯查找绕组接地

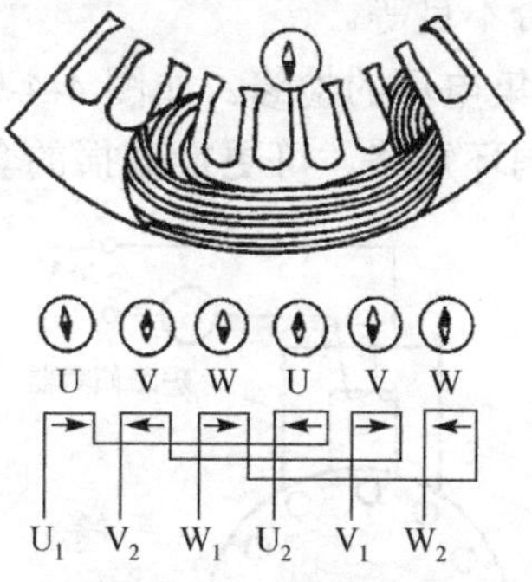

图 4-4-5　指南针检查绕组内部接线错误或嵌反

（2）绕组首尾接反检查方法。

① 低压交流电源法。首先用万用表查明每相绕组的两个出线端，然后把其中任意两相绕组串联后与电压表（或万用表的交流电压挡）连接，第三相绕组与 36V 交流电源接通，如图 4-4-6 所示。若电压表有读数，则是首尾相连；若电压表没有读数，则是尾尾相连。

② 万用表法。首先将万用表的量程选到直流毫安挡，然后按图 4-4-7 接线。接着用手

转动电动机的转子，并观察万用表指针的摆动情况；若万用表的指针不动，说明首尾端接线正确；若万用表的指针摆动，说明首尾端接线错误。

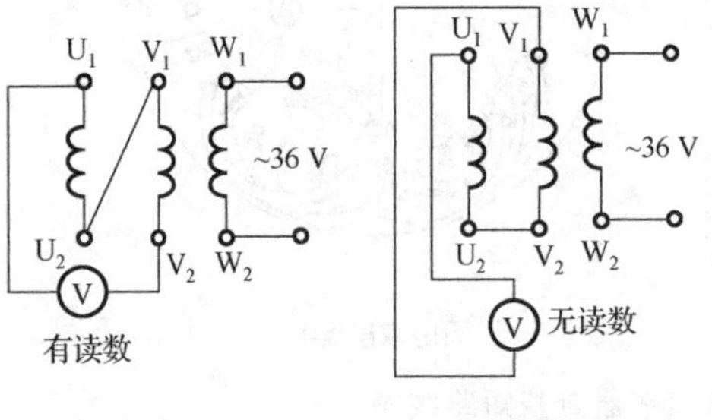

图 4-4-6　低压交流电源法检查绕组首尾端

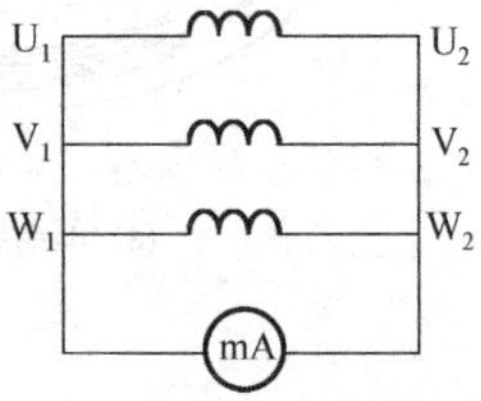

图 4-4-7　万用表法检查绕组首尾端

（3）修理方法。对内部接线错误，对照绕组展开图和接线图逐相检查，找出错误后，纠正接线；对绕组首尾接反，找出接错相绕组后，纠正接线。

三、电动机转子绕组的故障检修

1．笼型转子断条故障的检修

（1）检查方法。如图 4-4-8 所示，将短路侦察器加上励磁电压后，逐槽移动，若经过某一槽口时，电流有明显下降，则该处导条断裂。

（2）修理方法。转子断条一般较难修理，通常需要更换转子。

2．绕线式转子故障的检修

绕线式转子绕组断路、短路、接地故障的检修与定子绕组故障检修方法相同。

对于集电环、电刷、举刷和短路装置，检查其接触是否良好，变阻器有无断路，引线接触是否不良等。

① 集电环的检修。如图 4-4-9 所示，铜环表面应光滑并紧固，使接线杆与铜环接触良好。对铜环短路，可更换破损的套管或更换新的集电环。

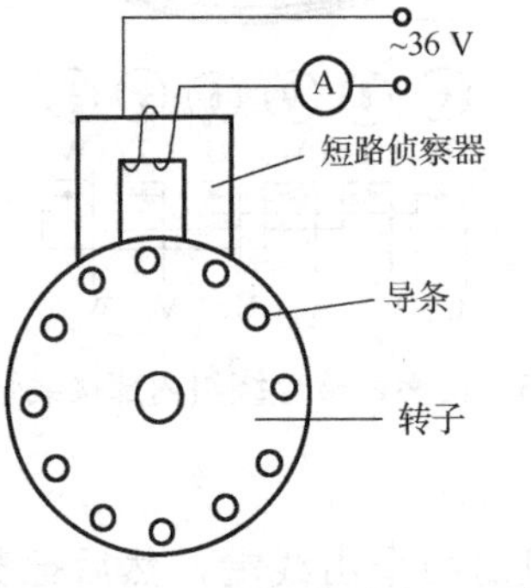

图 4-4-8　短路侦察器检查转子断条

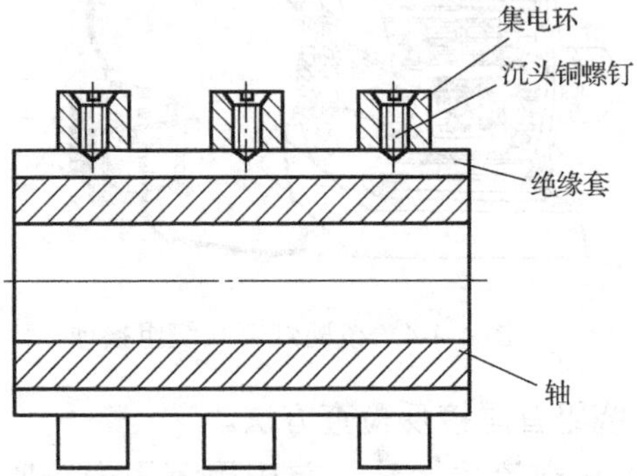

图 4-4-9　检修集电环

② 电刷的检修。调节电刷的压力到合适大小，研磨电刷使之与集电环接触良好或更换同型号的电刷，如图 4-4-10 所示。

如电刷的引线断了，可采用锡焊、铆接或螺钉连接、铜粉塞填法接好，如图 4-4-11 所示。

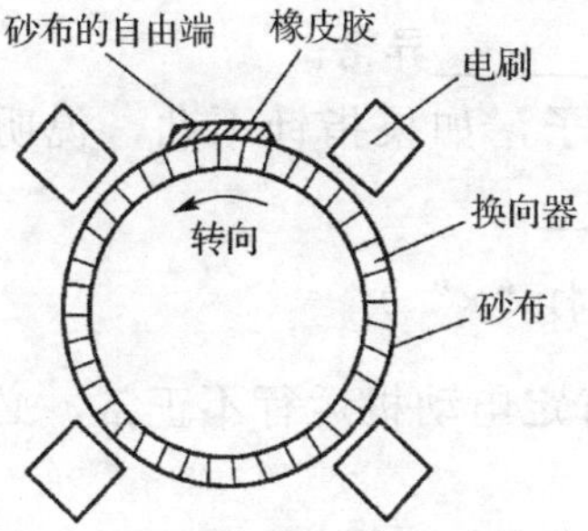

图 4-4-10 研磨电刷

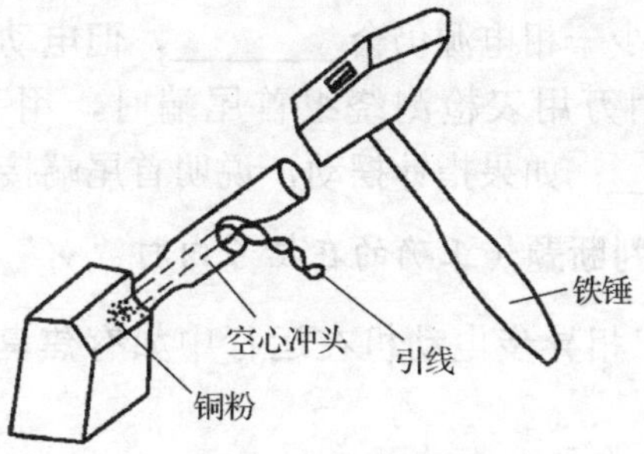

图 4-4-11 铜粉塞填法

③ 举刷和短路装置的检修。手柄未扳到位时，排除卡阻和更换新的键滑或触头；电刷举、落不到位时，排除机械卡阻故障。

提示

1. 用划线板撬动绕组端部时，不能损坏绕组绝缘。
2. 焊接时，锡焊点要光滑，锡焊不能掉入绕组内。
3. 用短路侦察器时，应先将其铁芯放在定子铁芯上，再接通励磁电压。
4. 检查时，一定要断开交流电源。
5. 故障排除后，要通电检查，看故障处理是否符合要求。

检查评议

对任务实施的完成情况进行检查，并将结果填入表 4-4-3 的评分表内。

表 4-4-3 任务测评表

序号	内容	评分标准		配分	得分
1	检修前的检查	（1）操作前未将所需工具准备好，扣 5 分 （2）操作前未将所需仪器及材料准备好，扣 5 分 （3）操作前未检查工具、仪表，扣 5 分 （4）操作前未检查电动机，扣 5 分		10	
2	定子绕组的故障检修	（1）未能根据故障现象进行故障分析，扣 10 分 （2）维修方法及步骤不正确，一次扣 10 分 （3）工具和仪表使用不正确，每次扣 5 分		40	
3	转子绕组的故障检修	（1）未能根据故障现象进行故障分析，扣 10 分 （2）维修方法及步骤不正确，一次扣 10 分 （3）工具和仪表使用不正确，每次扣 5 分		40	
4	安全文明生产	（1）违反安全文明生产规程，扣 10 分 （2）发生人身和设备安全事故，不及格		10	
5	定额时间	2h，超时扣 5 分			
6	备注		合计	100	

巩固与提高

一、填空题（请将正确答案填在横线空白处）

1. 电源缺相的三相异步电动机，因为没有________不能自行启动运转；运行中的电动机如果缺少一相电源仍会________，但电动机发出________异常。

2．用万用表检测绕组首尾端时，用手转动转子，如果指针不动，说明首尾端接线________；如果指针摆动，说明首尾端接线________。

二、判断题（正确的在括号内打“✓”，错误的打“×”）

1．三相异步电动机在运行中如有焦臭味，则肯定电动机运行不正常，必须迅速停机检查。（　）

2．新购进的三相异步电动机只要用手拨动转轴，如转动灵活就可通电运行。（　）

三、选择题（将正确答案的字母填入括号中）

1．三相异步电动机在运行时出现一相电源断电，对电动机带来的影响主要是（　）。

A．电动机立即停转

B．电动机转速降低，温度升高

C．电动机出现振动及异声

D．仔细观察发现电动机转速降低，温度升高，而且出现振动及异声

2．三相异步电动机某相定子绕组出线端有一处对地绝缘损坏，给电动机带来的故障是（　）。

A．电动机停转　B．电动机温度过高而冒烟　C．电动机外壳带电

3．变压器短路试验的目的之一是测定（　）。

A．短路电压　B．励磁阻抗　C．铁损耗　D．不确定功率因数

四、问答题

1．三相异步电动机运行中，一相电源突然断开，会发生什么现象？如何防止这种故障发生？

2．如发现三相异步电动机通电后不转，首先应怎么办？其原因可能有哪些？如何检查？

五、技能题

某三相异步电动机通电后不转，试分析故障原因并进行检修。

项目 5 单相异步电动机的使用与维护

单相异步电动机是利用单相交流电源供电的一种小容量交流电机。它具有结构简单、成本低廉、运行可靠、维修方便等优点，以及可以直接在单相 220V 交流电源上使用的特点，被广泛应用于家用电器（如洗衣机、台扇、吊扇、空调、电冰箱、小型鼓风机等）、电动工具（如手电钻、砂轮机）、医疗器械等方面。

任务 1 认识单相异步电动机

学习目标

知识目标：

1. 掌握单相异步电动机的基本结构、分类和用途。
2. 熟悉单相异步电动机的铭牌参数。

能力目标：

能独立完成单相异步电动机的拆装。

工作任务

单相异步电动机在实际生产和生活中的应用非常广泛，但与同容量的三相异步电动机相比较，体积较大，运行性能较差，效率较低。因此，一般只制成小型和微型系列，容量一般在 1kW 之内，主要用于驱动小型机床、离心机、压缩机、泵、风扇、洗衣机、冷冻机等。单相异步电动机的实物如图 5-1-1 所示。

图 5-1-1 单相异步电动机

本任务的主要内容是通过对单相异步电动机的拆装，认识单相异步电动机的用途、分类及结构。

相关理论

一、单相异步电动机的分类

不同场合对电动机的要求差别甚大，因此就需要采用各种不同类型的电动机产品，以满足使用要求。通常根据电动机的启动和运行方式的特点，将单相异步电动机分为五种，详见表 5-1-1。

表 5-1-1　单相异步电动机的分类

序号	种类	电路图	结构特点	适用范围
1	单相电容运行式异步电动机	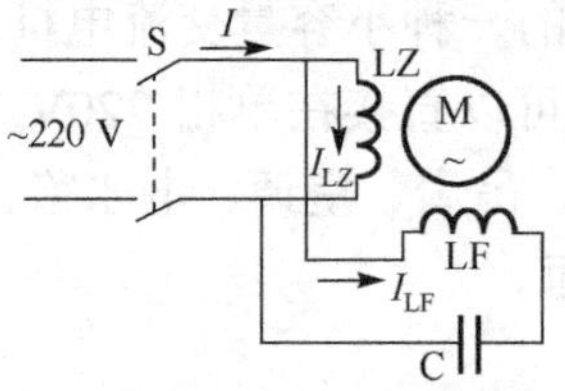	启动绕组与电容器串联后，再与工作绕组并联接在单相交流电源上	这种电动机常用于各种电扇、吸尘器等
2	单相电容启动式异步电动机	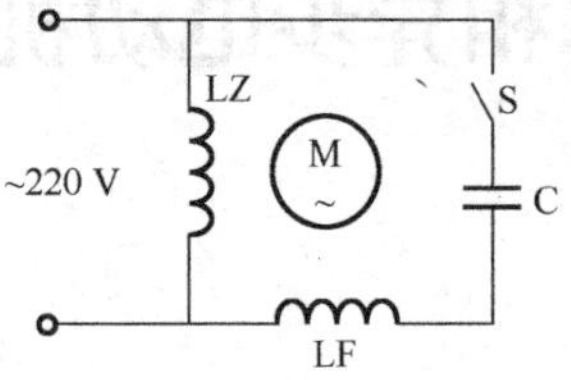	启动绕组与电容器、启动开关一起串联后，再与工作绕组并联接在单相交流电源上。电动机达到额定转速的 70%～80%后，启动开关可将二次绕组从电路中断开，起到保护该绕组的作用	这种电动机常用于小型空气压缩机、洗衣机、空调器等
3	单相电阻启动异步电动机	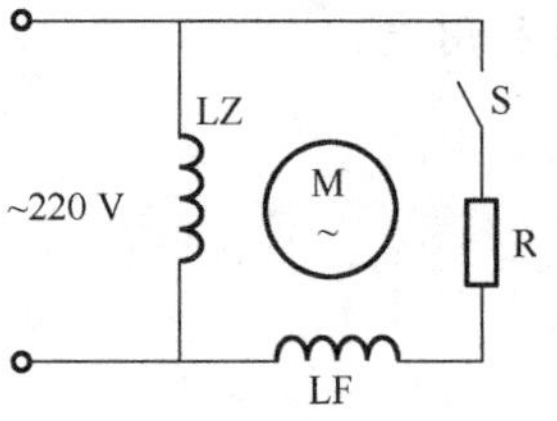	启动绕组与电阻、启动开关一起串联后，再与工作绕组并联接在单相交流电源上。目前广泛采用 PTC 元件替代电阻和启动开关	这种电动机常用于电冰箱、空调等的压缩机
4	单相双值电容异步电动机	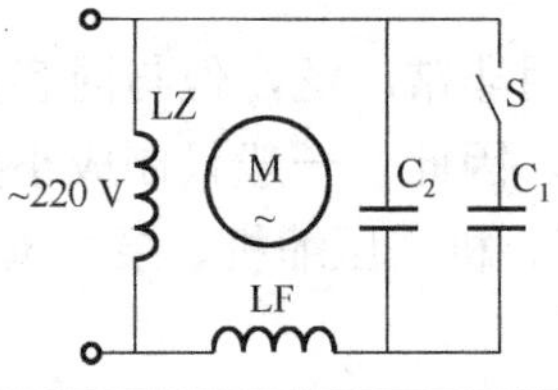	两只电容并联后与启动绕组串联，启动时两只电容都工作，转速达到额定转速的 70%～80%时，C_1 断开，C_2 工作	这种电动机有较大的启动转矩，广泛应用于小型机床设备
5	单相罩极式异步电动机	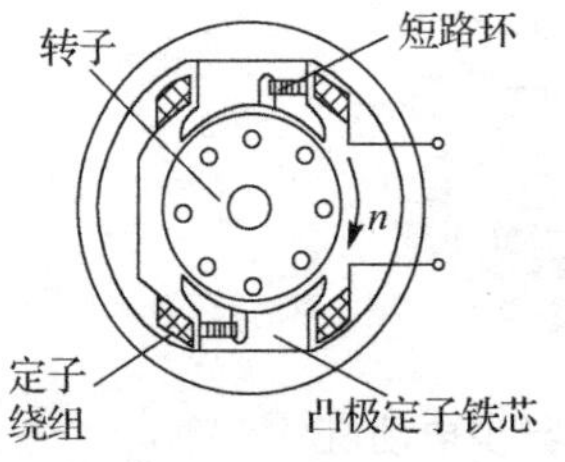	单相罩极式异步电动机是单相异步电动机中结构最简单的一种，具有坚固可靠、成本低廉、运行时噪声微弱以及干扰小等优点	它一般用于空载启动的小功率场合，如电扇、仪器用电动机、电动机模型及鼓风机等

二、单相异步电动机的结构

1. 普通单相异步电动机

普通单相异步电动机的结构与一般小型三相笼式异步电动机相似，如图 5-1-2 所示。

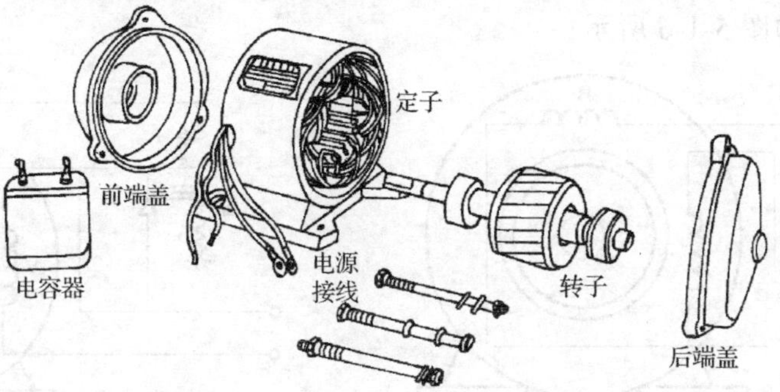

图 5-1-2 单相异步电动机的内部结构

（1）定子。单相异步电动机的定子包括定子铁芯、定子绕组和机座三大部分。

① 定子铁芯用薄硅钢片叠压而成。

② 定子绕组。定子铁芯槽内放置有两套绕组，一套是主绕组，也称工作绕组；另一套是副绕组，也称启动绕组。主、副绕组的轴线在空间相差 90° 电角度，如图 5-1-3 所示。

③ 机座。采用铸铁或铝铸造而成，它能固定铁芯和支撑端盖。

（2）转子。单相异步电动机的转子与三相笼型异步电动机的转子相同，采用笼型结构。

（3）其他附件。其他附件包括端盖、轴承、轴承端盖、风扇等。

（4）启动元件。启动元件是指电容器或电阻器。

（5）启动开关。

① 离心式开关。离心式开关是较常用的启动开关，离心式开关包括旋转部分和固定部分，旋转部分装在转轴上，固定部分由两个半圆形铜环组成，中间用绝缘材料隔开，装在电动机的前端盖内。当电动机转子静止或转速较低时，离心式开关的触头在弹簧的压力下处于接通位置；当电动机的转速达到额定转速的 70%～80%时，离心式开关中的重球产生的离心力大于弹簧的弹力，使动静触头断开。离心开关的结构示意图如图 5-1-4 所示。

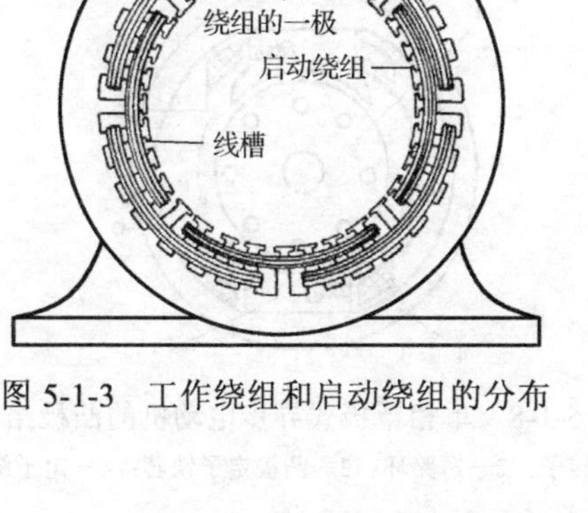

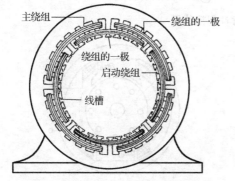

图 5-1-3 工作绕组和启动绕组的分布

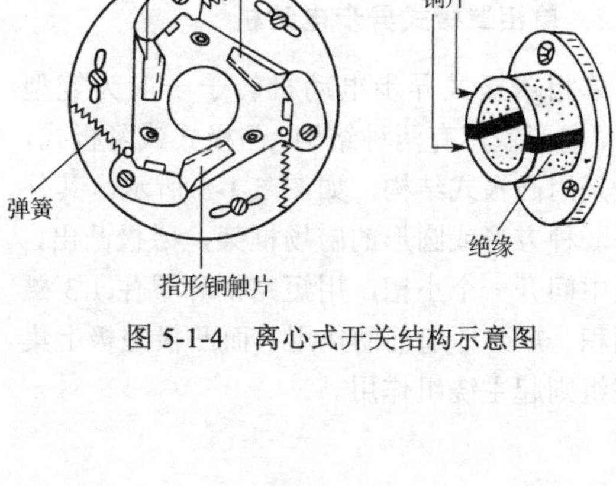

图 5-1-4 离心式开关结构示意图

② 启动继电器。电磁启动继电器主要用于专用电动机上，如冰箱压缩电动机等，有电流启动型和电压启动型两种类型。电流启动型的工作原理如图 5-1-5 所示，继电器的线圈与电动机的工作绕组串联。电动机启动时，工作绕组电流很大，继电器动作，触头闭合，接通启动绕组。随着转速上升，工作绕组电流不断减少，当电磁启动继电器的电磁引力小于继电器铁芯的重力及弹簧反作用力时，继电器复位，触头断开，切断启动绕组。电压启动型的工作原理如图 5-1-6 所示。

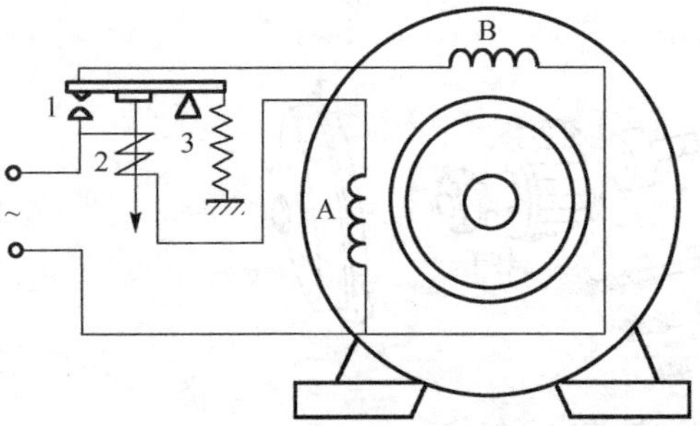

图 5-1-5　电流型启动继电器电动机启动电路图

1—触头；2—线圈；3—弹簧

A—工作绕组；B—启动绕组

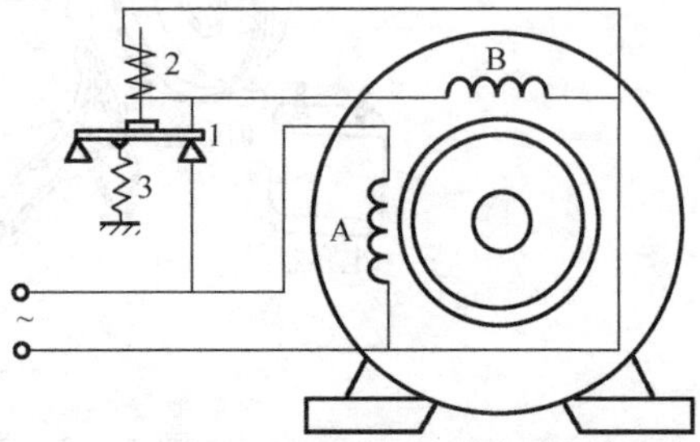

图 5-1-6　电压型启动继电器电动机启动电路图

1—触头；2—线圈；3—弹簧

A—工作绕组；B—启动绕组

③ PTC 元件。该元件是一种具有正温度系数的热敏电阻，从“通”至“断”的过程即为低阻态向高阻态转变的过程。一般电冰箱、空调压缩机用的 PTC 元件，体积只有贰分硬币大小。其优点是：无触点，无电弧，工作过程比较安全、可靠，安装方便，价格便宜。缺点是：不能连续启动，两次启动需间隔 3～5min。低阻时为几欧至几十欧，高阻时为几十千欧。PTC 元件的特性和接线图如图 5-1-7 所示。

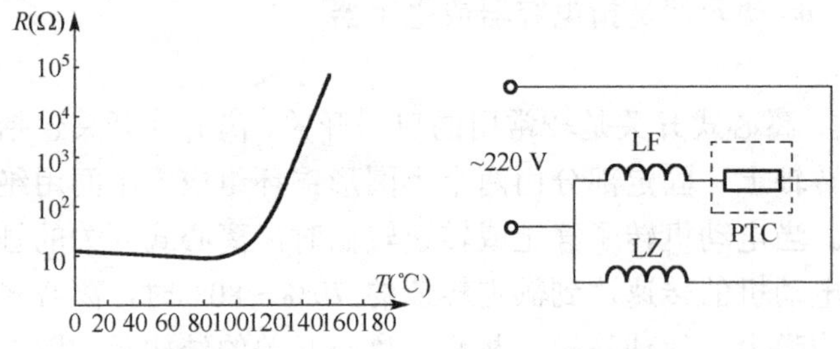

(a) PTC 元件的特性图　　(b) PTC 元件的接线图

图 5-1-7　PTC 元件特性和接线图

2. 单相罩极式异步电动机

单相罩极式异步电动机转子一般为笼型转子，定子铁芯有两种结构，凸极式或隐极式，一般采用凸极式结构，如图 5-1-8 所示。其外形是一种方形或圆形的磁场框架，磁极凸出，凸极中间开一个小槽，用短路铜环罩住 1/3 磁极面积。短路环起辅助作用，而凸极磁极上集中绕组则起主绕组作用。

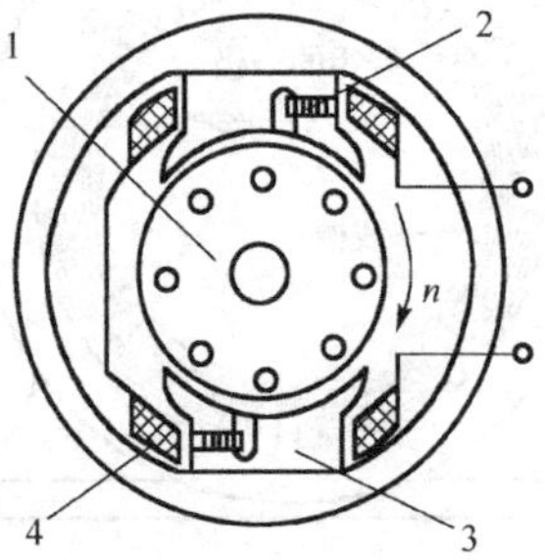

图 5-1-8　单相罩极式异步电动机的凸极结构

1—转子；2—短路环；3—凸极定子铁芯；4—定子绕组

三、单相异步电动机的铭牌参数

同其他电动机一样，每台单相异步电动机的机座上也都有一个铭牌，它标记着电动机的名称、型号、出厂编号、各种额定值等相关信息。

1．型号

型号指电动机的产品代号、规格代号、使用环境等。如：型号 YC290L-2 中，YC 表示电容启动式（YY—电容运行式，YU—电阻启动式，YL—双电容启动式，YJ—单相罩极式）；290 表示机座中心高度为 290mm；L 表示机座为长机座（S—短机座、M—中机座、L—长机座）；2 表示磁极数为 2 个。

2．额定电压

额定电压是指电动机在额定状态下运行时加在定子绕组上的电压，单位为 V。

3．额定频率

额定频率是指加在电动机上的交流电源的频率，单位为 Hz。

4．额定功率

额定功率是指单相异步电动机在额定运行时轴上输出的机械功率，单位为 W。

5．额定电流

在额定电压、额定功率和额定转速下运行的电动机，流过定子绕组的电流值，称为额定电流，单位为 A。电动机在长期运行时电流不允许超过额定电流值。

6．额定转速

电动机在额定状态下的转速称为额定转速，单位为 r/min。

任务实施

一、任务准备

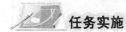

实施本任务教学所使用的实训设备及工具材料可参考表 5-1-2。

表 5-1-2　实训设备及工具材料

序号	分类	名称	型号规格	数量	单位	备注
1	工具仪表	电工常用工具		1	套	
2		外圆卡圈钳		1	把	
3		内圆卡圈钳		1	把	
4		自制扳手		1	把	
5		木锤		1	把	
6		铁锤		1	把	
7		拉拔器		1	个	
8		汽油喷灯		1	个	
9		铜棒		1	根	

续表

序号	分类	名称	型号规格	数量	单位	备注
10	工具仪表	万用表	MF47 型或 MF30 型	1	块	
11		钳形电流表	301-A	1	块	
12		转速表		1	块	
13		兆欧表	500V	1	块	
14	设备器材	单相异步电动机	自定	1	台	
15		低压断路器	DZ10-250/330	1	个	
16		多股软线	BVR2.5	若干	米	

二、单相异步电动机的拆卸

1．拆卸前准备

（1）必须断开电源，拆除电动机与外部电源的连接线，并做好标记。

（2）检查拆卸电动机的专用工具是否齐全。

（3）在带轮或联轴器的轴伸端做好定位标记，测量并记录联轴器或带轮与轴台间的距离。在电动机机座与端盖的接缝处做好标记。

2．拆卸单相双电容启动式异步电动机

具体拆卸步骤详见表 5-1-3。

表 5-1-3　单相双电容启动式异步电动机的拆卸

序号	步骤	图示	相关描述
1	拆卸带轮	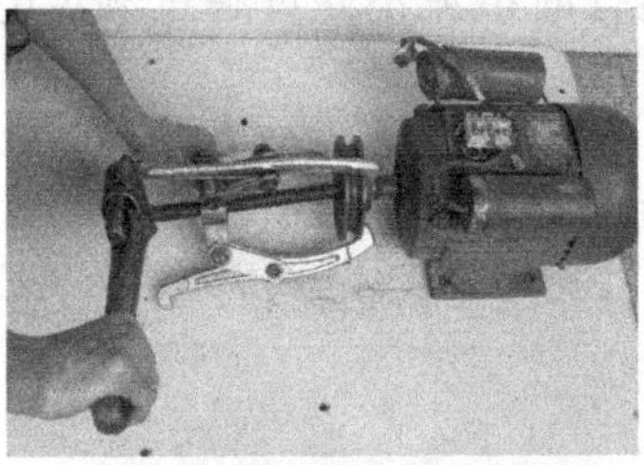	用拉具和扳手（或管钳）将皮带轮取下
2	取出键楔		用“一”字起子将键楔朝槽口方向撬起卸下
3	拆卸风扇防护罩		待风扇防护罩的四枚螺钉取下后将防护罩取下

续表

序号	步骤	图示	相关描述
4	拆卸风扇		在风扇套管上的螺钉松开取下后沿轴方向往外用力将风扇取下
5	拆卸后端盖与转子		用扳手将后端盖的四枚螺钉取下，然后用胶锤或木锤在前端盖处敲击转轴使后端盖松脱
6	取出后端盖与转子		待后端盖松脱后用双手握紧，小心地将后端盖连同转子取出。在此过程中要注意别碰到定子绕组，以免损伤绕组线圈
7	分离后端盖与转子		用胶锤均匀地敲击后端盖的周围使其从后轴承上脱落下来
8	拆卸完毕后的后端盖与转子		待后端盖和转子分离后认真地观察它们的结构，特别是结合相关理论知识观察转子导体结构。同时留意在前端轴承与鼠笼转子间有个离心重锤机构，它在转子速度达到一定程度后，靠重锤的离心力作用推开常闭的启动开关，将启动电容 C_2 断开
9	拆卸前端盖		待前端盖的四枚螺钉取下后将前端盖连同启动开关拆卸下来
10	研究启动开关的工作原理		启动开关与接线盒中 V_1、V_2 端子相连接，是常闭触点

续表

序号	步骤	图示	相关描述
11	测量工作绕组直流电阻	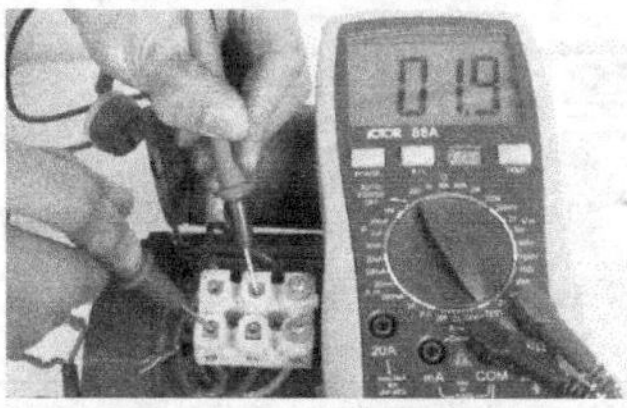	用万用表测量工作绕组的直流电阻（接线盒中 U_1 和 U_2 端子），图中测得工作绕组的直流电阻为 1.9Ω
12	测量启动绕组直流电阻	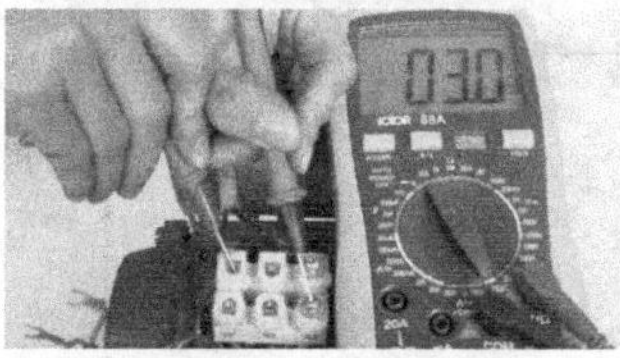	用万用表测量启动绕组的直流电阻（接线盒中 Z_1 和 Z_2 端子），图中测得工作绕组的直流电阻为 3.0Ω
13	测试启动开关	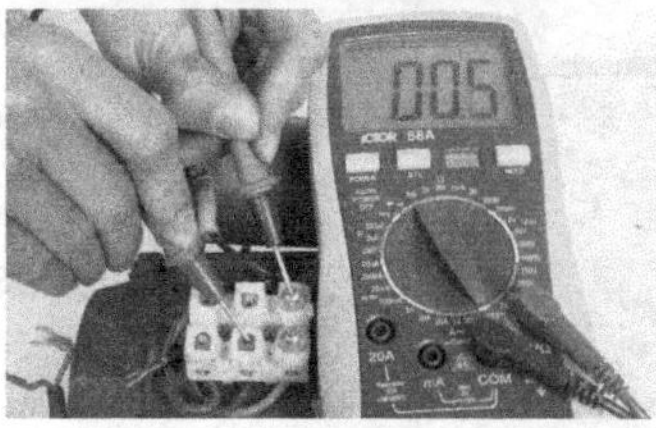	用万用表测试启动开关（接线盒中 V_1 和 V_2 端子），经测试启动开关是常闭触点
14	描绘原理图	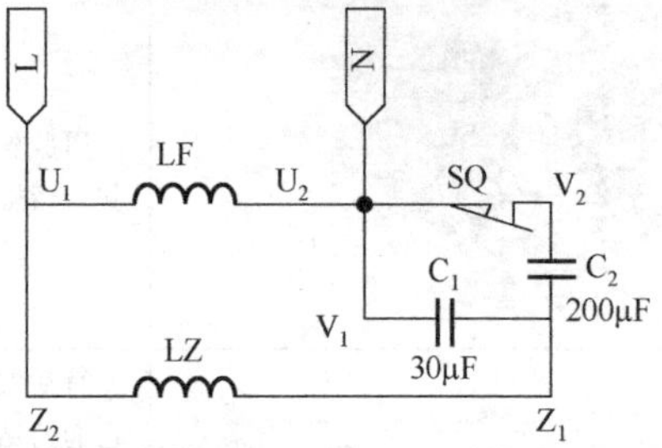	参照以上测量和铭牌上的标志内容，绘制出该电动机的电气原理图并进行工作原理分析，同时写出其工作原理

三、单相异步电动机的装配

将各零部件清洗干净，并检查完好后，按与拆卸相反的步骤进行装配。由于小功率电动机零部件小，结构刚性低，易变形，因此在装配操作受力不当时会使其失去原来精度，影响电动机装配质量，所以在装配时要合理使用工具，用力适当。在装配过程中尽量少用修理工具，如刮、砂、锉等操作。因为这些工具会将屑末带入电动机内部，影响电动机零部件的原有精度。单相异步电动机的装配步骤详见表 5-1-4。

表 5-1-4　单相异步电动机的装配步骤

序号	步骤	图示	相关描述
1	安装前端盖		在安装前端盖时应注意 （1）要使前端盖对准机座的原位进行安装，切莫错位 （2）端盖位置对准后用胶锤敲击端盖的周围，使之紧密地镶进机座 （3）别将端盖上的轴承弹片丢失

续表

序号	步骤	图示	相关描述
2	安装转子与后端盖		先将后端盖套进转轴的后轴承，然后将后端盖连同转子小心地水平塞进机座
3	固定转子与后端盖		待转子与后端盖基本对准原位后，一只手在前端盖侧拖住转轴，另一只手用胶锤敲击后端盖使之嵌入机座，然后用四枚螺丝固定后端盖
4	测试转轴灵活性		待端盖安装好后用手旋转转轴，看看转轴是否能灵活转动。如果转动不灵活，可能是端盖偏位或个别螺丝未拧紧，应重新将端盖螺丝稍微拧松后，用胶锤敲击端盖使转轴转动灵活，然后将螺丝锁紧 注意：在锁紧四个螺丝时切勿一步锁紧，而是四个螺丝轮流多次用力，同时不停地测试转轴的灵活性
5	测试绕组间及绕组对地绝缘电阻		为了确保电动机重装后能安全正常使用，已经装配好的电动机要进行一次绝缘测试，主要是用摇表测量工作绕组与启动绕组间及其各自与外壳间的绝缘电阻值。应大于 0.5MΩ 以上才可使用。如绝缘电阻较低，则应先将电动机进行烘干处理，然后再测绝缘电阻，合格后才可通电使用
6	电动机试运行		待电动机机械性能与电气性能检查无问题后，要进行试运行测试。按正确的方法接好各端子及电源线后通电试运行，同时用钳形电流表测量运行电流，图中测得其空载电流为 4.88A，对照其额定电流 9.44A，可推测该电动机工作基本正常

提示

1. 在拆卸时就必须考虑到以后的装配，通常两者顺序正好相反，即先拆的后装，后拆的先装。对初次拆卸者来说，可以边拆边记录拆卸的顺序。

2. 有些单相异步电动机采用铸铝的机座和端盖，拆卸时应特别注意，严禁用铁锤猛烈敲击，只许使用木锤和尼龙锤。

3. 由于小功率电动机零部件小，结构刚性低，易变形，因此在装配操作受力不当时会使其失去原有精度，影响电动机装配质量，所以在装配时要合理使用工具，用力适当。

4. 在装配过程中尽量少用修理工具修理，如刮、砂、锉等操作。因为这些工具会将屑末带入电动机内部，影响电动机零部件的原有精度。

5. 拆除电源线及电容器时，必须记录接线方法，以免出错。

检查评议

对任务实施的完成情况进行检查，并将结果填入表 5-1-5 的评分表内。

表 5-1-5 任务测评表

步骤	内容	评分标准		配分	得分
1	拆装前的准备	(1) 考核前未将所需工具、仪器及材料准备好，扣 2 分 (2) 拆除电动机接线盒内接线及电动机外壳保护接地工艺不正确，扣 3 分		10	
2	拆卸	(1) 拆卸方法和步骤不正确，每次扣 5 分 (2) 碰伤绕组，扣 6 分 (3) 损坏零部件，每次扣 4 分 (4) 装配标记不清楚，每处扣 2 分		40	
3	装配	(1) 装配步骤方法错误，每次扣 5 分 (2) 碰伤绕组，扣 4 分 (3) 损伤零部件，每次扣 5 分 (4) 轴承清洗不干净、加润滑油不适量，每次扣 3 分 (5) 紧固螺钉未拧紧，每次扣 3 分 (6) 装配后转动不灵活，扣 5 分		40	
4	安全文明生产	(1) 违反安全文明生产规程，扣 10 分 (2) 发生人身和设备安全事故，不及格		10	
5	工时	定额时间 4h，超时扣 5 分			
6	备注		合计	100	

巩固与提高

一、填空题（请将正确答案填在横线空白处）

1. 单相异步电动机的定子铁芯槽内放置有两套绕组，一套是主绕组，也称________；另一套是副绕组，也称________。主、副绕组的轴线在空间相差________电角度。

2. 单相异步电动机的启动开关主要有________、________和________三种。

3. 根据电动机启动和运行方式的特点，将单相异步电动机分为：________、________、________、________、________五种。

二、判断题（正确的在括号内打“√”，错误的打“×”）

1. 单相异步电动机拆除启动电容后，每次启动时用手转一下，照样可以转动起来。（　）

2. 所有类型的单相异步电动机在正常运行时主副绕组都工作。（　）

3. YY 型单相异步电动机表示电容启动式。（　）

三、选择题（将正确答案的字母填入括号中）

1. 型号为 YY70M-2 的单相异步电动机属于（　）。

A. 电容运行式　　B. 电容启动式　　C. 电阻启动式

2. 目前国产洗衣机中的单相异步电动机大多属于（　）。

A. 罩极式　　B. 电容启动式　　C. 电容运行式

四、技能题

拆装一台单相异步电动机，写出其工艺过程。

任务2 单相异步电动机的使用与维护

学习目标

知识目标：

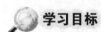

1. 了解单相异步电动机旋转磁场产生的条件。
2. 掌握单相异步电动机的工作原理。

能力目标：

1. 会进行单相异步电动机好坏的判别。
2. 会进行单相异步电动机的维护。

工作任务

单相异步电动机的应用非常广泛，在日常生活中无处不在，如洗衣机、电冰箱、电风扇等。为了防止单相异步电动机出现故障，使用前必须判别异步电动机的好坏，并正确使用和维护单相异步电动机。本任务的主要内容就是检测单相异步电动机质量的好坏，并对单相异步电动机进行日常维护。

相关理论

一、单相异步电动机的工作原理

在三相异步电动机中曾讲到，向三相绕组中通入三相对称交流电，则在定子与转子的气隙间产生旋转磁场。电源一旦断开时，电动机就成了单相运行（也称两相运行），气隙中产生的是脉动磁场。

1. 单相电容（电阻）式异步电动机的工作原理

在电动机定子铁芯上嵌放两套对称绕组：主绕组（又称工作绕组）U_1U_2和副绕组 Z_1Z_2（又称启动绕组），如图 5-2-1 所示。然后在启动绕组中串入电容器（电阻）以后再与工作绕组并联接在单相交流电源上，经电容器（电阻）分相后，产生两相相位相差 90°的交流电。

两相交流电产生旋转磁场，如图 5-2-2 所示。旋转磁场切割转子导体，并分别在转子导体中产生感应电动势和感应电流，该电流与磁场相互作用产生电磁转矩，驱动转子沿旋转磁场方向异步转动。

2. 单相罩极式异步电动机的工作原理

当给罩极电动机励磁绕组内通入单相交流电时，部分磁通穿过短路环，并在其中产生感应电流。短路环中的电流阻碍磁通的变化，致使有短路环部分和没有短路环部分产生的磁通有了相位差，从而在磁极之间形成一个连续移动的磁场，就像旋转磁场一样，从而使笼型转子受力而旋转。单相罩极式异步电动机的工作原理如图 5-2-3 所示。

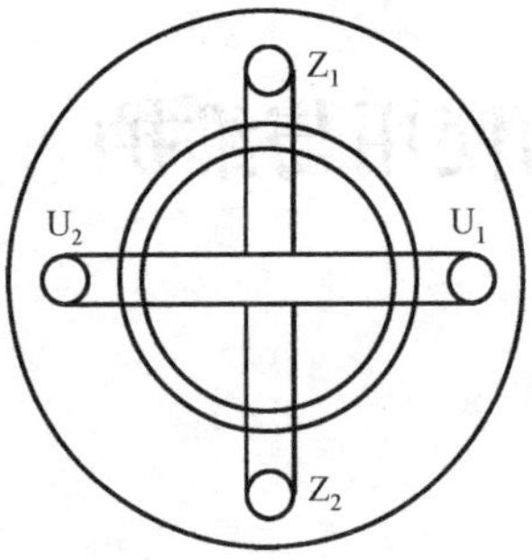

图 5-2-1　两相定子绕组

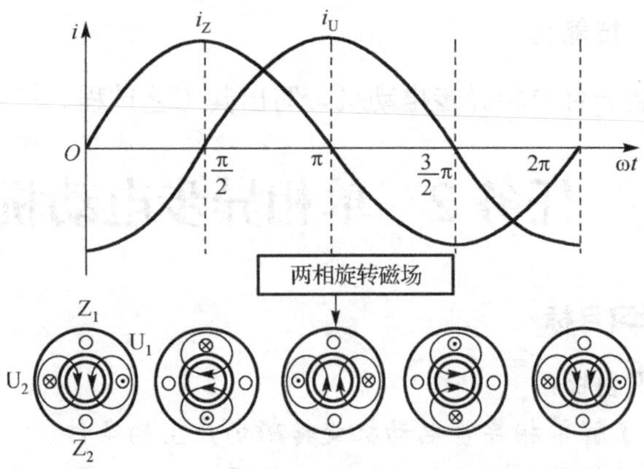

图 5-2-2　两相电流产生的旋转磁场

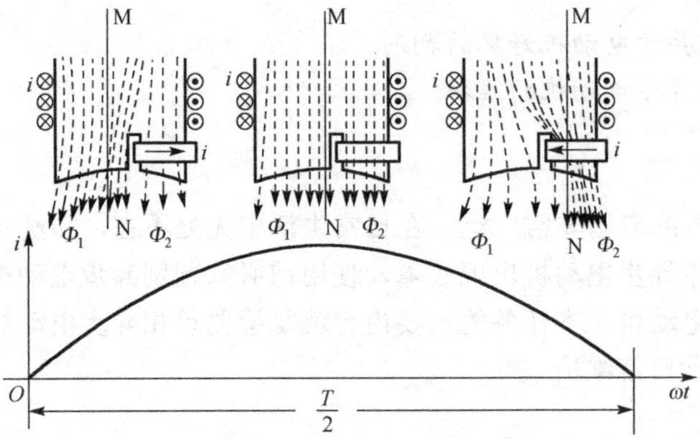

图 5-2-3　单相罩极式异步电动机的工作原理

二、单相异步电动机的旋转磁场

如图 5-2-2 所示，i_U 和 i_Z 两个电流在相位上相差 90°，将 i_U 通入绕组 U_1U_2、i_Z 通入绕组 Z_1Z_2。线端 U_1、Z_1 为绕组首端，线端 U_2、Z_2 为绕组末端。正电流从绕组的首端流入，负电流从绕组的末端流入。图 5-2-2 显示了 i_U 和 i_Z 两个电流 5 个瞬时所产生的磁场情况。从图中可以看出，当电流变化一周时，磁场也旋转了一周。综上所述，我们只要将相位上相差 90° 的两个电流，通入在空间相差 90° 电角度的绕组，就能使单相异步电动机产生一个两相旋转磁场。在它的作用下，转子得到启动转矩而转动起来。

① 旋转磁场的转速。$n_1 = 60f_1/P$。

② 旋转磁场的方向。任意改变工作绕组或启动绕组的首端、末端与电源的接线，或将电容器从一组绕组中改接到另一组绕组中（只适用于单相电容运行式异步电动机），即可改变旋转磁场的转向。

任务实施

一、任务准备

实施本任务教学所使用的实训设备及工具材料可参考表 5-2-1。

表 5-2-1 实训设备及工具材料

序号	分类	名称	型号规格	数量	单位	备注
1	工具仪表	电工常用工具		1	套	
2		万用表	MF47 型或 MF30 型	1	块	
3		钳形电流表	301-A	1	块	
4		转速表		1	块	
5		兆欧表	500V	1	块	
6		单臂电桥	QJ23 型	1	台	
14	设备器材	单相异步电动机	自定	1	台	
15		低压断路器	DZ10-250/330	1	个	
16		多股软线	BVR2.5	若干	米	

二、判别单相异步电动机质量的好坏

1．测量绝缘电阻

（1）绕组对机壳的绝缘电阻。断开电容器（电阻），将两相绕组的两个尾端用裸铜线连在一起。兆欧表 L 端子接任一绕组首端；E 端子接电动机外壳。以约 120r/min 的转速摇动兆欧表（500V）的手柄 1min 左右后，读取兆欧表的读数并记入表 5-2-2 中。

表 5-2-2 电动机绝缘电阻的测量　　单位：MΩ

对地绝缘电阻	启动绕组对地		工作绕组对地
启动绕组与工作绕组之间绝缘电阻	第一次	第二次	第三次

（2）两相绕组之间的绝缘电阻。将两相绕组尾端连线拆除，兆欧表两端接两相绕组的首端，按上述方法测量两相绕组间的绝缘电阻并作记录。

（3）测量结果的判定。绕组对机壳的绝缘电阻不小于 30MΩ，两相绕组间的绝缘电阻应是∞。

2．测量绕组直流电阻

利用如图 5-2-4 所示的 QJ23 型单臂电桥测量绕组的直流电阻。电桥内附有电源，需装入 2 号电池三节。需要时（如测量大电阻时），也可外接直流电源，面板左上方有一对接线柱，标有“＋”、“－”符号，供外接电源用。面板中下方有 2 个按钮开关，其中“G”为检流计支路的开关；“B”为电源支路的开关；面板右下方还有一对接线柱，标有“R_x”，用以连接被测电阻。

具体的测量步骤如下：

（1）按下按钮 B，旋动调零旋钮，使检流计指针位于零点。

（2）将被测电阻可靠地接到标有“R_x”的两个接线柱之间，两条引线应尽可能短粗，并保证接点接触良好，否则将产生较大的误差。根据被测电阻 R_x 的近似值（可先用万用表测得），选择合适的倍率，以便让比较臂的 4 个电阻都用上，使测量结果为四位有效数字，提高读数精度。例如，$R_x \approx 8\Omega$，则可选择倍率 0.001，若电桥平衡时比较臂读数为 8211，则被测电阻 R_x 为

$$R_x = \text{倍率} \times \text{比较臂的读数} = 0.001 \times 8211 = 8.211\ (\Omega)$$

如果选择倍率为 1，则比较臂的前 3 个电阻都无法用上，只能测得 $R_x = 1 \times 8 = 8\ (\Omega)$，读数误差大，失去用电桥进行精确测量的意义。

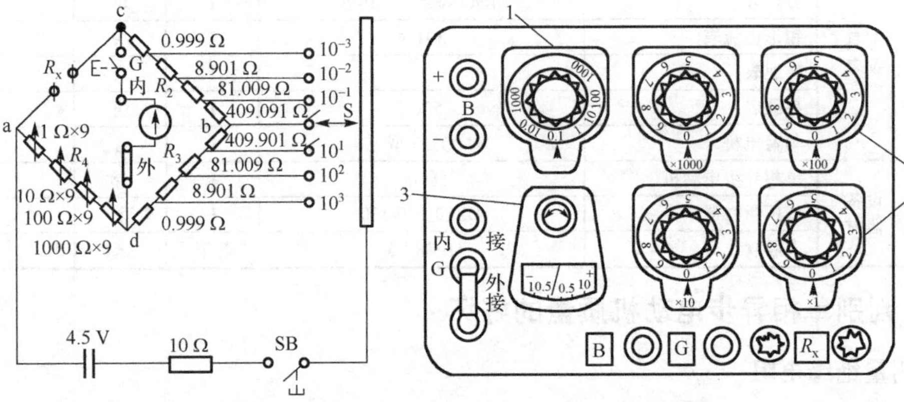

(a) 原理电路图　　(b) 面板图

图 5-2-4　便携式 QJ23 型单臂电桥原理图和面板图

1—倍率旋钮；2—比较臂读数盘；3—检流计

（3）测量时，应先按电源支路开关“B”按钮，再按检流计“G”按钮。若检流计指针向“+”偏转，表示应加大比较臂电阻；若指针向“-”偏转，则应减小比较臂电阻。反复调节比较臂电阻，使指针趋于零位，电桥即达到平衡。调节开始时，电桥离平衡状态较远，流过检流计的电流可能很大，使指针剧烈偏转，故先不要将检流计按钮按死，要调节一次比较臂电阻，然后按一下“G”，当电桥基本平衡时，才可锁住“G”按钮。

（4）测量结束后，应先松开“G”按钮，再松开“B”按钮。否则，在测量具有较大电感的电阻时，因断开电源而产生的电动势会作用到检流计回路，使检流计损坏。

（5）将上述测量结果填入表 5-2-3 中。

表 5-2-3　电动机绕组直流电阻的测量

被测电阻	启动绕组	工作绕组

（6）测量结果的判定。测量的直流电阻值不应超过标准值的 2%。

3．空载运行

安装好电动机，空载运行半小时左右，观察运行情况（振动、声音等），检查装配质量。

4．超速实验

使电动机超过额定转速 20%运行 2min，不应出现松散、损坏或变形等现象。

三、单相异步电动机的维护

单相异步电动机的使用和维护与三相异步电动机基本相同，但要注意：

（1）单相异步电动机接线时，需正确区分工作绕组和启动绕组，并注意它们的首尾端，如果出现标志脱落，则绕组直流电阻值大者为启动绕组。

（2）更换电容器时，电容器的电容量与工作电压必须与原规格相同。启动用的电容器应选用专用的电解电容器，其通电时间一般不得超过 3s。

（3）单相启动式电动机，只有在电动机静止或转速降低到离心式开关闭合时，才能采用对其改变方向的接线。

（4）额定频率为 60Hz 的电动机，不得使用 50Hz 电源，否则将引起电流增加，造成电动机过热甚至烧毁。

单相异步电动机的维护过程详见表 5-2-4。

表 5-2-4 单相异步电动机的维护过程

序号	维护项目	图示	过程描述
1	检查电动机绝缘电阻		用兆欧表检测单相异步电动机的启动绕组与工作绕组间及各绕组对外壳间的绝缘电阻，应大于 0.5MΩ 以上才可使用。如绝缘电阻较低，应先将电动机进行烘干处理，然后再测绝缘电阻，合格后才可通电使用
2	电动机机温检查		用手触及外壳，看电动机是否过热烫手。如发现过热，可在电动机外壳上滴几滴水，如果水急剧汽化，说明电动机显著过热。此时应立即停止运行，查明原因，排除故障后方能继续使用
3	机械性能检查		通过转动电动机的转轴，看其转动是否灵活。如转动不灵活，必须拆开电动机观察转轴是否有积炭、有无变形、是否缺润滑油。如果有积炭，可用小刀轻轻地将积炭刮掉并补充少量凡士林作润滑。如果是缺润滑油的话就补充适量的润滑油
4	运行中听声音		用长柄旋具头，触及电动机轴承外的小油盖，耳朵贴紧旋具柄，细听电动机轴承有无杂音、震动，以判断轴承运行情况。如果听到均匀的“沙沙”声，则电动机运转正常；如果有“咝咝”的金属碰撞声，说明电动机缺油；如果有“咕噜咕噜”的冲击声，说明轴承有滚珠被轧碎
5	监视机壳是否漏电	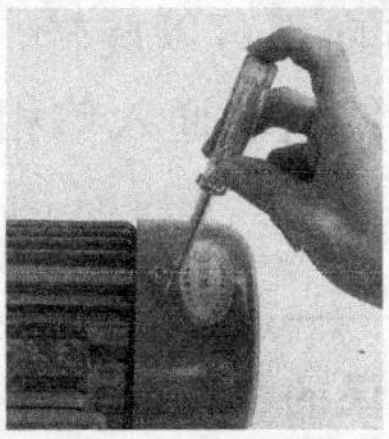	用手摸之前先用试电笔试一下外壳是否带电，以免发生触电事故
6	清洁		对拆开的电动机进行清理，先清理掉各部件上的所有灰尘和杂物，尤其是定子绕组上的积尘，可先用“皮老虎”或空气压缩泵将灰尘吹掉，然后用干布擦掉油污，必要时可沾少量汽油擦净，以不损伤绕组绝缘漆为原则。擦洗完毕，再吹一次

检查评议

对任务实施的完成情况进行检查，并将结果填入表 5-2-5 的评分表内。

表 5-2-5　任务测评表

序号	项目内容	评分标准		配分	得分
1	操作前的准备	（1）操作前未将工具、仪器及材料准备好，每少 1 件扣 2 分 （2）选用仪表时，选用错误扣 4 分		5	
2	绝缘电阻的测量	（1）接线有误，扣 4 分 （2）选择仪表挡位、量程错误，扣 4 分 （3）绕组对地绝缘电阻测试错误，扣 4 分 （4）绕组与绕组间绝缘电阻测试错误，扣 4 分		30	
3	绕组直流电阻的测量	（1）接线有误，扣 4 分 （2）选择仪表挡位、量程错误，扣 4 分 （3）各相绕组的直流电阻测试错误，扣 4 分 （4）数据记录错误，扣 4 分		30	
4	电动机的维护	（1）测试电动机绝缘电阻不正确，扣 5 分 （2）电动机机温检查不正确，扣 5 分 （3）机械性能检查不正确，扣 5 分 （4）运行中听声音检查不正确，扣 5 分 （5）监视机壳是否漏电检查不正确，扣 5 分 （6）清洁不彻底，扣 5 分		25	
5	安全文明生产	（1）违反安全文明生产规程，扣 10 分 （2）发生人身和设备安全事故，不及格		10	
6	定额时间	2h，超时扣 5 分			
7	备注		合计	100	

巩固与提高

一、填空题（请将正确答案填在横线空白处）

1. 如果在单相异步电动机的定子铁芯上仅嵌放一组绕组，那么通入单相正弦交流电时，电动机（定子和转子之间的空气间隙）中仅产生________磁场，电动机不能启动，若此时用手转动电动机，则电动机就能转动。

2. 当单相电容启动式电动机的转子静止或转速较低时，启动开关处于________位置，启动绕组和工作绕组一起接在单相电源上，获得________，当电动机转速达到________时，启动开关就________，启动绕组从电源上切除。

3. 单相异步电动机没有固定的转向，两个方向都可以旋转，究竟朝哪个方向旋转，由________的方向决定。通常在其定子上安放两套绕组，通入单相交流电后，经电容或电阻分相后，产生________并固定电动机转向。

4. 单相启动式异步电动机，只有在电动机________或________时，才能改变其接线方向。

二、判断题（正确的在括号内打“√”，错误的打“×”）

1. 给在空间互差 90° 电角度的两相绕组内通入同相位交流电，就可产生旋转磁场。（　）

2. 单相电容运行式异步电动机，因其主绕组与副绕组中的电流是同相位的，所以叫单相异步电动机。（　）

3. 测量单相异步电动机的直流电阻或绝缘电阻时，不必将电容器或电阻断开。（　）

4. 单相异步电动机的机械特性曲线与三相异步电动机的机械特性曲线相似。（　）

5. 额定频率为60Hz的电动机，不得用于50Hz电源。（　）

三、选择题（将正确答案的字母填入括号中）

1. 改变单相电容启动式异步电动机的转向，只要将（　）。

A. 主、副绕组对换　B. 主、副绕组中任一组首尾端对调

C. 电源的相线与零线对调

2. 单相交流电通入单相绕组产生的磁场是（　）。

A. 旋转磁场　B. 恒定磁场　C. 脉动磁场

3. 更换电容器时，（　）必须与原规格相同。

A. 电容器的容量　B. 额定电压　C. 电容器的容量与额定电压

4. 单相异步电动机接线时，需正确区分工作绕组和启动绕组，并注意它们的首尾端，如果出现标示脱落，则（　）。

A. 电阻大的为启动绕组　B. 电阻大的为工作绕组

四、技能题

测量单相异步电动机的绝缘电阻。

任务3　单相异步电动机的运行

学习目标

知识目标：

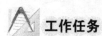

1. 理解单相异步电动机的工作特性。
2. 掌握单相异步电动机的反转原理。
3. 掌握单相异步电动机的调速原理。

能力目标：

能进行单相异步电动机的正反转控制和调速控制线路的安装与调试。

工作任务

在工农业生产和日常生活中，为了满足工作要求，经常需要单相异步电动机能实现正反转或者调速功能。例如，洗衣机、排气扇的正反转，各种风机型负载以及压缩机风速的调节等，都是通过对单相异步电动机正反转控制和调速控制实现的。

本任务的主要内容是学习单相异步电动机的机械特性以及正反转和调速原理及方法，掌握单相异步电动机实现反转控制和调速控制的操作技能。

相关理论

一、单相异步电动机的机械特性

单相单绕组异步电动机通电后产生的脉动磁场，可以分解为正、反向的旋转磁场。因此，电动机的电磁转矩是由两个旋转磁场产生的电磁转矩合成的。当电动机旋转后，正、反向旋转磁场产生电磁转矩 T_+、T_-。其机械特性变化与三相异步电动机相同，如图 5-3-1 所示。

从图中可以看出，当转子不动时，$n = 0$，$T_+ = -T_-$，$T = T_+ + T_- = 0$，表明单相异步电动机一相绕组通电时无启动转矩，不能自行启动。

旋转方向不固定时，由外力矩确定旋转方向，并一经启动就会继续旋转。

① 当 $0<s<1$（$n>0$）时，$T>0$，机械特性在第Ⅰ象限，电动机正转运行。

② 当 $1<s<2$（$n<0$）时，$T<0$，机械特性在第Ⅲ象限，电动机反转运行。

为了解决单相异步电动机的启动问题，通常在单相异步电动机定子上安置有空间相位差 90° 的两套绕组，然后经电容或电阻分相后通入不同相位的正弦交流电，因此，正、反转的特性曲线并不对称，如图 5-3-2 所示。

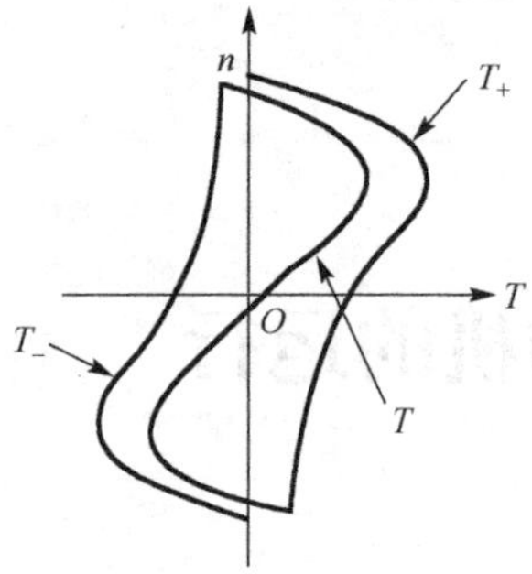

图 5-3-1　一相绕组通电时单相异步电动机的机械特性

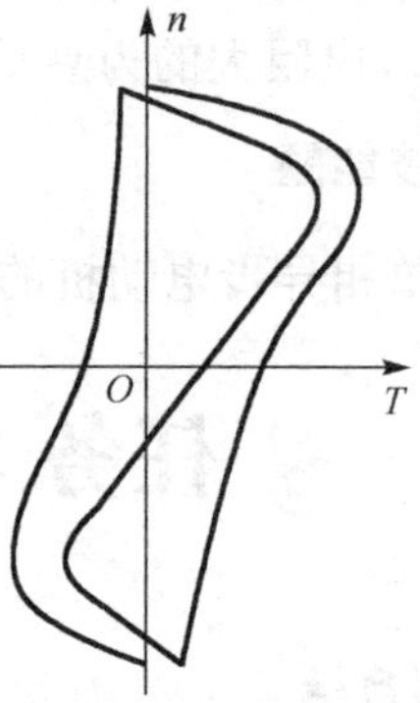

图 5-3-2　两相绕组通电时单相异步电动机的机械特性

由其机械特性可以看出：当 $s = 1$（$n = 0$）时，$T = T_+ + T_- \neq 0$，说明该电动机有自行启动能力。

二、单相异步电动机的反转

改变单相异步电动机的转向，必须要改变旋转磁场的方向，改变旋转磁场方向的方法主要有以下两种。

1. 改变接线

改变接线是指将工作绕组或启动绕组中的一组首端和末端与电源的接线对调。因为单相异步电动机的转向是由工作绕组和启动绕组所产生磁场的相位差来决定的。一般情况下，启动绕组的电流超前于工作绕组的电流，从而启动绕组的磁场也超前于工作绕组，所以旋转磁场是由启动绕组的轴线转向工作绕组的轴线。如果把其中一个绕组反接，相当于该绕组的磁场相位改变 180°，若原来启动绕组磁场超前于工作绕组 90°，则改接后变成滞后 90°，所以旋转磁场方向也随之改变，转子跟着反转。这种方法一般用于不需要频繁反转的场合。

2. 改变电容器的连接

改变电容器的连接是指将电容器从一个绕组改接到另一个绕组。有的电容运行单相异步电动机是通过改变电容器的接法来改变电动机转向的。如图 5-3-3 所示，串联电容器的绕组中的电流超前于不串联电容器的那相绕组中的电流。旋转磁场的转向由串联电容器的绕组转向不串联电容器的绕组。电容器的位置改接后，旋转磁场和转子的转向自然也跟着改变。这种改变转向方法的电路比较简单，适用于需要频繁正反转的场合。

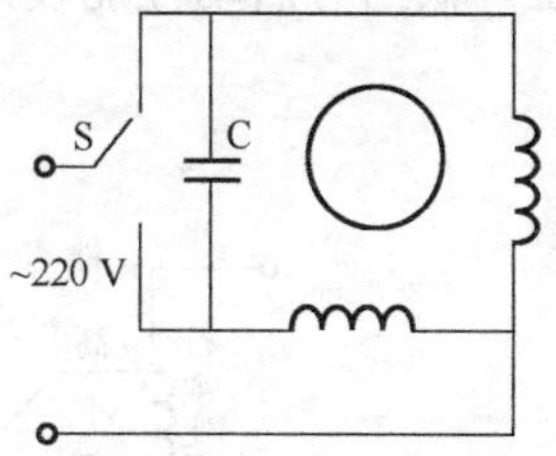

图 5-3-3 电容运转单相异步电动机示意图

罩极式单相异步电动机不能随意控制反转，因为罩极式电动机的转向是由定子磁极的结构决定的，所以它一般用于不需要改变转向的场合。

三、单相异步电动机的调速

单相异步电动机的调速原理同三相异步电动机一样，一般可以采用改变电源频率（变频调速）、改变电源电压（调压调速）、改变绕组磁极对数（变极调速）等方法。由于用变频无级调速设备复杂、成本高，所以在要求不高的场合普遍使用的是调压调速。调压调速的特点是：电源电压只能从额定电压往下调，因此电动机的转速也只能从额定转速往低调；同时，因为电磁转矩与电源电压平方成正比，因此电压降低时，电动机的转矩和转速都下降，所以只能适用于转矩随转速的下降而下降的负载，如风扇、鼓风机等。常用的降压调速方法有串电抗器调速、自耦变压器调速、串电容调速、绕组抽头法调速、晶闸管调压调速等。

1. 串电抗器调速

如图 5-3-4 所示，将电抗器与定子绕组串联，利用电流在电抗器上产生的电压降，使加到电动机定子绕组上的电压低于电源电压，从而达到降压调速的目的。

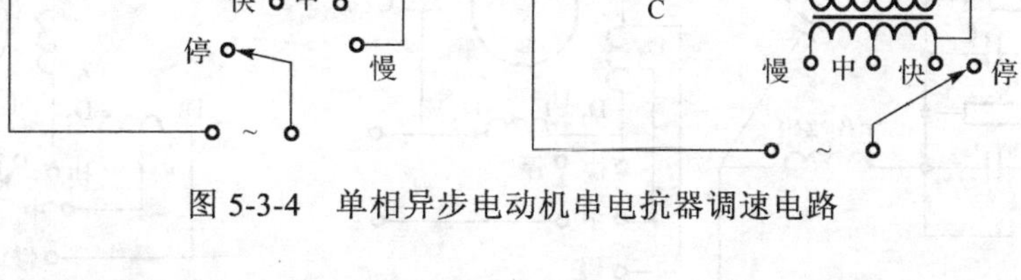

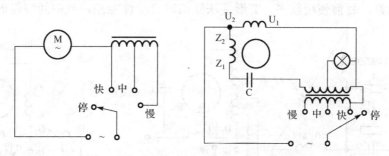

图 5-3-4 单相异步电动机串电抗器调速电路

2. 自耦变压器调速

如图 5-3-5 所示，加到电动机上的电压调节可以通过自耦变压器来实现。自耦变压器供电方式多样化，可以连续调节电压，采用不同的供电方式可以改善电动机性能。图 5-3-5(a)是调速时整台电动机降压运行，低挡时启动性能差。图 5-3-5(b)是调速时仅调节工作绕组电压，低挡时启动性能较好，但接线稍复杂。

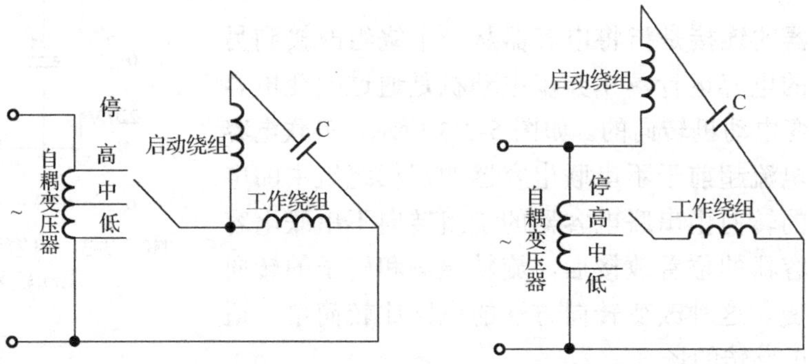

(a) (b)

图 5-3-5　自耦变压器调速电路

3. 串电容调速

将不同容量的电容器串入电路中，也可以调节转速。由于电容器容抗与电容量成反比，电容量越大，容抗越小，相应电压降也低，电动机转速就高；反之，电容量越小，容抗越大，电动机转速就低。图 5-3-6 为具有 3 挡调速的串电容调速风扇电路，图中电阻器 R_1 和 R_2 为释放电阻，在断电时将电容器中的电能释放掉。由于电容器两端电压不能突变，因此在电动机启动瞬间，电容两端电压为零，即电动机启动电压为电源电压，因此电动机启动性能好。正常运行时，电容上无功率损耗，效率较高。

4. 绕组抽头法调速

这种调速方法是在单相异步电动机定子铁芯上再嵌放一个中间绕组（又称调速绕组），如图 5-3-7 所示。通过调速开关改变中间绕组与启动绕组及工作绕组的接线方法，从而达到通过改变电动机内部气隙磁场的大小来调速的目的。这种调速方法有 L 形接法和 T 形接法两种，其中 L 形接法调速在低挡时中间绕组只与工作绕组串联，启动时直接加电源电压，因此启动性能好，目前使用较多。T 形接法低挡时启动性能差，且中间绕组的电流较大。

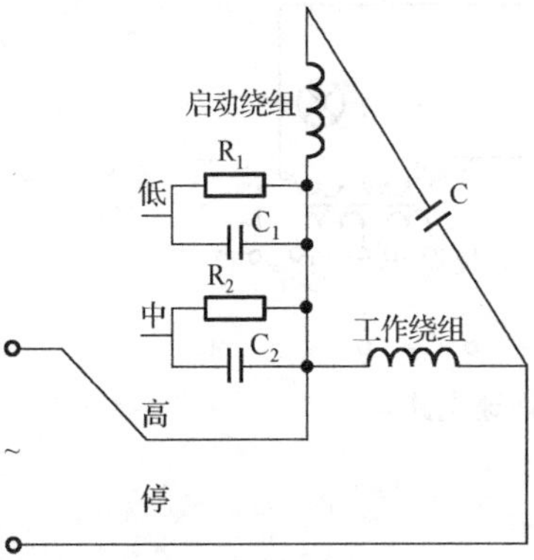

图 5-3-6　串电容器调速电路

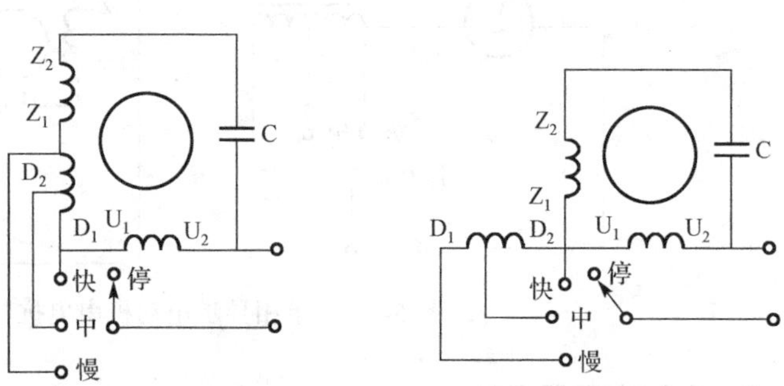

(a) L形接法　(b) T形接法

图 5-3-7　绕组抽头法调速电路

5．晶闸管调压调速

晶闸管调压调速如图 5-3-8 所示，通过旋转控制线路中的带开关的电位器就可以改变双向晶闸管的控制角，使电动机得到不同电压，达到调速目的。这种方法可以实现无级调速，控制简单，效率高，缺点是电压波形差，存在电磁干扰。目前此方法常用于吊扇上。

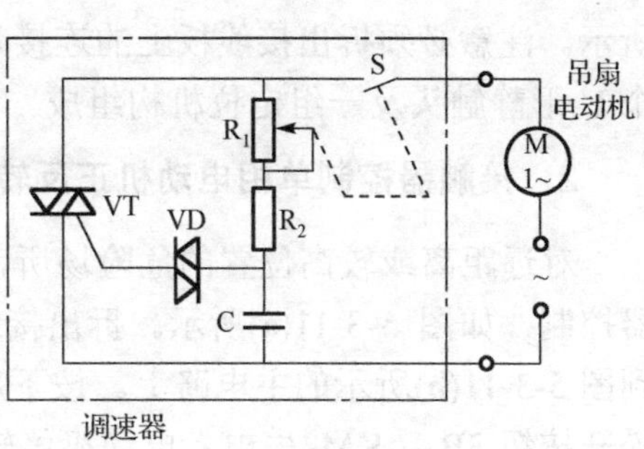

图 5-3-8 双向晶闸管调速原理图

任务实施

一、任务准备

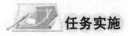

实施本任务教学所使用的实训设备及工具材料可参考表 5-3-1。

表 5-3-1 实训设备及工具材料

序号	分类	名称	型号规格	数量	单位	备注
1	工具仪表	电工常用工具		1	套	
2		万用表	MF47 型	1	块	
3	设备器材	低压断路器	DZ5-20/330	1	只	
4		单相异步电动机	自定	1	台	
5		接触器	CJ10-20，220V，20 A	2	只	
6		熔断器 FU_1	RL1-60/25，380V，60A，熔体配 25A	3	套	
7		熔断器 FU_2	RL1-15/2，380V，15A，熔体配 2A	2	套	
8		倒顺开关	KO3 型	1	个	
9		按钮	LA10-3H	1	只	
10		可调电抗器		1	只	
11		多股软线	BVR2.5	若干	米	

二、单相异步电动机的反转控制

单相异步电动机接线板标志图如图 5-3-9 所示。

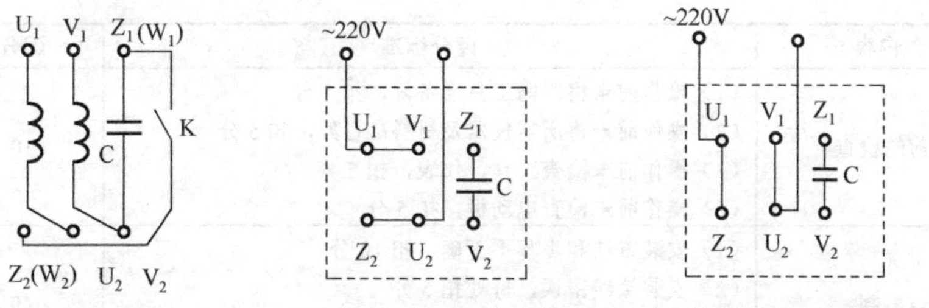

(a) 绕组接线桩排列　(b) 单相电动机正转接线图　(c) 单相电动机反转接线图

图 5-3-9 单相异步电动机接线板标志图

1．倒顺开关控制单相电动机正反转

使用 KO3 型倒顺开关可以很方便地实现单相异步电动机的正反转控制，接线图如图 5-3-10

所示。注意必须拆出接线板上的连接片。KO3 系列倒顺开关由 6 个相同的蝶形动触头和 9 个 U 形静触头及一组定位机构组成。触头动作准确迅速，性价比高。

2．接触器控制单相电动机正反转

对远距离或较高位置的危险场所，例如电动卷闸门、舞台电动拉幕等，一般采用接触器控制，如图 5-3-11(a)所示。拆出接线板上的连接片，将 U_1、V_1、Z_2、U_2 接点分别连接到图 5-3-11(b)所示的主电路上。按下启动按钮 SB_2，接触器 KM_2 得电吸合，电动机正转。松开按钮 SB_2，KM_2 失电，电动机停转。按下启动按钮 SB_1，继电器 KM_1 得电吸合，电动机反转。接触器的联锁、保护等控制只须修改控制电路即可。

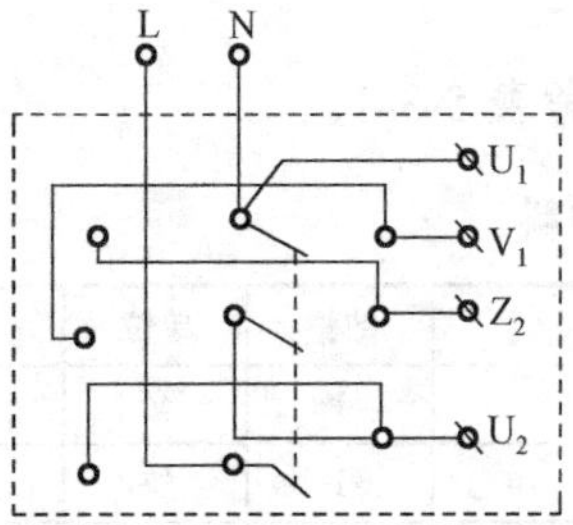

图 5-3-10　KO3 型开关控制电动机正、反转的接线图

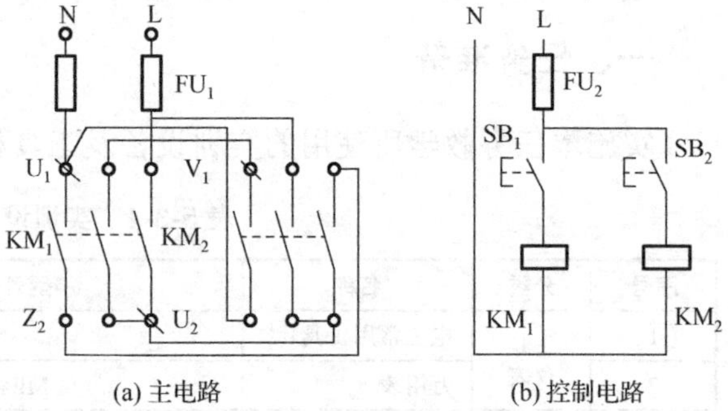

图 5-3-11　接触器控制电动机正反转

三、单相异步电动机的调速控制

① 断开电动机绕组与电源接线。

② 按图 5-3-4(b)所示，将电抗器串入电动机绕组。

③ 接通电源线，通电运行。

检查评议

对任务实施的完成情况进行检查，并将结果填入表 5-3-2 的评分表内。

表 5-3-2　任务测评表

步骤	内容	评分标准	配分	得分
1	操作前的检查	（1）操作前未将所需工具准备好，扣 5 分 （2）操作前未将所需仪器及材料准备好，扣 5 分 （3）操作前未检查工具、仪表，扣 5 分 （4）操作前未检查电动机，扣 5 分	10	
2	正反转控制	（1）安装方法和步骤不正确，扣 10 分 （2）安装接线错误，每处扣 5 分 （3）反转通电试验时操作不正确，扣 5 分 （4）损坏零部件，每件扣 5 分	40	
3	调速控制	（1）安装方法和步骤不正确，扣 10 分 （2）安装接线错误，每处扣 5 分 （3）调速通电试验时操作不正确，扣 5 分 （4）损坏零部件，每件扣 5 分	40	

续表

步骤	内容	评分标准		配分	得分
4	安全文明生产	（1）违反安全文明生产规程，扣5～40分 （2）发生人身和设备安全事故，不及格		10	
5	定额时间	2h，超时扣5分			
6	备注		合计	100	

巩固与提高

一、填空题（请将正确答案填在横线空白处）

1．改变单相异步电动机的转向，必须要改变__________的方向，其方法主要有：_________、_________。

2．单相异步电动机的调速原理同三相异步电动机一样，一般可以采用_________、_________、_________等方法。

3．常用的降压调速方法有_________、自耦变压器调速、串电容调速、_________、_________等。

二、判断题（正确的在括号内打“√”，错误的打“×”）

1．利用电抗器调速是通过电流在电抗器上产生的压降，使加到电动机定子绕组上的电压低于电源电压，从而达到降压调速的目的。（　　）

2．调压调速时电动机的转速既可以高于额定转速，也可以低于额定转速。（　　）

三、选择题（将正确答案的字母填入括号中）

1．下列单相异步电动机不能改变转向的是（　　）。

A．电容启动式　　B．电容运行式　　C．罩极式

2．采用下列（　　）方法可以实现无级调速，缺点是电压波形差，存在电磁干扰。

A．串电抗器调速　　B．绕组抽头法调速　　C．晶闸管调压调速

任务4　单相异步电动机的检修

学习目标

知识目标：

了解单相异步电动机的常见故障及维修方法。

能力目标：

会进行单相异步电动机常见故障的检修。

工作任务

单相异步电动机在使用过程中经常会出现各种故障，例如，电源接通后电动机无法启动、启动转矩小或启动迟缓且转向不定、电动机启动或运转不正常、电动机在运行中温度过高或冒烟、电动机振动、运行时有异声、外壳带电等。一旦出现故障，就会影响设备的

正常运行，因此必须及时准确地分析故障原因，排除故障。本任务的主要内容是：根据电动机的故障症状推断故障可能部位，并通过一定的检查方法，找出故障点。

相关理论

单相异步电动机的常见故障

单相异步电动机的许多故障，如机械构件故障和绕组断线、短路、接地等故障，无论是故障现象还是处理方法都与三相异步电动机相同。但由于单相异步电动机结构上的特殊性，它的故障也与三相异步电动机有所不同，如启动装置故障、启动绕组故障、电容器故障等。单相异步电动机的常见故障分析及处理方法见表 5-4-1。

表 5-4-1 单相异步电动机常见故障分析及处理方法

故障现象	产生原因	处理方法
无法启动	（1）定子绕组或转子绕组开路 （2）离心开关触点未闭合 （3）电容器开路或短路 （4）轴承卡住 （5）定子与转子相碰 （6）电源电压不正常	（1）定子绕组开路可用万用表查找，转子绕组开路用短路测试器查找 （2）检查离心开关触点、弹簧等，加以调整或修理 （3）更换电容器 （4）清洗或更换轴承 （5）找出原因，对症处理 （6）用万用表测量电源电压
电动机接通电源后熔断器熔断	（1）定子绕组内部接线错误 （2）定子绕组有匝间短路或对地短路 （3）电源电压不正常 （4）熔断器选择不当	（1）用指南针检查绕组接线 （2）用短路测试器检查绕组是否有匝间短路，用兆欧表测量绕组对地绝缘电阻 （3）用万用表测量电源电压 （4）更换合适的熔断器
电动机过热	（1）定子绕组有匝间短路或对地短路 （2）电容启动式电动机离心开关触头无法断开，使启动绕组长期运行 （3）电容启动式电动机启动绕组与工作绕组接错 （4）电源电压不正常 （5）电容器变质或损坏 （6）定子与转子相碰 （7）轴承不良	（1）用短路测试器检查绕组是否有匝间短路，用兆欧表测量绕组对地绝缘电阻 （2）检查离心开关触点、弹簧等，加以调整或修理 （3）测量两组绕组的直流电阻，电阻大者为启动绕组 （4）用万用表测量电源电压 （5）更换电容器 （6）找出原因，对症处理 （7）清洗或更换轴承
电动机运行时噪声大或振动过大	（1）定子与转子相碰 （2）转轴变形或转子不平衡 （3）轴承故障或缺少润滑油 （4）定子与转子空隙中有杂物 （5）电动机装配不良	（1）找出原因，对症处理 （2）如无法调整，则需更换转子 （3）清洗或更换轴承，加润滑油 （4）拆开电动机，清除杂物 （5）重新装配
电动机外壳带电	（1）定子绕组在槽口处绝缘损坏 （2）定子绕组端部与端盖相碰 （3）引出线或接线处绝缘损坏，与外壳相碰 （4）定子绕组槽内绝缘损坏	（1）、（2）、（3）寻找绝缘损坏处，再用绝缘材料与绝缘漆加强绝缘 （4）一般需重新嵌线
电动机绝缘电阻过低	（1）电动机受潮或灰尘较多 （2）电动机过热后绝缘老化	（1）拆开后清扫并进行烘干处理 （2）重新浸漆处理
启动转矩很小或启动迟缓且转向不定	（1）启动绕组断路 （2）电容器开路 （3）离心开关触头合不上	（1）定子绕组开路可以用万用表查找，转子绕组开路用短路测试器查找 （2）更换电容器 （3）检查离心开关触点、弹簧等，加以调整或修理

续表

故障现象	产生原因	处理方法
电动机转速低于正常转速	（1）电源电压偏低 （2）绕组匝间短路 （3）离心开关触头无法断开，启动绕组未切除 （4）电容器损坏（击穿或容量减小） （5）电动机负载过重	（1）用万用表测量电源电压 （2）用短路测试器检查绕组是否有匝间短路 （3）检查离心开关触点、弹簧等，加以调整或修理 （4）更换电容器 （5）减轻负载或更换电动机

任务实施

一、任务准备

实施本任务教学所使用的实训设备及工具材料可参考表 5-4-2。

表 5-4-2 实训设备及工具材料

序号	分类	名称	型号规格	数量	单位	备注
1	工具仪表	电工常用工具		1	套	
2		万用表	MF47 型	1	块	
3		兆欧表		1	块	
4		单臂电桥		1	块	
5	设备器材	单相异步电动机	自定	1	台	

二、单相异步电动机常见故障的处理

1. 电动机有异响但能够转动

电动机通电后不转，发出“嗡嗡”声，用外力推动后可正常旋转的故障处理方法如下。

（1）用万用表检查启动绕组是否断开。如在槽口处断开，则只需一根相同规格的绝缘线把断开处焊接好，加以绝缘处理；如内部断线，则要更换绕组。

（2）对单相电容异步电动机，检查电容器是否损坏。如损坏，更换同规格的电容器。

判断电容器是否有击穿、接地、开路或严重泄漏故障的方法如下。

将万用表拨到×10kΩ或×1kΩ挡，用一字旋具或导线短接电容两端进行放电后，把万用表两表笔接电容出线端。表针摆动可能为以下情况：

① 指针先大幅度摆向电阻零位，然后慢慢返回初始位置（电容器完好）。

② 指针不动（电容器有开路故障）。

③ 指针摆到刻度盘上某较小阻值处，不再返回（电容器泄漏电流较大）。

④ 指针摆到电阻零位后不返回（电容器内部已击穿短路）。

⑤ 指针能正常摆动和返回，但第一次摆幅小（电容器容量已减小）。

⑥ 把万用表拨到×100Ω 挡，用表笔测电容器两端接线端对地电阻，若指示为零，说明电容已接地。

（3）对单相电阻式异步电动机，用万用表检查电阻元件是否损坏。如损坏，更换同规格的电阻。

（4）对单相电阻式异步电动机，要检查离心开关（或继电器）。如触点闭合不上，可能

是有杂物进入，使铜触片卡住而无法动作，也可能是弹簧拉力太松或损坏。处理方法是焊接或更换离心开关（继电器）。

（5）对单相罩极式异步电动机，检查短路环是否断开或脱焊，处理方法是焊接或更换短路环。

2．电动机有异响且不能转动

电动机通电后不转，发出“嗡嗡”声，用外力推动也不能使之旋转的故障处理方法如下。

（1）检查电动机是否过载，若过载应及时减少负载。

（2）检查轴承是否损坏或卡阻，若损坏，应及时修理或更换轴承。

（3）检查定转子铁芯是否相擦，若相擦是由轴承松动造成，应更换轴承，否则应锉去相擦部位，校正转子轴线。

（4）检查主绕组和副绕组接线，若接线错误，应重新接线。

3．电动机既不响也不转动

电动机通电后不转，没有“嗡嗡”声，用外力推动也不能使之旋转的故障处理方法如下。

（1）检查电源是否断线，恢复供电。

（2）检查进线线头是否松动，重新接线。

（3）检查工作绕组是否断路、短路（与三相异步电动机定子绕组的检查方法相同），找出故障点，修复或更新断路绕组。

提示

（1）检查电容器时，先要将电容器短接，将所存电荷释放掉，选择适当的电阻挡。

（2）检查和排除故障时，不能损坏绕组绝缘。

（3）故障排除后，要通电检查，看是否符合要求。

检查评议

对任务实施的完成情况进行检查，并将结果填入表5-4-3的评分表内。

表5-4-3　任务测评表

步骤	内容	评分标准		配分	得分
1	操作前的检查	（1）操作前未将所需工具准备好，扣5分 （2）操作前未将所需仪器及材料准备好，扣5分 （3）操作前未检查工具、仪表，扣5分 （4）操作前未检查电动机，扣5分		10	
2	故障分析	（1）故障分析思路不够清晰，扣5分 （2）确定最小的故障范围，每个故障点扣5分		40	
3	故障排除	（1）不能找出故障点，扣15分 （2）不能排除故障，扣15分 （3）排除故障方法不正确，扣5分 （4）根据故障情况不会进行电气试验，扣15分		40	
4	安全文明生产	（1）违反安全文明生产规程，扣10分 （2）发生人身和设备安全事故，不及格		10	
5	定额时间	2h，超时扣5分			
6	备注		合计	100	

巩固与提高

一、填空题（请将正确答案填在横线空白处）

1．将万用表拨至×10kΩ或×1kΩ挡，用一字旋具或导线短接电容器两端进行放电后，把万用表两表笔接电容器出线端。

（1）指针先大幅度摆向电阻零位，然后慢慢返回初始位置，说明电容器________。

（2）指针不动，说明电容器________。

（3）指针摆到刻度盘上某较小阻值处，不再返回，说明电容器位置________。

（4）指针摆到电阻零位后不返回，说明电容器________。

（5）指针能正常摆动和返回，但第一次摆幅小，说明电容器________。

（6）把万用表拨至×100Ω挡，用表笔测电容器两端接线端对地电阻，若指示为零，说明电容器________。

2．单相异步电动机常见的故障现象有________、________、________、________和________。

二、判断题（正确的在括号内打“√”，错误的打“×”）

1．检查电容器时，先要将电容器短接，将所存电荷释放掉，选择适当的电阻挡。（　）

2．单相异步电动机在电源正常供电的情况下，不能转动，则一定是绕组烧坏。（　）

三、选择题（将正确答案的字母填入括号中）

1．一台电容运行台式风扇，通电时只有轻微振动，但不转动。如用手拨动风扇叶则可以转动，但转速很慢，其故障原因可能是（　）。

A．电容器短路　　B．电容器断路　　C．电容器漏电

2．在电源电压正常的情况下，且带额定负载，单相异步电动机无法达到额定转速，则可能的故障是（　）。

A．启动开关无法断开　　B．电容器击穿　　C．都有可能

四、技能题

某家用落地风扇通电后不转，试分析故障原因并进行检修。

项目 6 直流电动机的使用与维护

直流电机是直流发电机和直流电动机的总称。直流电机具有可逆性，既可以作直流电动机用，也可以作直流发电机用。当作为直流电动机运行时，它将直流电能转换为机械能输出；当作为直流发电机运行时，它将机械能转换为直流电能输出。由于大功率半导体整流器件的广泛应用，直流电能的获得基本上靠将交流电通过整流装置变成直流电，而不采用体积重大、价格贵的直流发电机发出直流电，因而本书重点介绍有关直流电动机的概念与使用。

任务 1　认识直流电动机

学习目标

知识目标：

1. 了解直流电动机的用途和基本结构。
2. 熟悉直流电动机的铭牌数据。
3. 熟悉直流电动机的分类。

能力目标：

会进行直流电动机的拆装。

工作任务

与异步电动机相比，直流电动机结构复杂、使用维修麻烦、价格较贵。但直流电动机具有良好的启动性能，且能在宽广的范围内平滑而经济地调节速度。因此，仍广泛应用于轧钢机、高炉卷扬、电力机车、金属切削等工作负载变化较大、要求频繁启动或改变方向、平滑调速的生产机械上。

本任务的主要内容是对直流电动机进行拆装，进而掌握直流电动机的基本结构及用途，熟悉直流电动机铭牌的数据等。

相关理论

一、直流电机的结构

直流电机由定子和转子两大部分组成，在定子和转子之间存在一个间隙，称为气隙。

实际中使用的直流电机外形、内部结构、纵向剖视图分别如图 6-1-1、图 6-1-2、图 6-1-3 所示。

(a) Z 系列

(b) Z2 系列

(c) Z4 系列

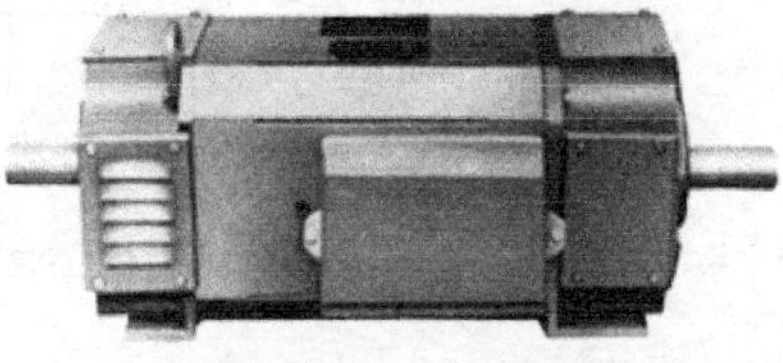

(d) ZSN4 系列

图 6-1-1 常见的直流电动机外形图

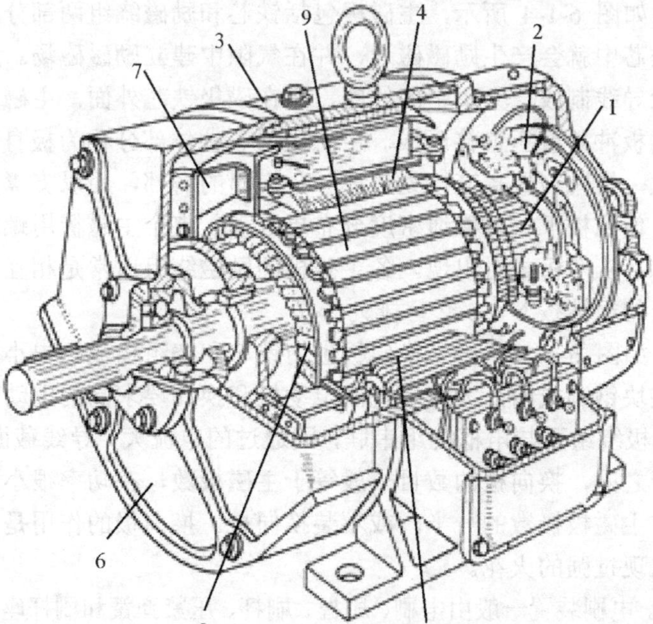

图 6-1-2 直流电动机的内部结构图

1—换向器；2—电刷装置；3—机座；4—主磁极；5—换向极；6—端盖；7—风扇；8—电枢绕组；9—电枢铁芯

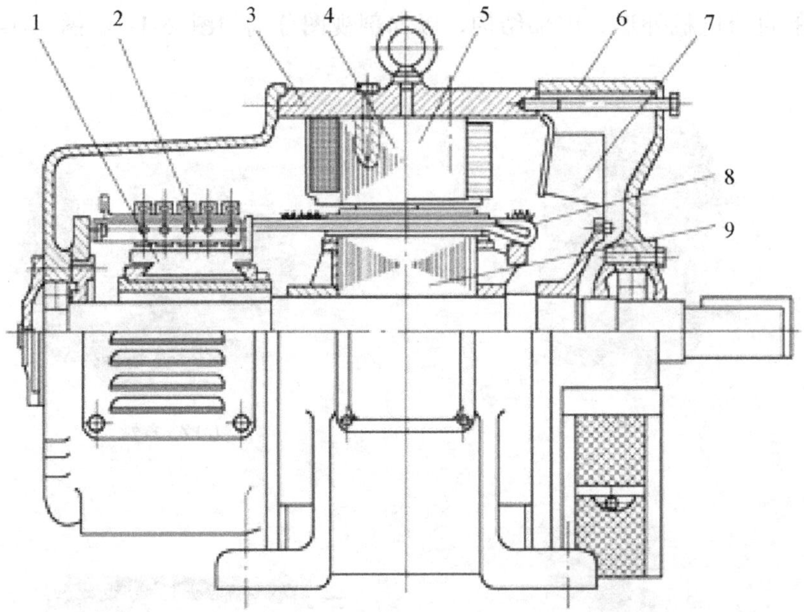

图 6-1-3　直流电动机纵向剖视图

1—换向器；2—电刷装置；3—机座；4—主磁极；5—换向极；6—端盖；7—风扇；8—电枢绕组；9—电枢铁芯

1. 定子部分

定子是电动机的静止部分，主要用来产生主磁场和作为机械的支撑。它主要包括：主磁极、换向极、电刷装置、机座和端盖等。

（1）主磁极。如图 6-1-4 所示，主磁极包括铁芯和励磁绕组两部分。当励磁绕组中通入直流电流后，铁芯中就会产生励磁磁通，并在气隙中建立励磁磁场。励磁绕组通常是用圆形或矩形的绝缘导线制成一个集中的线圈，套在磁极铁芯外面。主磁极铁芯一般用 1～1.5mm 厚的低碳钢板冲片叠压铆接而成。主磁极铁芯柱体部分称为极身，靠近气隙一端较宽的部分称为极靴，极靴与极身交接处形成一个突出的肩部，用以支撑励磁绕组。极靴沿气隙表面呈弧形，使磁极下气隙磁通密度分布更合理。整个主磁极用螺杆固定在机座上。

主磁极总是 N、S 两极成对出现。各主磁极的励磁绕组通常是相互串联连接，连接时要能保证相邻磁极的极性按 N、S 交替排列。

（2）换向极。如图 6-1-5 所示，换向极也由铁芯和绕组构成。中小容量直流电动机的换向极铁芯是用整块钢制成的，大容量直流电动机和换向要求高的电动机，换向极铁芯用薄钢片叠成。换向极绕组要与电枢绕组串联，因通过的电流大，导线截面较大，匝数较少。换向极装在主磁极之间，换向极的数目一般等于主磁极数，在功率很小的电动机中，换向极的数目有时只有主磁极极数的一半，或不装换向极。换向极的作用是改善换向，防止电刷和换向器之间出现过强的火花。

（3）电刷装置。电刷装置一般由电刷、刷握、刷杆、压紧弹簧和刷杆座等组成，如图 6-1-6 所示。电刷是用碳-石墨等做成的导电块，电刷装在刷握的盒内，用压紧弹簧把它压紧在换向器的表面上。压紧弹簧的压力可以调整，保证电刷与换向器表面有良好的滑动接触，刷握固定在刷杆上，刷杆装在刷杆座上，彼此之间绝缘。刷杆座装在端盖或轴承盖上，根据电流的大小，每一刷杆上可以有几个电刷组成的电刷组，电刷组的数目一般等于主磁极数。电刷装置的作用是通过与换向器表面的滑动接触，把电枢中的电动势（电流）引出或将外电路电压（电流）引入电枢。

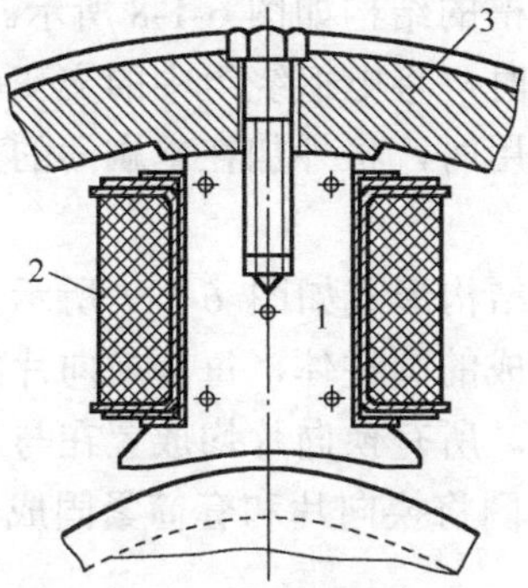

图 6-1-4 主磁极的结构

1—主磁极；2—励磁绕组；3—机座

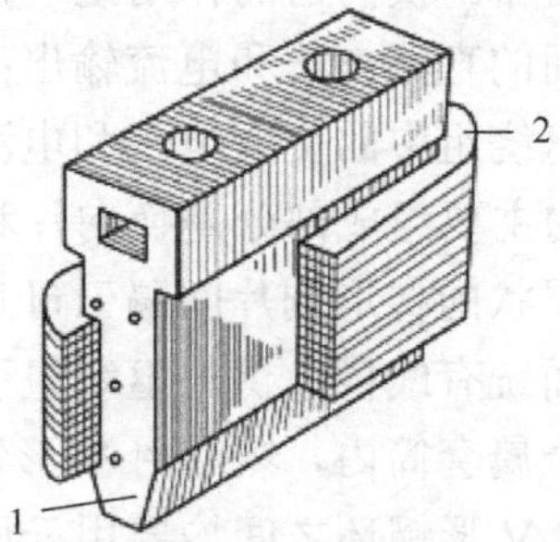

图 6-1-5 换向极

1—换向极铁芯；2—换向极绕组

（4）机座和端盖。机座一般用铸钢或厚钢板焊接而成。它是电动机磁路的一部分，还用来固定主磁极、换向极及端盖，借助底脚将电动机固定于基础上，端盖主要起支撑作用，端盖固定于机座上，其上放置轴承，支撑直流电动机的转轴，使直流电动机能够旋转。

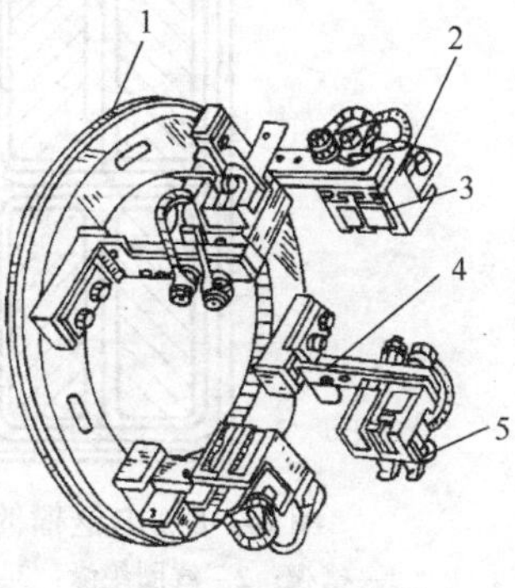

图 6-1-6 电刷装置

1—刷杆座；2—刷握；3—电刷；4—刷杆；5—压紧弹簧

2．转子部分

转子是电动机的转动部分，转子的主要作用是产生感应电动势和电磁转矩，实现机电能量的转换，是使机械能转变为电能（发电机）或将电能转变为机械能（电动机）的枢组。通常也被称作电枢。它由电枢铁芯、电枢绕组、换向器、风扇和转轴等组成，如图 6-1-7 所示。

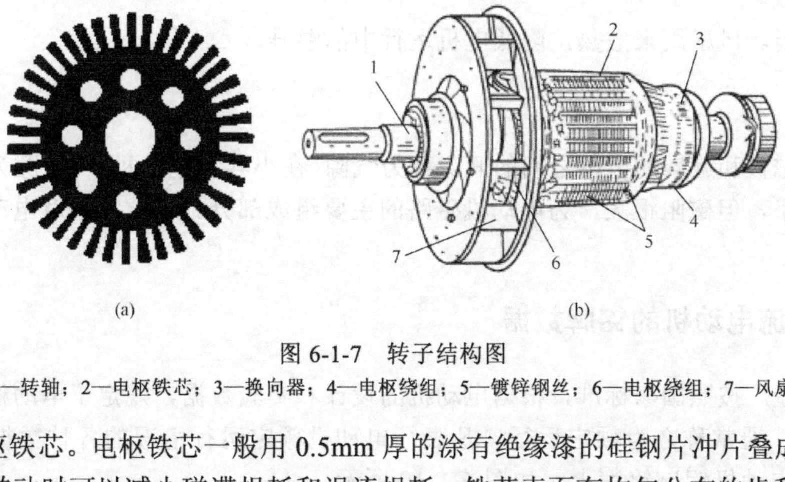

图 6-1-7 转子结构图

1—转轴；2—电枢铁芯；3—换向器；4—电枢绕组；5—镀锌钢丝；6—电枢绕组；7—风扇

（1）电枢铁芯。电枢铁芯一般用 0.5mm 厚的涂有绝缘漆的硅钢片冲片叠成，这样铁芯在主磁场中转动时可以减少磁滞损耗和涡流损耗。铁芯表面有均匀分布的齿和槽，槽中嵌放电枢绕组。电枢铁芯固定在转子支架或转轴上，构成磁的通路。

（2）电枢绕组。电枢绕组是用绝缘铜线绕制成的线圈按一定规律嵌放到电枢铁芯槽中，并与换向器作相应的连接。线圈与铁芯之间以及线圈的上下层之间均要妥善绝缘，用槽楔压紧，再用玻璃丝带或钢丝扎紧。电枢绕组是电动机的核心部件，电动机工作时在其中产生感应电动势和电磁转矩，实现能量的转换。电枢槽的结构如图 6-1-8 所示。

（3）换向器。换向器的作用是：作发电机使用时，将电枢绕组中的交变电动势和电流转换成电刷间的直流电压和电流输出；作电动机使用时，将外加在电刷间的直流电压和电流转换成电枢绕组中的交变电压和电流。

换向器的主要组成部分是换向片和云母片，其结构形式如图 6-1-9 所示。换向器是一个由许多燕尾状的梯形铜片间隔云母片绝缘排列而成的圆柱体，每片换向片的一端有高出的部分，上面铣有线槽，供电枢绕组引出端焊接用。所有换向片均放置在与它配合的具有燕尾状槽的金属套筒内，然后用 V 形钢环和螺纹压圈将换向片和套筒紧固成一整体，换向片组与套筒、V 形钢环之间均要用云母片绝缘。

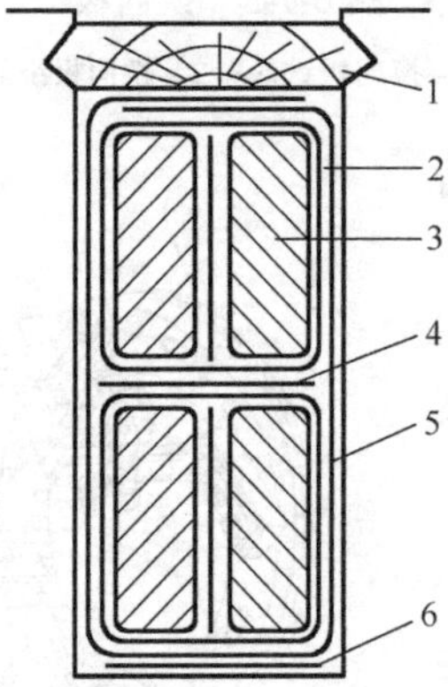

图 6-1-8　电枢槽的结构

1—槽楔；2—线圈绝缘；3—电枢导体

4—层间绝缘；5—槽绝缘；6—槽底绝缘

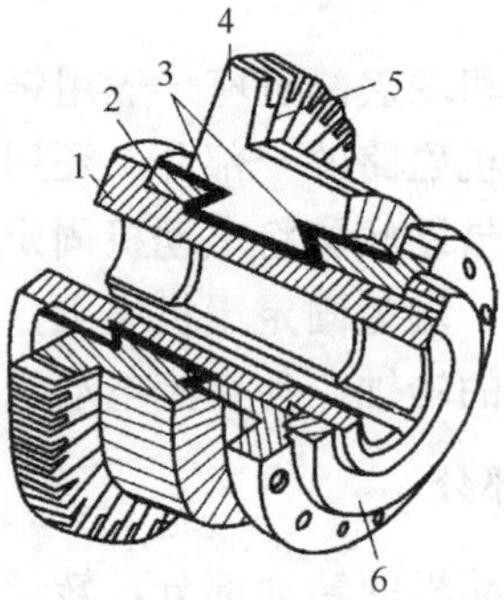

图 6-1-9　换向器结构

1—换向器套筒；2—V 形压圈；3—V 形云母环；

4—换向铜片；5—云母片；5—螺旋压圈

（4）转轴。转轴是用来传递转矩的，为了使电动机能可靠地运行，转轴一般用合金钢锻压加工而成。

（5）风扇。风扇用来散热，降低电机运行中的温升。

3. 气隙

静止的磁极和旋转的电枢之间的间隙称为气隙。在小容量电动机中，气隙为 0.5～3mm。气隙数值虽小，但磁阻很大，为电动机磁路的主要组成部分。气隙大小对电动机运行性能有很大影响。

二、直流电动机的铭牌数据

电机制造厂按照国家标准，根据电动机的设计和实验数据，规定了电动机的正常运行状态和条件，通常称之为额定运行。凡表征电动机额定运行情况的各种数据均称为额定值，标注在电动机铝制铭牌上，如图 6-1-10 所示。

直流电动机			
型号	Z2-11	励磁方式	并（他）励
容量	0.4kW	励磁电压	220V
电压	230V	定额	S1
电流	2.88A	绝缘等级	定子 B 电枢 B
转速	1500r/min	质量	76kg
技术条件		出厂日期	1996 年 12 月
出厂编号	JB1104-68	励磁电流	A
***电机厂			

图 6-1-10 直流电动机铭牌

1. 型号

型号包含电动机的系列、机座号、铁芯长度、设计次数、极数等。

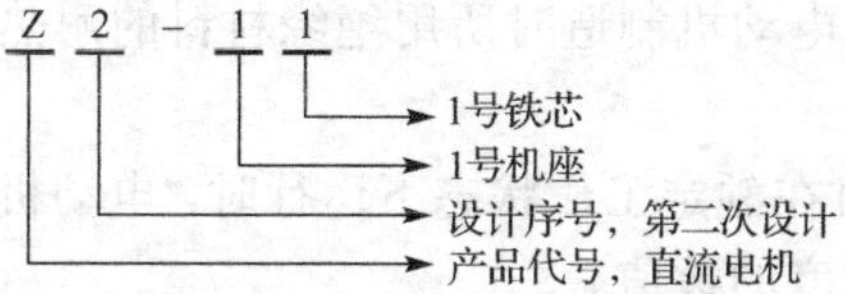

国产电动机型号一般格式为：第一部分用大写的拼音字母表示产品代号，第二部分用阿拉伯数字表示设计序号，第三部分用阿拉伯数字表示机座代号，第四部分用阿拉伯数字表示电枢铁芯长度代号。

以 Z2–92 为例：Z 表示一般用途直流电动机；2 表示设计序号，第二次改型设计；9 表示机座序号；2 表示电枢铁芯长度符号。

第一部分字符含义如下：

Z 系列：一般用途直流电动机（如 Z2，Z3，Z4 等系列）；

ZJ 系列：精密机床用直流电动机；

ZT 系列：广调速直流电动机；

ZQ 系列：直流牵引电动机；

ZH 系列：船用直流电动机；

ZA 系列：防爆安全型直流电动机；

ZKJ 系列：挖掘机用直流电动机；

ZZJ 系列：冶金起重机用直流电动机。

例如，在直流电动机的型号 Z4-112/2-1 中，Z 表示直流电动机；4 表示第四次系列设计；112 表示机座中心高度，单位为 mm；2 表示极数；1 表示电枢铁芯长度代号。

2. 额定值

（1）额定功率 P_N（容量）指电机在额定情况下，长期运行所允许的输出功率。对发电机来讲，是指输出的电功率；对电动机来讲，是指轴上输出的机械功率。单位为 kW。

（2）额定电压 U_N 指正常工作时，电机出线端的电压值。对发电机而言是指在额定运行时输出的端电压；对电动机而言是指额定运行时的电源电压。单位为 V。

（3）额定电流 I_N 指电机对应额定电压、额定输出功率时的电流值。对发电机而言是指带有额定负载时的输出电流；对电动机而言是指轴上带有额定机械负载时的输入电流。单位为 A。

（4）额定转速 n_N 是指当电机在额定功率、额定电压和额定电流下运转时，转子旋转的速度。单位为 r/min（转/分）。直流电机铭牌往往有低、高两种转速，低转速是指基本转速，高转速是指最高转速。

（5）励磁方式是指励磁绕组的供电方式，其决定了励磁绕组和电枢绕组的接线方式。通常有他励、并励、串励和复励四种。

（6）励磁电压 U_{LN} 是指加在励磁绕组两端的额定电压值，一般有 110V、220V 等。单位为 V。

（7）励磁电流 I_{LN} 是指在额定励磁电压下，励磁绕组中所流过的电流大小。单位为 A。

（8）定额（工作制）也就是电动机的工作方式，是指电动机在额定状态运行时能持续工作的时间和顺序。电动机定额分为连续制（S_1）、短时（S_2）和断续（S_3）三种。

（9）绝缘等级是指直流电动机制造时所用绝缘材料的耐热等级。可参阅交流电动机的有关内容。

（10）额定温升指电动机在额定工作状态下运行时，电动机各发热部分所允许达到的最高工作温度减去绕组环境温度的数值。

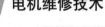

三、直流电动机的分类

励磁方式是指直流电动机主磁场产生的方式。不同的励磁方式会产生不同的电动机输出特性，从而适用于不同场合。

直流电动机根据励磁方式的不同，可分为 4 种类型：他励直流电动机、并励直流电动机、串励直流电动机和复励直流电动机。具体见表 6-1-1。

表 6-1-1　直流电动机的类型及特点

<table>
<tr><th colspan="2">名称</th><th>电动机绕组接线图</th><th>特点</th></tr>
<tr><td colspan="2">他励直流电动机</td><td>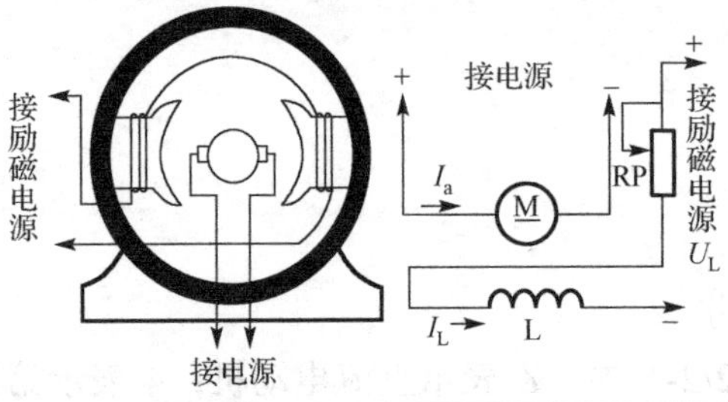
</td><td>励磁绕组（主磁极绕组）与电枢绕组由各自的直流电源单独供电，在电路上没有直接联系</td></tr>
<tr><td>自励直流电动机</td><td>并励</td><td>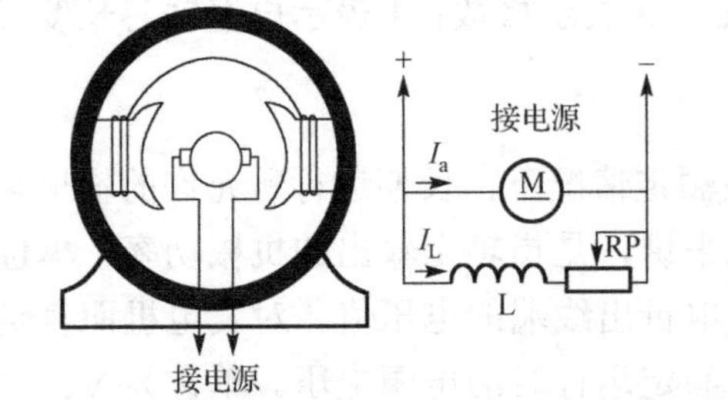
</td><td>（1）励磁绕组与电枢绕组并联，加在这两个绕组上的电压相等，而通过电枢绕组的电流 I_a 和通过励磁绕组的电流 I_L 不同，总电流 $I = I_a+I_L$
（2）励磁绕组匝数多，导线截面较小，励磁电流只占电枢电流的一小部分</td></tr>
</table>

续表

名称		电机绕组接线图	特点
自励直流电动机	串励	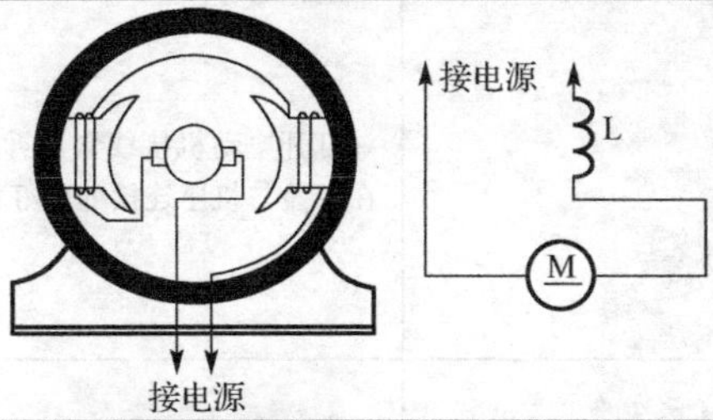	（1）励磁绕组与电枢绕组串联，因此励磁绕组的电流 I_L 与电枢绕组的电流 I_a 相等 （2）励磁绕组匝数少，导线截面较大，励磁绕组上的电压降很小
	复励	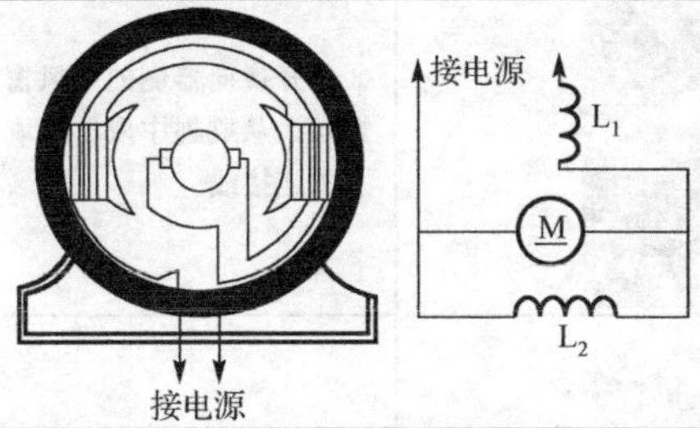	（1）复励电动机的励磁绕组有两组：一组与电枢绕组串联，另一组与电枢绕组并联 （2）当两个绕组产生的磁通方向一致时，称为积复励电动机 （3）当两个绕组产生的磁通方向相反时，称为差复励电动机

任务实施

一、任务准备

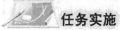

实施本任务教学所使用的实训设备及工具材料可参考表 6-1-2。

表 6-1-2 实训设备及工具材料

序号	分类	名称	型号规格	数量	单位	备注
1	工具仪表	电工常用工具		1	套	
2		外圆卡圈钳		1	把	
3		内圆卡圈钳		1	把	
4		自制扳手		1	把	
5		木锤		1	把	
6		铁锤		1	把	
7		活动扳手		1	把	
8		轴承拉具		1	把	
9		铜棒		1	根	
10		万用表	MF47 型或 MF30 型	1	块	
11		钳形电流表	301-A	1	块	
12		转速表		1	块	
13		兆欧表	500V	1	块	
14	设备器材	直流电动机	Z200/20-200	1	台	
15		低压断路器	DZ10-250/330	1	个	
16		多股软线	BVR2.5	若干	米	

二、直流电动机的拆卸

直流电动机的拆卸步骤详见表 6-1-3。

表 6-1-3　直流电动机的拆卸步骤

序号	步骤	图示	过程描述
1	拆卸	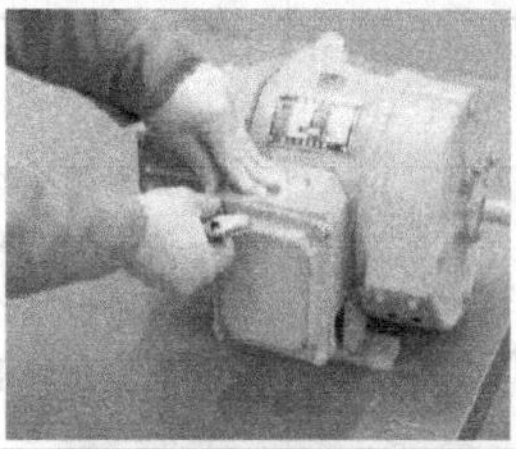	打开电动机接线盒，拆下电源连接线。在端盖与机座连接处做好标记
2	取出电刷	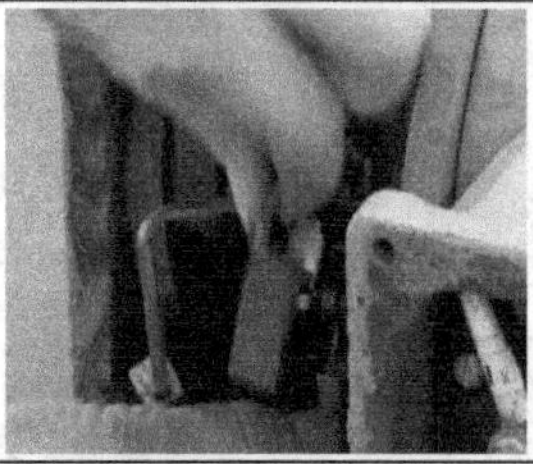	打开换向器侧的通风窗，卸下电刷紧固螺丝，从刷握中取出电刷，拆下接到刷杆上的连接线
3	拆卸轴承外盖		拆除换向器侧端盖螺丝和轴承盖螺丝，取出轴承外盖；拆卸换向器端的端盖，必要时从端盖上取下刷架
4	抽出电枢	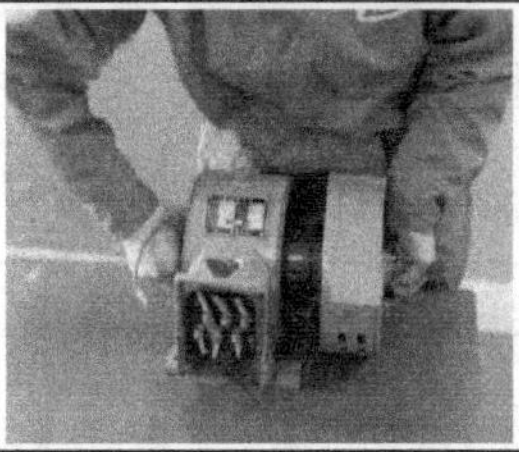	抽出电枢时要小心，不要碰伤电枢
5	拆下轴承外盖		用纸或软布将换向器包好。 拆下前端盖上的轴承盖螺钉，并取下轴承外盖（将连同前端盖在内的电枢放在木架上或木板上）；轴承一般只在损坏后方可取出，无特殊原因，不必拆卸

三、直流电动机的装配

直流电动机的装配步骤如下。

（1）拆卸完成后，对轴承等零件进行清洗，并经质量检查合格后，涂注润滑脂待用。

（2）直流电动机的装配与拆卸步骤相反。

提示

（1）拆下刷架前，要做好标记，便于安装后调整电刷的中性线位置。

（2）抽出电枢时要仔细，不要碰伤换向器及各绕组。

（3）取出的电枢必须放在木架或木板上，并用布或纸包好。

（4）装配时，拧紧端盖螺栓，四周用力必须均匀，按对角线上下左右逐步拧紧。

（5）必要时，应在拆解前对原有配合位置做一些标记，以利于将来组装时恢复原状。

检查评议

对任务实施的完成情况进行检查，并将结果填入表6-1-4的评分表内。

表6-1-4 任务评测表

步骤	内容	评分标准		配分	得分
1	拆装前的准备	（1）考核前未将所需工具、仪器及材料准备好，扣10分 （2）拆除电动机电源电缆头及电动机外壳保护接地工艺不正确，电缆头没有安全措施，扣5分		10	
2	拆卸	（1）拆卸电刷盖不正确，扣10分 （2）取出电刷及联动弹簧不正确，扣10分 （3）取出前端盖不正确，扣10分 （4）拆卸后端盖不正确，扣10分 （5）装配标记不清楚，每处扣2分		60	
3	安装	（1）安装步骤方法错误，每次扣5分 （2）碰伤绕组，扣10分 （3）损伤零部件，每次扣5分 （4）紧固螺钉未拧紧，每次扣2分 （5）装配后转动不灵活，扣5分		20	
4	安全文明生产	（1）违反安全文明生产规程，扣10分 （2）发生人身和设备安全事故，不及格		10	
5	定额时间	2h，超时扣5分			
6	备注		合计	100	

巩固与提高

一、填空题（请将正确答案填在横线空白处）

1．直流电机是能实现________和________相互转换的电机。

2．直流电机按照用途可以分为________和________两类。

3．直流电机由________和________两大部分组成。电刷装置由________、________、________和________等组成。

4．定子是________部分，主要用来产生主磁场。它主要包括：________、________、________、________等。

5．电枢绕组的作用是通过电流产生________和________，实现能量转换。

6．直流电动机根据励磁方式的不同，可分为________、________、________和________四种类型。

7．他励直流电动机的励磁电流由________供电，因此，励磁电流的大小与电动机本身的端电压大小无关。

8．并励直流电动机中励磁绕组与电枢绕组________，加在这两个绕组上的________相等。励磁绕组匝数________，导线截面________。

二、判断题（正确的在括号内打“√”，错误的打“×”）

1．电刷利用压力弹簧的压力可以保障良好的接触。（　）

2．直流电动机的电枢铁芯由于在直流状态下工作，通过的磁通是不变的，因此完全可以用整块的导磁材料制造，不必用硅钢片制成。（　）

3．直流电动机的换向器用以产生换向磁场，以改善电动机的换向。（　）

4．为改善换向，所有的直流电动机必须加装换向极。（　）

5．断续定额的直流电动机不允许连续运行，但连续运行的直流电动机可以断续运行。（　）

三、选择题（将正确答案的字母填入括号中）

1．直流电动机铭牌上的额定电流是（　）。

A．额定电枢电流　B．额定励磁电流　C．电源输入电动机的电流

2．直流电动机中的电刷是为了引导电流，在实际应用中常采用（　）。

A．石墨电刷　B．铜质电刷　C．银质电刷

3．直流电动机换向极的作用是（　）。

A．削弱主磁场　B．增强主磁场　C．抵消主磁场

4．直流电动机在旋转一周的过程中，某一个绕组元件（线圈）中通过的电流是（　）。

A．直流电流　B．交流电流　C．互相抵消正好为零

任务2　直流电动机的使用和维护

学习目标

知识目标：

1．掌握直流电动机的工作原理。

2．了解直流电动机的特点。

3．熟悉直流电动机的基本理论。

4．了解直流电动机的电枢反应。

能力目标：

会正确使用和维护直流电动机。

工作任务

直流电动机的种类繁多，性能各异，但是在工作原理上几乎相同。要想正确使用直流电动机，必须首先掌握直流电动机的工作原理，了解直流电动机的特点，同时掌握直流电动机的正确使用方法以及维护能力。本任务的主要内容是熟悉直流电动机的使用和维护，并对直流电动机进行保养。

相关理论

一、直流电动机的工作原理

为了讨论直流电动机的工作原理，可把复杂的直流电动机结构简化为图 6-2-1、图 6-2-2

所示的简单结构。此时，电动机仅具有一对主磁极，电枢绕组只是一个线圈，线圈两端分别连在两个换向片上，换向片上压着电刷A和B。

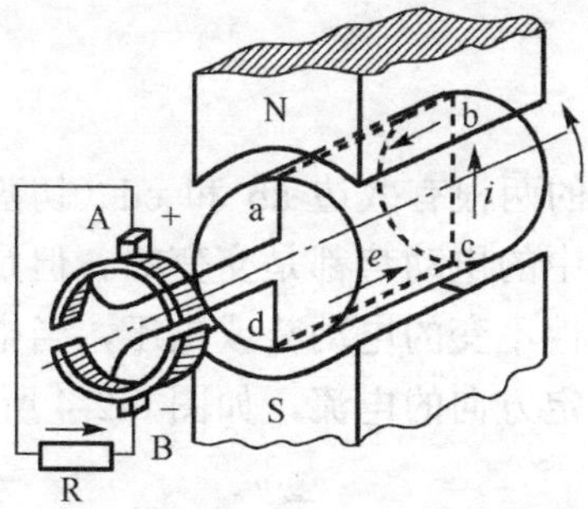

图6-2-1 简化后的直流发电机结构

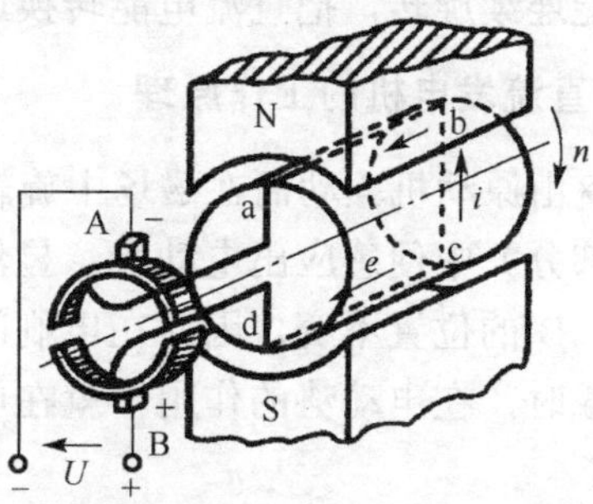

图6-2-2 简化后的直流电动机结构

1. 直流电动机的工作原理

给直流电动机的两个电刷加上直流电源，如图6-2-3(a)所示，则有直流电流从电刷A流入，经过线圈abcd，从电刷B流出。根据电磁力定律，载流导体ab和cd受到电磁力的作用，其方向可由左手定则判定，两段导体受到的力形成了一个转矩，使得转子逆时针转动。如果转子转到如图6-2-3(c)所示的位置，电刷A和换向片2接触，电刷B和换向片1接触，直流电流从电刷A流入，在线圈中的流动方向是dcba，从电刷B流出。

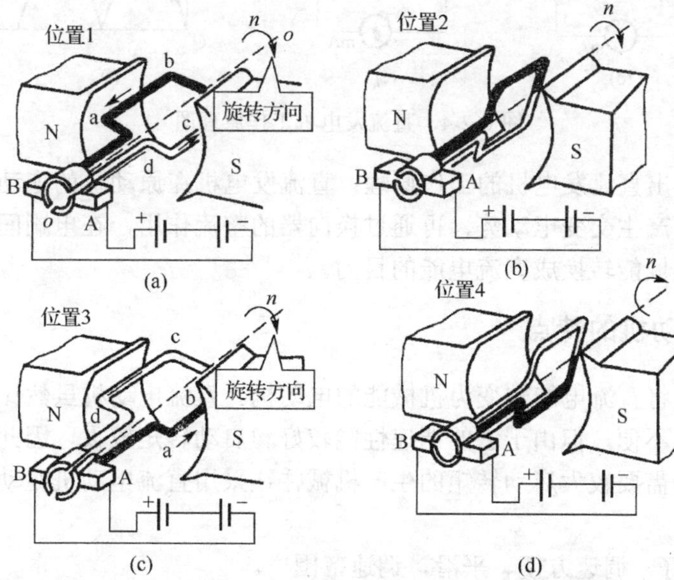

图6-2-3 直流电动机的工作原理图

此时载流导体ab和cd受到电磁力的作用方向同样可由左手定则判定，它们产生的转矩仍然使得转子逆时针转动，这就是直流电动机的工作原理。外加的电源是直流的，但由于电刷和换向片的作用，在线圈中流过的电流是交流的，其产生的转矩的方向却是不变的。

由此可以归纳出直流电动机的工作原理：直流电动机在外加直流电压的作用下，在导体中形成电流，载流导体在磁场中将受电磁力的作用，由于换向器的换向作用，导体在进入异性磁极时，导体中的电流方向也相应改变，从而保证了电磁转矩的方向不变，使直流电动机能连续旋转，把直流电能转换成机械能输出。

2. 直流发电机的工作原理

电枢由原动机驱动而在磁场中旋转，在电枢线圈的两根有效边 ab 和 cd（切割磁力线的导体部分）中便感应出电动势。显然，每条有效边中的电动势都是交变的。但是，由于电刷 A、B 的位置不变，因此在电刷间就出现一个极性不变的电动势或电压，当电刷之间接有负载时，在电动势的作用下就在电路中产生一恒定方向的电流，如图 6-2-4 所示。

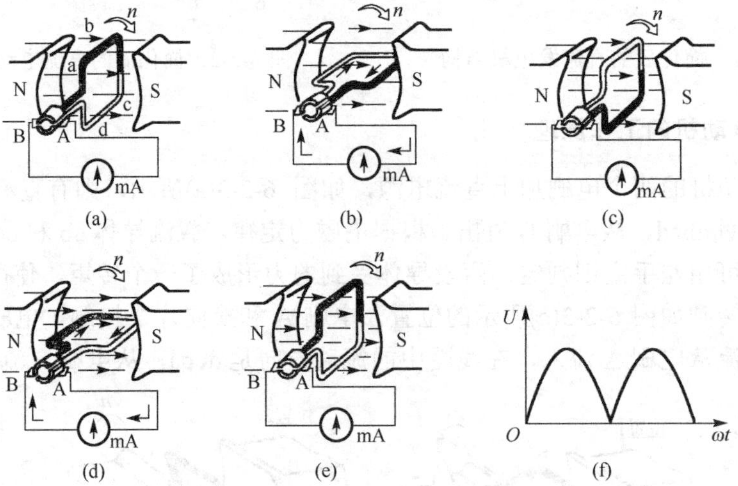

图 6-2-4　直流发电机工作原理图

由此可以归纳出直流发电机的工作原理：直流发电机在原动机的拖动下旋转，电枢上的导体切割磁力线产生交变电动势，再通过换向器的整流作用，在电刷间获得直流电压输出，从而实现将机械能转换成直流电能的目的。

二、直流电动机的特点

直流电动机是将直流电能转变为机械能的电动机。直流电动机虽然比三相异步电动机结构复杂，维修也不便，但由于它的调速性能较好和启动转矩较大，因此，对调速要求较高的生产机械或者需要较大启动转矩的生产机械往往采用直流电动机驱动。直流电动机具有以下优点：

① 调速性能好，调速方便、平滑，调速范围广。

② 启动、制动转矩大，易于快速启动、停车。

③ 易于控制，能实现频繁快速启动、制动以及正反转。

直流电动机主要应用于轧钢机、电气机车、中大型龙门刨床、矿山竖井提升机以及起重设备等调速范围大的大型设备。直流电动机的主要缺点是电枢电流换向问题，在换向时产生的火花最终将造成电刷与换向片间接触不良，它限制了直流电动机的极限容量，又增加了维护的工作量。

三、直流电动机的基本理论

1．电枢反应和换向

（1）电枢反应。直流电动机负载运行时，电枢绕组中有电流流过，该电流建立的磁场称为电枢磁场。此时主磁场和电枢磁场同时存在，电枢磁场对主磁场的影响就叫做电枢反应。如图 6-2-5 所示。电枢反应的结果是合成磁场发生畸变，合成磁场不对称，给换向带来困难，换向火花增大。

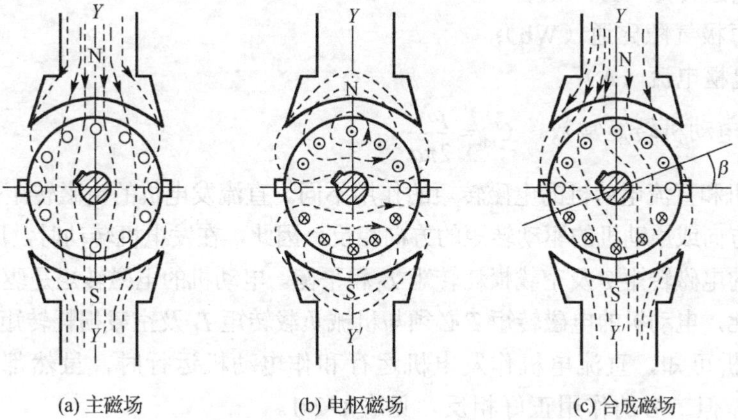

图 6-2-5　电枢反应

（2）换向。直流电动机运行中，电枢绕组元件经过电刷时，从一条支路进入另一条支路，电流的方向发生变化，这个过程叫做换向，如图 6-2-6 所示。

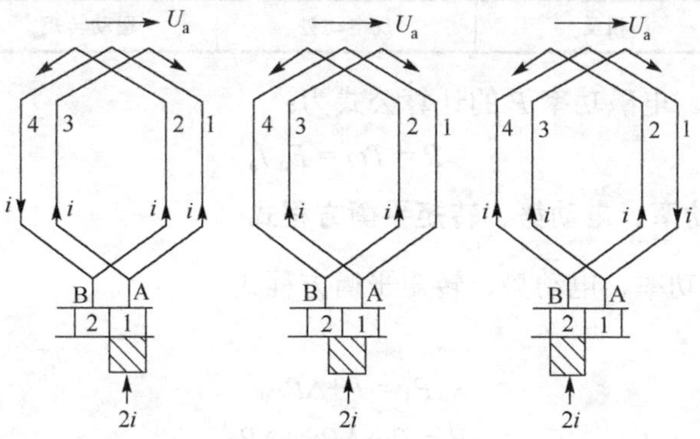

图 6-2-6　换向过程

2．直流电动机的电枢电动势 E_a、电磁转矩 T、电磁功率 P

（1）电枢电动势 E_a。电枢绕组在磁场中运动产生的感应电动势称为电枢电动势。

$$E_a = C_e \Phi n$$

式中　E_a——电枢电动势（V）；

Φ——每极气隙磁通（Wb）；

n——电动机转速（r/min）；

C_e——电动机结构常数，$C_e = \dfrac{pN}{60a}$。

直流发电机中，电枢电动势的方向总是与电流的方向相同，被称为电源电动势。直流电动机中，电枢电动势的方向总是与电流的方向相反，被称为反电动势。

（2）电磁转矩 T。电枢绕组中有电流时，受到电磁力的作用产生的转矩称为电磁转矩。

$$T = C_m \Phi I_a$$

式中 T——电磁转矩（N·m）；

Φ——每极气隙磁通（Wb）；

I_a——电枢电流（A）；

C_m——电动机转矩常数，$C_m = \dfrac{pN}{2\pi a}$。

直流发电机和直流电动机的电磁转矩的作用不同。直流发电机的电磁转矩是制动转矩，它与电枢转动的方向或原动机的驱动转矩的方向相反。因此，在发电机转动时，原动机的转矩 T_1 必须与发电机的电磁转矩 T 及空载损耗转矩 T_0 相平衡。电动机的电磁转矩是驱动转矩，它驱使电枢转动。因此，电动机的电磁转矩 T 必须与机械负载转矩 T_L 及空载损耗转矩 T_0 相平衡。

从以上分析可知，直流电机作发电机运行和作电动机运行时，虽然都产生电动势 E_a 和电磁转矩 T，但二者的作用正好相反，见表 6-2-1。

表 6-2-1 电机运行方式比较

电机运行方式	E_a 与 I 的方向	E_a 的作用	T 的性质	转矩的关系
直流发电机	相同	电源电动势	制动转矩	$T_L = T+T_0$
直流电动机	相反	反电动势	驱动转矩	$T = T_L+T_0$

（3）电磁功率 P。电磁功率 P 的计算公式为：

$$P = T\omega = E_a I_a$$

3. 直流电动机功率、电动势、转矩平衡方程式

（1）直流电动机功率、电动势、转矩平衡方程式。

功率平衡方程式

$$P_1 = P+\Delta P_{Cu}$$

$$P = P_2+\Delta P_{Fe}+\Delta P_{\Omega}$$

$$P_1 = P_2+\Delta P_{Cu}+\Delta P_{Fe}+\Delta P_{\Omega}$$

$$\Delta P_{Cu} = I_a^2 R_a$$

式中 P_1——输入功率（W）；

P_2——为输出功率（W）；

P——电磁功率（W）；

$\Delta P_{Cu} = I_a^2 R_a$——铜损耗（W）；

ΔP_{Fe}——铁损耗（W）；

ΔP_{Ω}——机械损耗（W）；

R_a——电枢回路电阻（Ω）。

电动势平衡方程式

$$U = E_a + I_a R_a$$

转矩平衡方程式

$$T = T_2 + T_0$$

$$T_2 = 9.55\frac{P_2}{n}$$

式中 T——电磁转矩（N·m）；

T_2——输出转矩（N·m）；

T_0为空载转矩（N·m）。

（2）直流发电机功率、电动势、转矩平衡方程式。

功率平衡方程式

$$P_1 = P + \Delta P_{Fe} + \Delta P_{\Omega}$$

$$P = P_2 + \Delta P_{Cu}$$

$$P_1 = P_2 + \Delta P_{Cu} + \Delta P_{Fe} + \Delta P_{\Omega}$$

电动势平衡方程式

$$U = E_a - I_a R_a$$

转矩平衡方程式

$$T_1 = T + T_0$$

式中 T_1——输入转矩（N·m）。

任务实施

一、任务准备

实施本任务教学所使用的实训设备及工具材料可参考表6-2-2。

表6-2-2 实训设备及工具材料

序号	分类	名称	型号规格	数量	单位	备注
1	工具仪表	电工常用工具		1	套	
2		万用表	MF47型或MF30	1	块	
3		压力表		1	块	
4	设备器材	直流电动机	Z2系列	1	台	
5		空气压缩机	自定	1	台	
6		通风机	自定	1	台	
7		润滑脂		若干	千克	
8		无绒毛的布块		若干	块	
9		砂布	0号	1	张	
10		记号笔		1	支	
11		酒精		若干	千克	
12		烘箱		1	个	

二、直流电动机的使用

1．直流电动机的启动准备

直流电动机在安装后投入运行前或长期搁置而重新投入运行前，需做下列启动准备工作。

（1）用压缩空气吹净附着于电动机内部的灰尘，对于新电动机应去掉在风窗处的包装纸。检查轴承润滑脂是否洁净、适量，以润滑脂占轴承室的 2/3 为宜。

（2）用柔软、干燥而无绒毛的布块擦拭换向器表面，并检查其是否光洁，如有油污，则可蘸少许汽油擦拭干净。

（3）检查电刷压力是否正常均匀，电刷间压力差不超过 10%，刷握的固定是否可靠，电刷在刷握内是否太紧或太松，电刷与换向器的接触是否良好。

（4）检查刷杆座上是否标有电刷位置的记号。

（5）用手转动电枢，检查是否阻塞或在转动时是否有撞击或摩擦之声。

（6）接地装置是否良好。

（7）用 500V 兆欧表测量绕组对机壳的绝缘电阻，如小于 1MΩ 则必须进行干燥处理。

（8）电动机引出线与励磁电阻、启动器等连接是否正确，接触是否良好。

2．直流电动机的启动

（1）检查线路情况 （包括电源、控制器、接线及测量仪表的连接等），启动器的弹簧是否灵活，接触是否良好。

（2）在恒压电源供电时，需用启动器启动。闭合电源开关，在电动机负载下，转动启动器，在每个触点上停留约 2s 时间，直至最后一点，转动臂被电磁铁吸住为止。

（3）电动机在单独的可调电源供电时，先将励磁绕组通电，并将电源电压降低至最小，然后闭合电枢回路接触器，逐渐升高电压，达到额定值或所需转速。

（4）电动机与生产机械的联轴器分别连接，输入小于 10%的额定电枢电压，确定电动机与生产机械转速方向是否一致，一致时表示接线正确。

（5）电动机换向器端装有测速发电机时，电动机启动后，应检查测速发电机输出特性，该极性与控制屏极性应一致。

（6）电动机启动完毕后，应观察换向器上有无火花，火花等级是否超标。

3．直流电动机的停机

（1）如为变速电动机，先将转速降到最低值。

（2）去掉电动机负载（除串励电动机外）后切断电源开关。

（3）切断励磁回路，励磁绕组不允许在停车后长期通额定电流。

三、直流电动机的定期检查与维护

电动机在使用过程中定期进行检查时，应特别注意下列事项。

1．保持清洁干燥

电动机周围应保持干燥，其内外部均不应放置其他物件。电动机的清洁工作每月不得少于一次，清洁时应以压缩空气吹净内部的灰尘，特别是换向器、线圈连接线和引线部分。

2．换向器的维护

（1）换向器应是呈正圆柱形光洁的表面，不应有机械损伤和烧焦的痕迹。

（2）换向器在负载下经长期无火花运转后，在表面产生一层褐色有光泽的坚硬薄膜，这是正常现象，它能保护换向器不受磨损。这层薄膜必须加以保护，不能用砂布摩擦。

（3）当换向器表面出现粗糙、烧焦等现象时，可用 0 号砂布在旋转着的换向器表面进行细致研磨。当换向器表面出现过于粗糙不平、不圆或有部分凹进现象时，应将换向器进行车削，车削速度不大于 1.5m/s，车削深度及每转进刀量均不大于 0.1mm，车削时，换向器不应有轴向位移。

（4）换向器表面磨损很多时或经车削后，发现云母片有凸出现象，应以铣刀将云母片铣成 1～1.5mm 的凹槽。

（5）换向器车削或云母片下刻时，须防止铜屑、灰尘侵入电枢内部。因而要将电枢线圈端部及接头片覆盖。加工完毕后用压缩空气做清洁处理。

3．电刷的维护

（1）电刷与换向器的工作面应有良好的接触，电刷压力正常。电刷在刷握内应能滑动自如。电刷磨损或损坏时，应以牌号及尺寸与原来相同的电刷更替之，并且用 0 号砂布进行研磨，砂布面向电刷，背面紧贴换向器，研磨时随换向器做来回移动。

（2）电刷研磨后用压缩空气做清洁处理，再使电动机做空载运转然后以轻负载（为额定负载的 1/4～1/3）运转 1h，使电刷在换向器上得到良好的接触面（每块电刷的接触面积不小于其总面积的 75%）。

4．轴承的维护

（1）轴承在运转时温度太高，或发出有害杂音时，说明可能损坏或有外物侵入，应拆下轴承清洗检查，当发现钢珠或滑圈有裂纹损坏或轴承经清洗后使用情况仍未改变时，必须更换新轴承。轴承工作 2000～2500h 后应更换新的润滑脂，但每年不得少于一次。

（2）轴承在运转时须防止灰尘及潮气侵入，并严禁对轴承内圈或外圈有任何冲击。

5．绝缘电阻的检查与维护

（1）应当经常检查电动机的绝缘电阻，如果绝缘电阻小于 1MΩ，应仔细清除绝缘表面的污物和灰尘，并用汽油、甲苯或四氯化碳清除，待其干燥后再涂绝缘漆。

（2）必要时可采用热空气干燥法，用通风机将热空气（80℃）送入电动机进行干燥，开始时，绝缘电阻降低，然后升高，最后趋于稳定。

6．通风系统的检查

应经常检查定子温升，判断通风系统是否正常，风量是否足够，如果温升超过允许值，应立即停车检查通风系统。

四、直流电动机的保养

（1）电动机未使用前应放置在通风干燥的仓库中，下面垫块干燥的木板更佳；电动机应远离有腐蚀性的物质，电动机的轴伸端应涂防锈油。

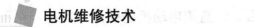

（2）从仓库中取出电动机后，应用吹风机吹去表面的灰尘和杂物。

（3）若是新电动机，要先打开风扇盖，撕去粘在风扇盖内的防尘纸；取去包在换向器刷架上的覆盖纸。

（4）检查换向器表面是否有油污等，若有，可用棉纱蘸酒精擦净。

（5）仔细检查每个电刷在刷握中松紧是否合适，刷握是否有松动，检查刷握与换向器表面之间的距离是否合适。

（6）检查电刷的受压大小是否合适，应逐之调整。

（7）用手转动电动机轴，检查电枢转动是否灵活，有无异常响声。

（8）用 500V 的兆欧表（摇表）摇测每个绕组对地的绝缘阻值；摇测各绕组之间的绝缘阻值；若低于 0.5MΩ，则应送烘箱烘干。

检查评议

对任务实施的完成情况进行检查，并将结果填入表 6-2-3 的评分表内。

表 6-2-3　任务评测表

步骤	内容	评分标准		配分	得分
1	使用维护前的准备	操作前未将所需工具、仪器及材料准备好，扣 10 分		10	
2	直流电动机的使用	（1）未按要求进行电动机启动前的准备，扣 10 分 （2）没有正确操作启动直流电动机，扣 10 分 （3）直流电动机停机操作方法错误，扣 10 分		20	
3	直流电动机的定期检查与维护	（1）未按要求进行换向器检查与维护，扣 10 分 （2）未按要求进行电刷检查与维护，扣 10 分 （3）未按要求进行轴承检查与维护，扣 10 分 （4）未按要求进行绝缘电阻检查，扣 10 分 （5）未按要求进行通风系统检查，扣 10 分		50	
4	直流电动机的保养	未按要求对直流电动机进行正确保养，扣 10 分		10	
5	安全文明生产	（1）违反安全文明生产规程，扣 5～40 分 （2）发生人身和设备安全事故，不及格		10	
6	定额时间	2h，超时扣 5 分			
7	备注		合计	100	

巩固与提高

一、填空题（请将正确答案填在横线空白处）

1．直流电动机主要应用于________、________、________、________及________等调速范围大的大型设备。

2．直流电动机接负载后，电枢绕组有________通过，该电流建立的________称为电枢磁场，电枢磁场对________的影响称为电枢反应。

3．电枢反应对直流电动机带来的影响是电刷与换向器表面的火花________，电动机的________有所减小。

4．直流电机改善换向最常用的方法是________。

5．电枢电动势对直流电动机来说是________，而对直流发电机来说则是________。

6．电磁转矩对直流电动机来说是________转矩，而对直流发电机来说则是________转矩。

7．直流电动机的功率损耗包括________损耗和________损耗两部分。

二、判断题（正确的在括号内打“√”，错误的打“×”）

1．不论是直流发电机还是直流电动机，其换向极绕组都与主磁极绕组串联。（ ）

2．直流电动机的铜损耗包括电枢绕组、换向极绕组、励磁绕组等的电阻损耗和电刷的接触损耗。（ ）

3．直流电机中的不变损耗是指空载损耗，它包括铜损耗和铁损耗。（ ）

4．直流发电机中，电动势的方向总是与电流的方向相反，被称为电源电动势。（ ）

三、选择题（将正确答案的字母填入括号中）

1．直流电动机的某一个电枢绕组在旋转一周的过程中，通过其中的电流是（ ）。

A．直流电流 B．交流电流 C．脉冲电流

2．直流电动机中装设换向极的目的主要是（ ）。

A．削弱主磁场 B．增强主磁场 C．抵消电枢磁场

3．直流电动机换向器的作用是（ ）。

A．把交流电压变成电动机的直流电流

B．把直流电流变成电枢绕组的交流电流

C．把直流电压变成电枢绕组的直流电流

四、计算题

并励电动机额定数据为：$P_2=10\text{kW}$，$U_N=110\text{V}$，$n_N=1100\text{r/min}$，$\eta=0.909$，电枢绕组 $R_a=0.02\Omega$，励磁回路电阻 $R_L=55\Omega$，求：（1）额定电流 I_N，电枢电流 I_a，励磁电流 I_L；（2）铜损耗 ΔP_{Cu}；（3）额定转矩 T_N；（4）反电动势 E_a。

任务3 直流电动机的运行

学习目标

知识目标：

1. 了解直流电动机的机械特性。
2. 熟悉直流电动机的启动原理和方法。
3. 掌握直流电动机的调速原理和方法。
4. 掌握直流电动机的制动及反转原理和方法。

能力目标：

会进行直流电动机的启动、正反转、制动控制线路的安装与调试。

工作任务

直流电动机按其励磁方式的不同可分为他励、并励、串励、复励四种，其中使用最多的是并励直流电动机，其次是串励直流电动机。本任务主要学习直流电动机的机械特性，以及直流电动机的启动、调速、制动和反转原理、方法及其应用，并对直流电动机的启动、正反转和能耗制动控制线路进行安装与调试。

相关理论

一、直流电动机的机械特性

直流电动机的机械特性是指电动机在电枢电压、励磁电流、电枢回路电阻为恒值的条件下，即电动机处于稳态运行时，电动机的转速与电磁转矩之间的关系：

$$n=f(T)$$

1．他励直流电动机的机械特性

在电源电压 U 和励磁电路的电阻 R_f 为常数的条件下，表示电动机的转速 n 和转矩 T 之间的关系 $n=f(T)$曲线，称为机械特性曲线。

图 6-3-1 是他励直流电动机的电路原理图，他励直流电动机的机械特性方程式，可由他励直流电动机的基本方程式导出。

由公式 $U=E_a+I_aR_a$，　$E_a=C_e\Phi n$ 和 $T=C_m\Phi I_a$ 导出机械特性方程式：

$$n=\frac{U}{C_e\Phi}-\frac{R}{C_eC_m\Phi^2}T \tag{6-3-1}$$

当电源电压 $U=$ 常数，电枢回路总电阻 $R=$ 常数，励磁磁通 $\Phi=$ 常数时，电动机的机械特性如图 6-3-2 所示，是一条向下倾斜的直线，这说明加大电动机的负载，会使转速下降。特性曲线与纵轴的交点为 n_0 时的转速，$n_0=\dfrac{U}{C_e\Phi}$ 称为理想空载转速。

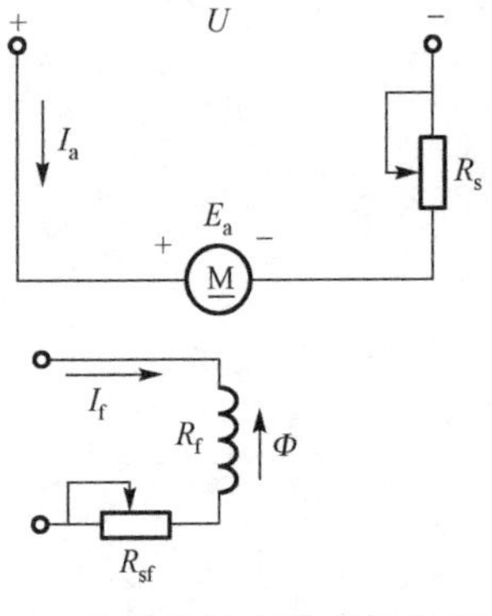

图 6-3-1　他励直流电动机的电路原理图

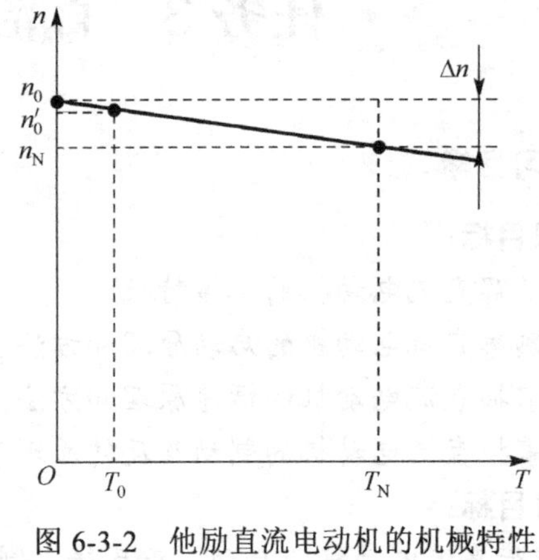

图 6-3-2　他励直流电动机的机械特性

实际上，当电动机旋转时，不论有无负载，总存在一定的空载损耗和相应的空载转矩，而电动机的实际空载转速 n_0' 将低于 n_0。由此可见式（6-3-1）的右边第二项即表示电动机带负载后的转速降，用 Δn 表示，则：

$$\Delta n=\frac{R}{C_eC_m\Phi^2}T=\beta T$$

式中 β——机械特性曲线的斜率。β 越大，Δn 越大，机械特性就越“软”，通常称 β 大的机械特性为软特性。一般他励电动机在电枢没有外接电阻时，机械特性都比较“硬”。转速调整率小，则机械特性硬度就高。

因此，他励电动机常用于在负载变化时要求转速比较稳定的场合，如金属切削机床、造纸机械等要求恒速的地方。

2．并励直流电动机的机械特性

并励直流电动机具有与他励电动机相似的“硬”的机械特性，由于并励电动机的励磁绕组与电枢绕组并联，共用一个电源，电枢电压的变化会影响励磁电流的变化，使机械特性比他励稍软。

电动机的机械特性分为固有机械特性和人为机械特性。

固有机械特性是当电动机的电枢工作电压和励磁磁通均为额定值，电枢电路中没有串入附加电阻时的机械特性，其方程式为：

$$n=\frac{U_N}{C_e\Phi_N}-\frac{R_a}{C_eC_m\Phi_N^2}T$$

固有机械特性如图 6-3-3 所示中的曲线 $R=R_a$ 所示，由于 R_a 较小，故他励直流电动机固有机械特性较“硬”。

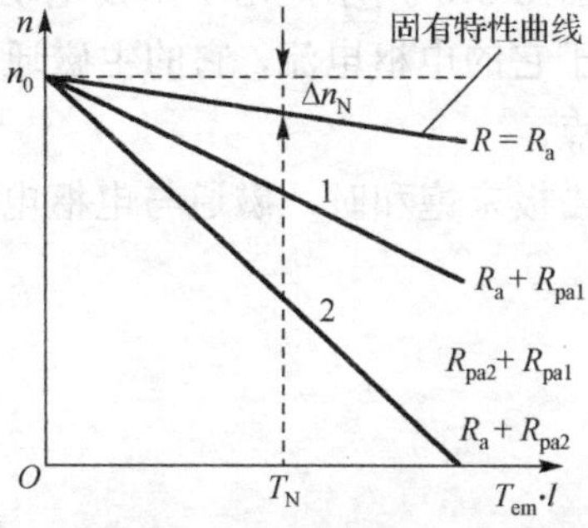

图 6-3-3　他励直流电动机串电阻时的机械特性

人为机械特性是人为地改变电动机电路参数或电枢电压而得到的机械特性，即改变式（6-3-1）中的参数所获得的机械特性，一般只改变电压、磁通、附加电阻中的一个，他励电动机有下列三种人为机械特性。

（1）电枢串电阻时的人为机械特性。此时，$U=U_N, \Phi=\Phi_N, R=R_a+R_{pa}$，人为机械特性的方程式：

$$n=\frac{U_N}{C_e\Phi_N}-\frac{R_a+R_{pa}}{C_eC_m\Phi_N^2}T$$

与固有特性相比，理想空载转速 n_0 不变，但是，转速降 Δn 增大。R_{pa} 越大，Δn 也越大，特性变“软”，这类人为机械特性是一组通过 n_0 但具有不同斜率的直线，如图 6-3-3 所示。

（2）改变电枢电压时的人为机械特性。此时，$R_{pa}=0$，$\Phi=\Phi_N$，特性方程式 $n=\frac{U}{C_e\Phi_N}-\frac{R_a}{C_eC_m\Phi_N^2}T$，由于电动机的额定电压是工作电压的上限，因此改变电压时，只能在低于额定电压的范围内变化。与固有特性相比较，特性曲线的斜率不变，理想空载转速随电压减小呈正比减小，故改变电压时的人为特性是一组低于固有机械特性而与之平行的直线，如图 6-3-4 所示。

（3）减弱磁通时的人为机械特性。可以在励磁回路内串接电阻 R_{pL} 或降低励磁电压 U_L 来减弱磁通，此时 $U=U_N$，$R_{pa}=0$。特性方程式：$n=\frac{U_N}{C_e\Phi}-\frac{R_a}{C_eC_m\Phi^2}T$。

由于磁通 Φ 的减少，使得理想空载转速 n_0 和斜率 β 都增大，特性曲线如图 6-3-5 所示。

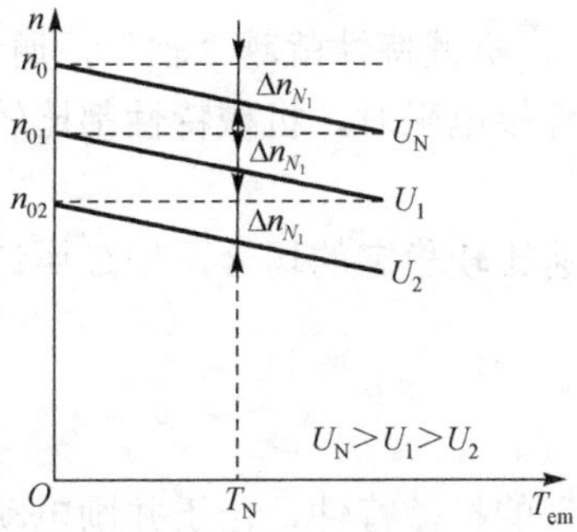

图 6-3-4　他励直流电动机改变电枢电压时的机械特性

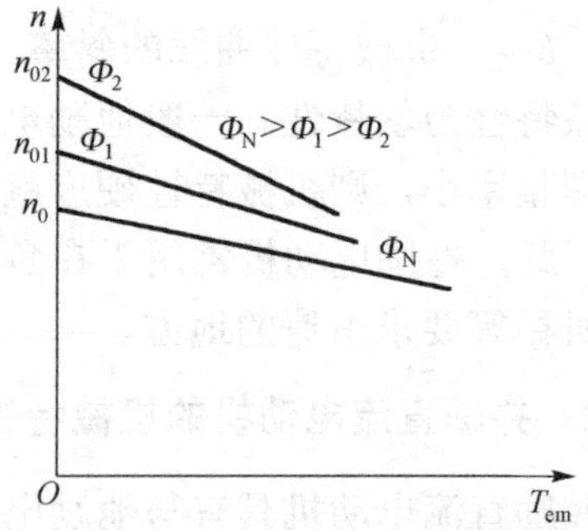

图 6-3-5　他励直流电动机弱磁时的机械特性

3. 串励电动机的机械特性

如图 6-3-6 所示，由于串励电动机的励磁绕组与电枢绕组串联，故串励电动机的励磁电流等于它的电枢电流，它的主磁通 Φ 随着电枢电流的变化而变化，这是串励电动机最基本的特点。

当磁极未饱和时，磁通与电枢电流成正比，即 $\Phi = CI_a$。又因 $T = C_m\Phi I_a = (C_m/C)\Phi^2$，即有：

$$\Phi = \sqrt{\frac{C}{C_m}} \times \sqrt{T}$$

$$n = \frac{U - I_aR_a}{C_e\Phi} = \frac{U}{C_e\Phi} - \frac{I_aR_a}{C_e\Phi}$$

则：

$$n = C_1\frac{U}{\sqrt{T}} - C_2R_a \qquad (6\text{-}3\text{-}2)$$

式中，C_1 及 C_2 均为常数。串励励磁绕组电阻较小，可忽略不计。在磁极未饱和的条件下，串励电动机的机械特性如图 6-3-6 所示的双曲线。

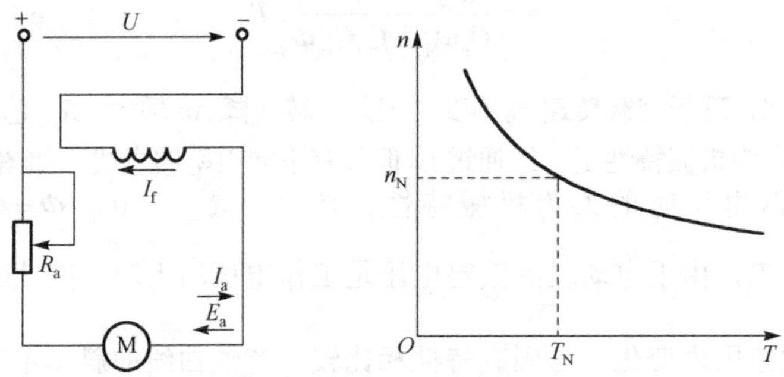

图 6-3-6　串励直流电动机的原理图和机械特性

（1）串励电动机的转速随转矩变化而剧烈变化，这种机械特性称为软特性。在轻负载时，电动机转速很快；负载转矩增加时，其转速较慢。

（2）串励电动机的转矩和电枢电流的平方成正比，因此它的启动转矩大，过载能力强。

（3）串励电动机空载时，理想空载转速为无限大，实际中也可达到额定转速的 5～7

倍（称为“飞车”），但这是电动机的机械强度所不允许的。因此，串励电动机不允许在空载或轻载的情况下运行。

（4）串励电动机也可以通过电枢串接电阻、改变电源电压、改变磁通达到人为机械特性，适应负载和工艺的要求。

串励电动机适用于负载变化比较大，且不可空转的场合。例如，电动机车、地铁电动车组、城市电车、电瓶车、挖掘机、铲车、起重机等。

4．并励与串励电动机性能比较

并励与串励电动机性能比较见表6-3-1。

表6-3-1　并励与串励电动机性能比较

类别	并励电动机	串励电动机
主磁极绕组构造特点	绕组匝数比较多，导线线径比较细，绕组的电阻比较大	绕组匝数比较多，导线线径比较细，绕组的电阻比较大
主磁极绕组和电枢绕组连接方法	主磁极绕组和电枢绕组并联，主磁极绕组承受的电压较高，流过的电流较小	主磁极绕组和电枢绕组串联，主磁极绕组承受的电压较低，流过的电流较大
机械特性	具有硬的机械特性，负载增大时，转速下降不多，具有恒转速特性	具有软的机械特性，负载较小时，转速较高；负载增大时，转速迅速下降。具有恒功率特性
适用范围	适用于在负载变化时要求转速比较稳定的场合	适用于恒功率负载，速度变化大的负载
使用注意事项	可以空载或轻载运行。主磁通很小时可能造成飞车，主磁极绕组不允许开路	空载或轻载时转速很高，会造成换向困难或离心力过大而使电枢绕组损坏，不允许空载启动及带传动

二、直流电动机的启动

直流电动机从接入电源开始，转速由零上升到某一稳定转速为止的过程称为启动过程或启动。

1．启动条件

电动机启动瞬间，$n=0$，$E_a=0$，此时电动机中流过的电流称为启动电流I_{st}，对应的电磁转矩称为启动转矩T_{st}。为了使电动机的转速从零逐步加速到稳定的运行速度，在启动时电动机必须产生足够大的电磁转矩。如果不采取任何措施，直接把电动机加上额定电压进行启动，这种启动方法称为直接启动。直接启动时，启动电流$I_{st}=U_N/R_a$，将升到很大的数值，同时启动转矩也很大，过大的电流及转矩，对电动机及电网可能会造成一定的危害，所以一般启动时要对I_{st}加以限制。总之，电动机启动时，一要有足够大的启动转矩T_{st}；二要启动电流I_{st}不能太大。另外，启动设备要尽量简单、可靠。

一般小容量直流电动机因其额定电流小可以采用直接启动，而较大容量的直流电动机不允许直接启动。

2．启动方法

他励直流电动机常用的启动方法有电枢串电阻启动和降压启动两种。不论采用哪种方法，启动时都应该保证电动机的磁通达到最大值，从而保证产生足够大的启动转矩。

（1）电枢回路串电阻启动。启动时在电枢回路中串入启动电阻R_{st}进行限流，电动机加上额定电压U_N、R_{st}的数值应使I_{st}小于允许值。

为使电动机转速能均匀上升，启动后应把与电枢串联的电阻平滑均匀切除。但这样做比较困难，实际中只能将电阻分段切除，通常利用触点来分段短接启动电阻。由于每段电阻的切除都需要有一个触点控制，因此启动级数不宜过多，一般为 2～5 级。变阻器外形图和并励电动机的串变阻器启动电路如图 6-3-7 所示。

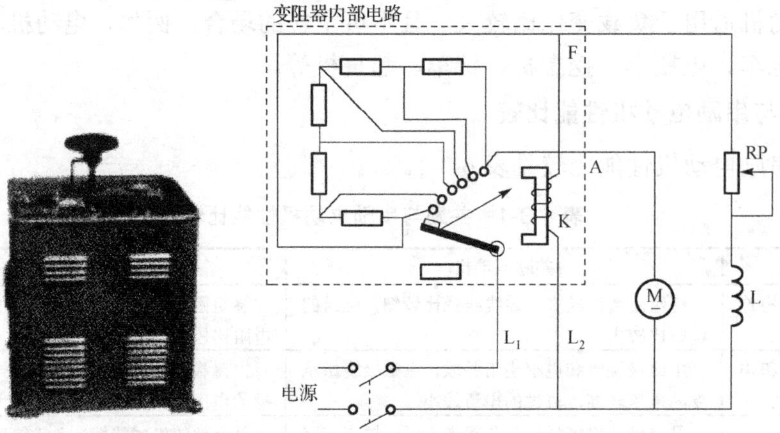

图 6-3-7　变阻器外形图和直流电动机的串变阻器启动电路

在启动过程中，通常限制最大启动电流 $I_{st1} = (1.5\sim2.5)I_N$；$I_{st2} = (1.1\sim1.2)I_N$，并尽量在切除电阻时，使启动电流能从 I_{st2} 回升到 I_{st1}。图 6-3-8 所示为直流电动机串电阻三级启动时的机械特性。

启动时依次切除启动电阻 R_{st1}、R_{st2}、R_{st3}，相应的电动机工作点从 a 点到 b 点、c 点、d 点、…最后稳定在 h 点运行，启动结束。

（2）降压启动。降压启动只能在电动机有专用电源时才能采用。启动时，通过降低电枢电压来达到限制启动电流的目的。为保证足够大的启动转矩，应保持磁通不变，待电动机启动后，随着转速的上升和反电动势的增加，再逐步提高其电枢电压，直至将电压恢复到额定值，电动机在全压下稳定运行。

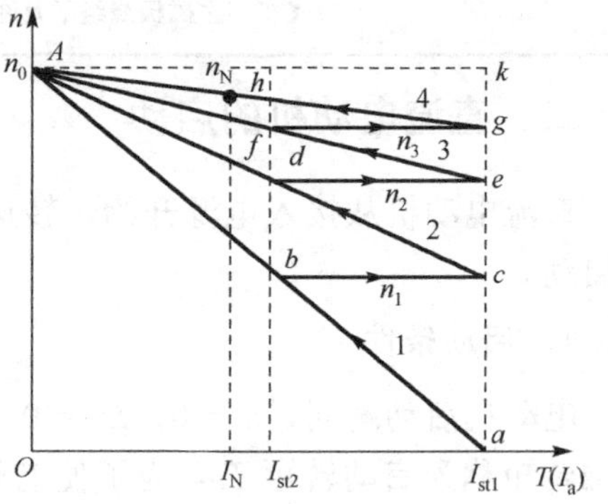

图 6-3-8　直流电动机串电阻三级启动时的机械特性

降压启动虽然需要专用电源，设备投资大，但它启动电流小，升速平滑，并且启动过程中能量消耗也较少，因而得到广泛应用。

三、直流电动机的反转

在有些电力拖动设备中，由于生产的需要，常常需要改变电动机的转向。电动机中的电磁转矩是动力转矩，因此改变电磁转矩 T 的方向就能改变电动机的转向。根据公式 $T = C_m\Phi I_a$ 可知，只要改变磁通 Φ 或电枢电流 I_a 这两个量中一个量的方向，就能改变 T 的方向。因此，直流电动机的反转方法有两种：一种是改变磁通的方向，另一种是改变电枢电流的方向。由于磁滞及励磁回路电感等原因，反向磁场的建立过程缓慢，反转过程不能很快实现，故一般多采用后一种方法。他励电动机正反转的电路原理图如图 6-3-9 所示。

四、直流电动机的制动

电动机的制动是指在电动机轴上加一个与旋转方向相反的转矩，以达到快速停车、减速或稳速。制动可以采用机械方法和电气方法，常用的电气方法有三种：能耗制动、反接制动和回馈制动。判断电动机是否处于电气制动状态的条件是：电磁转矩 T 的方向和转速 n 的方向是否相反。是则为制动状态，其工作点应位于第二或第四象限；否则为电动状态。

在电动机的制动过程中，要求迅速、平滑、可靠、能量损耗小，并且制动电流应小于限值。

1．能耗制动

能耗制动对应的机械特性如图 6-3-10 所示。电动机原来工作于电动运行状态，制动时保持励磁电流不变，将电枢两端从电网断开；并立即接到一个制动电阻 R_Z 上。这时从机械特性上看，电动机工作点从 A 点切换到 B 点，在 B 点因为 $U=0$，所以 $I_a=-E_a/(R_a+R_Z)$，电枢电流为负值，由此产生的电磁转矩 T 也随之反向，由原来与 n 同方向变为与 n 反方向，进入制动状态，起到制动作用，使电动机减速，工作点沿特性曲线下降，由 B 点移至 O 点。当 $n=0$，$T=0$ 时，若是反抗性负载，则电动机停转。在这一过程中，电动机由生产机械的惯性作用拖动，输入机械能而发电，发出的能量消耗在电阻 R_a+R_Z 上，直到电动机停止转动，故称为能耗制动。其中

$$R_a+R_Z \geqslant \frac{E_a}{(2-2.5)I_N} \approx \frac{U_N}{(2-2.5)I_N}$$

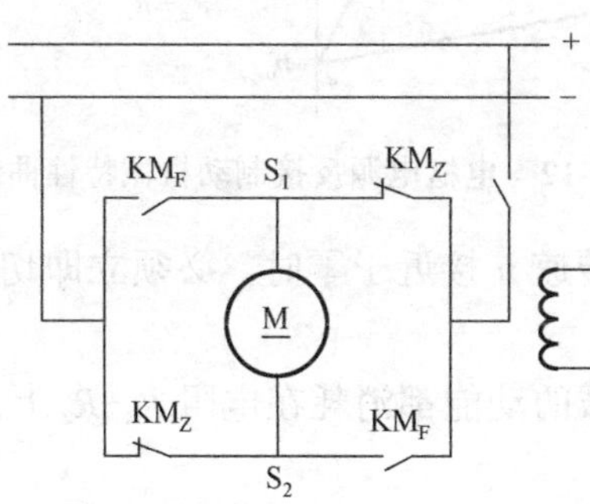

图 6-3-9　他励电动机正反转的电路原理图

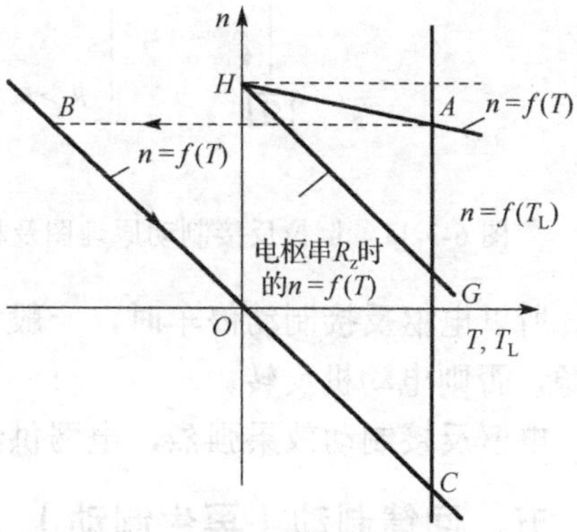

图 6-3-10　能耗制动对应的机械特性

为了避免过大的制动电流对系统带来不利影响，应合理选择 R_Z，通常限制最大制动电流不超过额定电流的 2～2.5 倍。

如果能耗制动时拖动的是位能性负载，电动机可能被拖向反转，工作点只有从 O 点移至 C 点才能稳定运行。能耗制动操作简单，制动平稳，但在低速时制动转矩变小。若为了使电动机更快地停转，可以在转速降到较低时，再加上机械制动相配合。

2．反接制动

反接制动分为倒拉反接制动和电枢电源反接制动两种。

（1）倒拉反接制动。如图 6-3-11 所示，电动机原先提升重物，工作于 a 点，若在电枢回路中串接足够大的电阻，特性变得很软，转速下降，当 $n=0$ 时（c 点），电动机的 T 仍然小于 T_L，在位能性负载倒拉作用下，电动机继续减速进入反转，最终稳定地运行在 d 点。

此时 $n<0$，T 方向不变，即进入制动状态，工作点位于第四象限，E_a 方向变为与 U 相同。倒拉反接制动的机械特性方程和电枢串电阻电动运行状态时相同。

倒拉反接制动时，电动机从电源及负载处吸收电功率和机械功率，全部消耗在电枢回路电阻 R_a+R_z 上。倒拉反接制动常用于起重机低速下放重物，电动机串入的电阻越大，最后稳定的转速越高。

（2）电枢电源反接制动。电动机原来工作于电动状态下，为使电动机迅速停车，现维持励磁电流不变，突然改变电枢两端外加电压 U 的极性，此时 n、E_a 的方向还没有变化，电枢电流 I_a 为负值，由其产生的电磁转矩的方向也随之改变，进入制动状态。由于加在电枢回路的电压为 $-(U+E_a)\approx-2U$，因此，在电源反接的同时，必须串接较大的制动电阻 R_z，R_z 的大小应使反接制动时电枢电流 $I_a\leqslant2.5I_N$。机械特性曲线见图 6-3-12 中的直线 bc。从图中可以看出，反接制动时电动机由原来的工作点，沿水平方向移到 b 点，并随着转速的下降，沿直线 bc 下降。通常在 c 点处若不切除电源，电动机很可能反向启动，加速到 d 点。

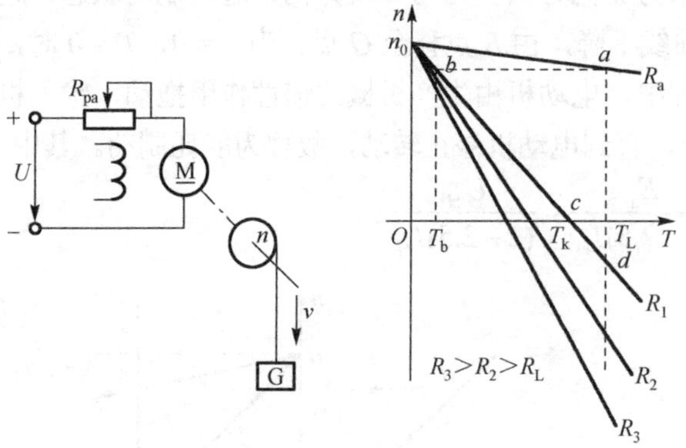

图 6-3-11　倒拉反接制动原理图及机械特性

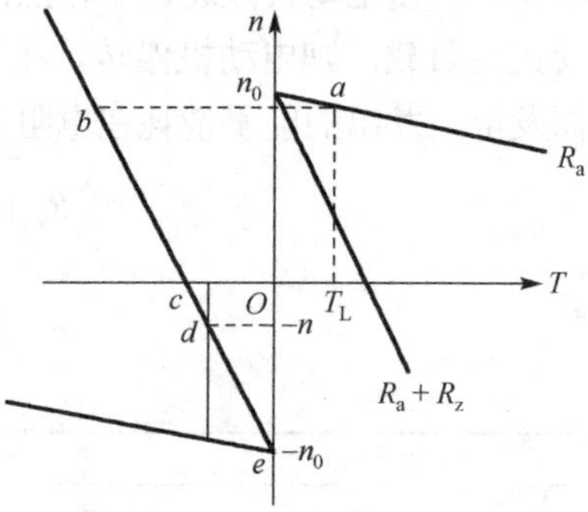

图 6-3-12　电枢电源反接制动机械特性曲线

所以电枢反接制动停车时，一般情况下，当电动机转速 n 接近于零时，必须立即切断电源，否则电动机反转。

电枢反接制动效果强烈，电网供给的能量和生产机械的动能都消耗在电阻 R_a+R_z 上。

五、回馈制动（再生制动）

若电动机在电动状态运行中，由于某种因素（如电动机车下坡）而使电动机的转速高于理想空载转速时，电动机便处于回馈制动状态。$n>n_0$ 是回馈制动的一个重要标志。因为当 $n>n_0$ 时，电枢电流 I_a 与原来 $n<n_0$ 时的方向相反，因磁通 Φ 不变，所以电磁转矩随 I_a 反向而反向，对电动机起制动作用。电动状态时电枢电流由电网的正端流向电动机，而在回馈制动时，电流由电枢流向电网的正端，这时电动机将机车下坡时的位能转变为电能回送给电网，因而称为回馈制动。

回馈制动的机械特性方程式和电动状态时完全一样，由于 I_a 为负值，所以在第二象限，如图 6-3-13 所示。电枢电路若串入电阻，可使特性曲线的斜率增加。

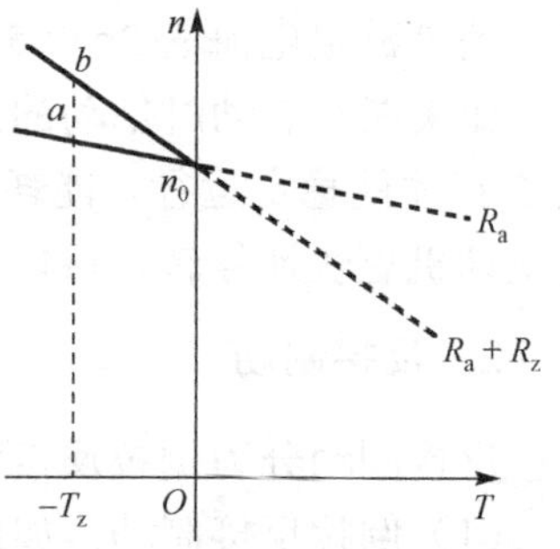

图 6-3-13　回馈制动的机械特性

任务实施

一、任务准备

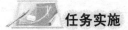

实施本任务教学所使用的实训设备及工具材料可参考表 6-3-2。

表 6-3-2 实训设备及工具材料

序号	分类	名称	型号规格	数量	单位	备注
1	工具仪表	电工常用工具		1	套	
2		万用表	MF47 型	1	块	
3		兆欧表	500V	1	块	
4		钳形电流表		1	块	
5	设备器材	低压断路器		1	只	
6		直流电动机	Z4-100-1、串励、160V、1.5kW	1	台	
7		接触器	ZJ10-20	3	只	
8		欠电压继电器		1	只	
9		按钮	LA10-3H	1	只	
10		时间继电器		1	只	
11		启动变阻器				
12		多股软线	BVR2.5	若干	米	

二、直流电动机的启动、正反转及制动控制

（1）根据原理图（图 6-3-14、图 6-3-15、图 6-3-16）绘制元件布置图和接线图。

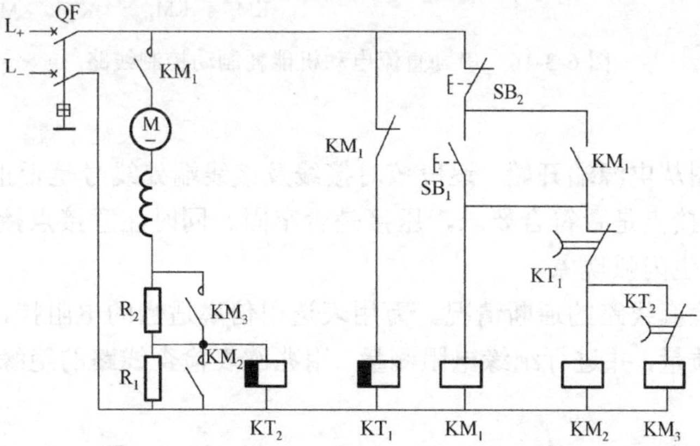

图 6-3-14 串励直流电动机自动启动控制线路

（2）按照所提供的直流电动机型号及原理图准备仪表及耗材和器材。

（3）元件规格、质量检查。

① 检查各元器件的外观是否完整无损，附件、备件是否齐全；

② 检查各元器件和电动机的有关技术数据是否符合要求。

（4）根据元件布置图安装固定低压电气元件。

（5）布线安装电动机并接线。

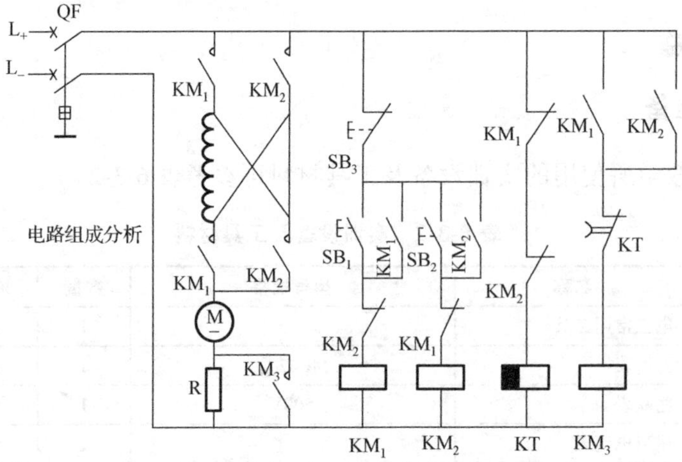

图 6-3-15　串励直流电动机正反转控制线路

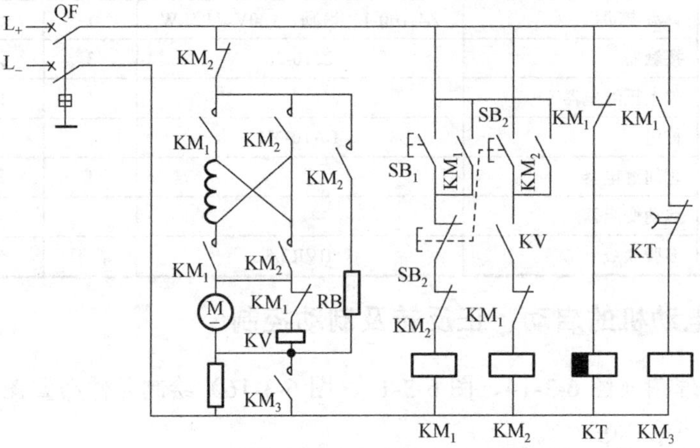

图 6-3-16　串励直流电动机能耗制动控制线路

（6）自检。

① 按照电路图从电源端开始，逐段核对接线及接线端处线号是否正确，有无漏接、错接之处。检查导线接点是否符合要求，压接是否牢固。同时注意接点接触是否良好，以避免带负载运转时产生闪弧现象。

② 用万用表检查线路的通断情况。万用表选用倍率适当的电阻挡，并进行校零。

③ 检查安装质量，并进行绝缘电阻测量。用兆欧表检查线路的绝缘电阻的阻值应不得小于 1MΩ。

（7）交验。

（8）连接电源，通电试车。

① 为保证人身安全，在通电试车时，要认真执行安全操作规范的有关规定，一人操作，一人监护。

② 试车时，应检查与通电试车有关的电气设备是否存在不安全的因素，若查出应立即整改，然后方能试车。

③ 通电试车时，必须征得教师的同意，并由指导教师接通电源 L_+、L_-，同时在现场监护。学生合上电源开关 QF 后，用验电笔检查熔断器出线端，氖管亮说明电源接通。

检查评议

对任务实施的完成情况进行检查，并将结果填入表 6-3-3 的评分表内。

表 6-3-3 任务评测表

步骤	内容	评分标准		配分	得分
1	操作前的检查	（1）操作前未将所需工具准备好，扣 5 分 （2）操作前未将所需仪器及材料准备好，扣 5 分 （3）操作前未检查工具、仪表，扣 5 分 （4）操作前未检查电动机，扣 5 分		10	
2	安装直流电动机	（1）电动机安装不符合要求，松动扣 15 分 （2）地脚螺栓未拧紧，每次扣 10 分 （3）其他元件安装不紧固，每次扣 5 分 （4）安装位置不符合要求，扣 10 分 （5）损坏零部件，每件扣 5 分		20	
3	布线	（1）不按电路图接线，扣 20 分 （2）接点不符合要求，每个扣 4 分 （3）布线不符合要求，每根扣 4 分 （4）损伤导线绝缘或线芯，扣 10 分 （5）不会接直流电动机或启动变阻器，扣 30 分		20	
4	通电试车	（1）操作顺序不对，每处扣 10 分 （2）第一次试车不成功，扣 20 分 （3）第二次试车不成功，扣 30 分 （4）第三次试车不成功，扣 40 分		40	
5	安全文明生产	（1）违反安全文明生产规程，扣 10 分 （2）发生人身和设备安全事故，不及格		10	
6	定额时间	2h，超时扣 5 分			
7	备注		合计	100	

巩固与提高

一、填空题（请将正确答案填在横线空白处）

1. 直流电动机的机械特性是指电动机在________、________、________为恒值的条件下，即电动机处于稳态运行时，电动机的转速与电磁转矩之间的关系。

2. 并励电动机具有________机械特性，当负载转矩增大时，转速下降，这种特性适用于当负载变化时要求________的场合。

3. 串励电动机具有________机械特性，即当负载转矩变化时，转速________，这种特性适用于________比较大且不能________的场合。

4. 运行中的他励电动机切忌________开路，所以励磁回路不允许装开关及熔断器。

5. 他励直流电动机常用的启动方法有________启动和________启动两种。

6. 反接制动分为________制动和________反接制动两种。

7. 倒拉反接制动常用于起重机________下放重物，电动机串入的________越大，最后稳定的转速越高。

二、判断题（正确的在括号内打“√”，错误的打“×”）

1．并励电动机从空载增加到额定负载时转速下降不多。 （ ）

2．并励直流电动机在空载或轻载运行时，如果励磁回路断开，会造成“飞车”事故。 （ ）

3．当直流电动机输出机械功率增大时，电动机的电枢电流和所需的电功率也必然随之增大，此时转速上升。 （ ）

4．通常限制最大制动电流不超过额定电流的2～2.5倍。 （ ）

5．电枢反接制动停车时，一般情况下，当电动机转速 n 接近于零时，必须立即切断电源，否则电动机反转。 （ ）

三、选择题（将正确答案的字母填入括号中）

1．并励电动机改变电枢电压得到的人工机械特性与固有机械特性相比，其特性硬度（ ）。

A．变软　　B．变硬　　C．不变

2．并励电动机改变电枢回路电阻得到的人工机械特性与固有机械特性相比，其特性硬度（ ）。

A．变软　　B．变硬　　C．不变

3．并励电动机改变励磁回路电阻得到的人工机械特性与固有机械特性相比，其特性硬度（ ）。

A．变软　　B．变硬　　C．不变

4．运行着的并励直流电动机，当其电枢电路的电阻和负载转矩都一定时，若降低电枢电压后，主磁极磁通仍维持不变，则电枢转速将会（ ）。

A．升高　　B．降低　　C．不变

任务4　直流电动机的检修

学习目标

知识目标：

了解直流电动机的常见故障及维修方法。

能力目标：

会进行直流电动机常见故障的检修。

工作任务

直流电动机在使用过程中经常会出现各种故障，如电源接通后电动机不转、电刷下火花过大、电动机振动、运行时有异声、外壳带电等。一旦出现故障，必将影响日常生产和生活的顺利进行，因此必须熟练掌握直流电动机的各种常见故障及造成故障可能的原因及解决方法。

相关理论

由于直流电动机的结构、工作原理与异步电动机不同。因此，故障现象、故障处理方法也有所不同。但故障处理的基本步骤相同，即首先根据故障现象进行分析，然后进行检查与测量，找出故障所在，并采取相应的措施予以排除。直流电动机的常见故障及原因分析见表 6-4-1。

表 6-4-1 直流电动机的常见故障及原因分析

故障现象	造成故障的可能原因	处理方法
无法启动	（1）电源电路不通 （2）启动时过载 （3）励磁回路断开 （4）启动电流太小 （5）电枢绕组接地、断路、短路	（1）检查电路是否通路，熔断器是否完好；电动机进线端是否正确；电刷与换向器表面接触是否良好；如电刷与换向器断开，则须调整刷握位置和弹簧压力 （2）检查电动机负载，如过载，减小电动机所带的负载 （3）用万用表检查磁场变阻器及励磁绕组是否断路，如断路，应重新接好线 （4）检查电枢绕组是否有接地、断路、开焊、短路等现象
电刷下火花过大	（1）电刷与换向器接触不良 （2）刷握松动或安装位置不正确 （3）电刷磨损过短 （4）电刷压力大小不当或不均匀 （5）换向器表面不光洁、有污垢，换向器上云母片突出 （6）电动机过载 （7）换向极绕组部分短路 （8）换向极绕组接反 （9）电枢绕组有断路或短路故障 （10）电枢绕组与换向片之间脱焊	（1）清洁电刷与换向器，使接触良好 （2）如电刷弹簧弹力不够，更换弹簧即可 （3）如电刷表面凹凸不平，可采用 00 号砂布研磨电刷的接触面 （4）检查电动机负载，如过载，减小电动机所带的负载 （5）如发现换向极绕组接反，则将它反接过来 （6）如发现换向极绕组或电枢绕组有短路或脱焊等现象，则采用合适的办法修复即可
电动机温升过高	（1）长期过载 （2）未按规定运行 （3）通风不良	（1）如果是因长期过载引起电动机温升过高，须减轻电机负载或更换功率较大的电动机来驱动 （2）认真对照铭牌上的参数，看电动机是否按规定运行，如有问题应及时调整 （3）改善电动机所在场所的通风状况
电动机振动	（1）电枢平衡未校好 （2）检修时风叶装错位置或平衡块移动 （3）转轴变形 （4）联轴器未校正 （5）地基不平或地脚螺钉不紧	（1）校准电枢几何中心 （2）重新正确地安装好风叶 （3）校准或更换转轴 （4）校准电动机转轴与联轴器间的同轴度 （5）重新整理地基或拧紧地脚螺钉
机壳带电	（1）电动机受潮后绝缘电阻值下降 （2）电动机绝缘老化 （3）引出线碰壳 （4）电刷灰或其他灰尘的累积	（1）如果是因受潮引起绝缘电阻下降，则可采用烤箱将电动机烘干 （2）如果是电动机绕组绝缘老化，则应重绕已经老化的绕组 （3）如果是引线碰壳，则将裸露碰壳的引线用绝缘套管包扎好 （4）如果是灰尘导致机壳带电的，则应对电动机进行清洁维护

任务实施

一、任务准备

实施本任务教学所使用的实训设备及工具材料可参考表 6-4-2。

表 6-4-2　实训设备及工具材料

序号	分类	名称	型号规格	数量	单位	备注
1	工具仪表	电工常用工具		1	套	
2		万用表	MF47 型	1	块	
3		钳形电流表	T301–A 型	1	块	
4		兆欧表	5050 型	1	块	
5		电桥		1	台	
6		转速表		1	块	
7		电动机拆卸工具		1	套	
8		短路侦察器		1	只	
9		小磁针		1	只	
10	设备器材	单相闸刀开关		1	个	
11		直流电动机		1	台	
12		煤油		若干	千克	
13		汽油		若干	千克	
14		刷子		2	把	
15		绝缘胶布		1	卷	

二、直流电动机无法启动故障的检修

（1）检查电路是否通路，熔断器是否完好；电动机进线端是否正确；电刷与换向器表面接触是否良好。如电刷与换向器断开，则需调整刷握位置和弹簧压力。

（2）检查电动机负载，如过载，则应减小电动机所带的负载。

（3）用万用表检查励磁回路变阻器及励磁绕组是否断路。如断路，需重新接好线。

（4）检查电枢绕组是否有接地、断路、开焊、短路等现象。

① 电枢绕组接地故障。电枢绕组接地故障是直流电动机绕组最常见的故障。电枢绕组接地故障一般常发生在槽口处和槽内底部，对其的判定可采用兆欧表或校验灯检查，用兆欧表测量电枢绕组对机座的绝缘电阻时，如阻值为零则说明电枢绕组接地（此种方法前面已经讲述）；这里只介绍校验灯法。将 36V 低压电源通过额定电压为 36V 的低压照明灯后，连接到换向器片上及转轴一端，若灯泡发亮，则说明电枢绕组存在接地故障，如图 6-4-1 所示。

具体到是哪个槽的绕组元件接地，则可用图 6-4-2 所示的毫伏表法进行判定。将 6～12V 低压直流电源的两端分别接到相隔 $K/2$ 的两换向片上（K 为换向片数），用毫伏表的一支表笔触及电动机转轴，另一支表笔触在换向片上，依次测量每个换向片与电动机轴之间的电压值。若被测换向片与电动机轴之间有一定电压数值（毫伏表有读数），则说明该换向片所连接的绕组元件未接地；相反，若读数为零，则说明该换向片所连接的绕组元件接地。最后，还要判明究竟是绕组元件接地还是与之相连接的换向片接地，还应将该绕组元件的端部从换向片上取下来，再分别测试加以确定。

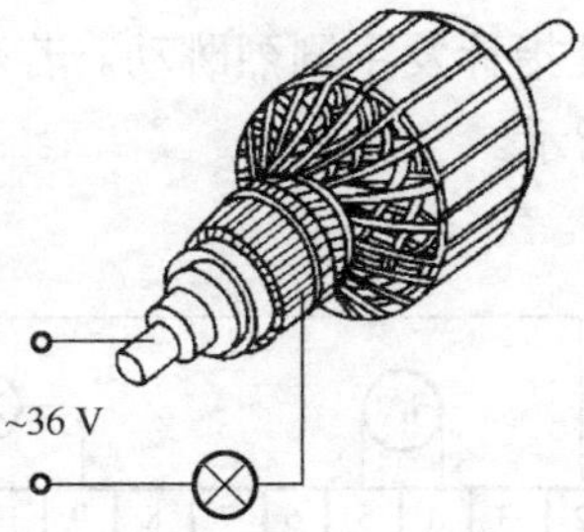

图 6-4-1 校验灯检查电枢绕组接地

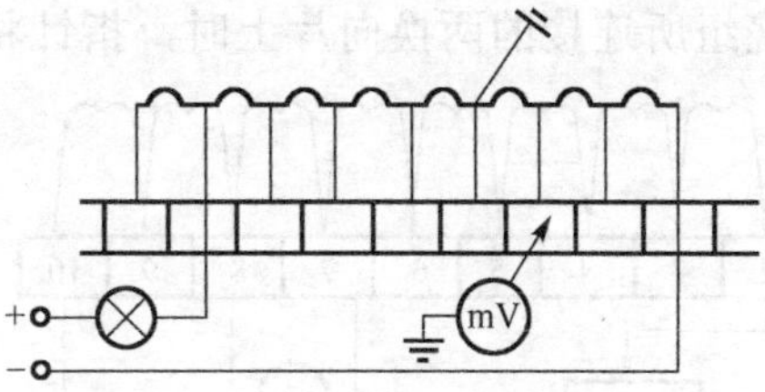

图 6-4-2 检查电枢绕组接地

电枢绕组接地点找出来后，可以根据绕组元件接地的部位，采取适当的修理方法。若接地点在元件引出线与换向片连接的部位，或者在电枢铁芯槽的外部槽口处，则只需在接地部位的导线与铁芯之间重新进行绝缘处理就可以了。若接地点在铁芯槽内，一般需要更换电枢绕组。如果只有一个绕组元件在铁芯槽内发生接地，而且电动机又急需使用时，可采用应急处理方法，即将该元件所连接的两换向片之间用短接线将该接地元件短接，此时电动机仍可继续使用，但是电流及火花将会有所加大。

② 电枢绕组短路故障。若电枢绕组严重短路，会将电动机烧坏。若只有个别线圈发生短路时，电动机仍能运转，只是使换向器表面火花变大，电枢绕组发热严重，若不能及时发现并加以排除，则最终也将导致电动机烧毁。因此，当电枢绕组出现短路故障时，必须及时予以排除。

电枢绕组短路故障主要发生在同槽绕组元件的匝间短路及上下层绕组元件之间的短路，查找短路的常用方法有：

第一种，短路侦察器法。将短路侦察器接通交流电源后，置于电枢铁芯的某一槽上，将断锯条在其他各槽口上面平行移动，当出现较大幅度的振动时，则该槽内的绕组元件存在短路故障。

第二种，毫伏表法。如图 6-4-3 所示，将 6.3V 交流电压（用直流电压也可以）加在相隔 $K/2$ 或 $K/4$ 两换向片上，用毫伏表的两支表笔依次接触到换向器的相邻两换向片上，检测换向器的片间电压。在检测过程中，若发现毫伏表的读数突然变小，例如，图中 4 与 5 两换向片间的测试读数突然变小，则说明与该两换向片相连的电枢绕组元件有匝间短路。若在检测过程中，各换向片间电压相等，则说明没有短路故障。

电枢绕组短路故障可按不同情况分别加以处理，若绕组只有个别地方短路，且短路点较为明显，则可将短路导线拆开后在其间垫入绝缘材料并涂以绝缘漆，待烘干后即可使用。若短路点难以找到，而电动机又急需使用时，则可用前面所述的短接法将短路元件所连接的两换向片短接即可。如短路故障较严重，则需局部或全部更换电枢绕组。

③ 电枢绕组断路故障。电枢绕组断路点一般发生在绕组元件引出线与换向片的焊接处。造成的原因有：一是焊接质量不好，二是电动机过载、电流过大造成脱焊。这种断路点一般较容易发现，只要仔细观察换向器升高片处的焊点情况，再用螺钉旋具或镊子拨动各焊接点，即可发现。

若断路点发生在电枢铁芯槽内部，或者不易发现的部位，则可用图 6-4-4 所示的方法来判定。将 6～12V 的直流电源连接到换向器上相距 $K/2$ 的两换向片上，用毫伏表测量各相邻两换向片间的电压，并逐步依次进行测 E。有断路的绕组所连接的两换向片（如图中的 4、5 两换向片）被毫伏表跨接时，有读数指示，而且指针发生剧烈跳动。若毫伏表跨接在完好的绕组所连接的两换向片上时，指针将无读数指示。

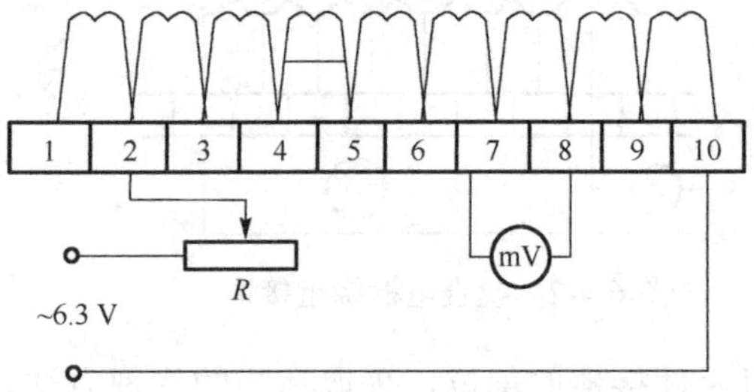

图 6-4-3　检查电枢绕组是否有短路

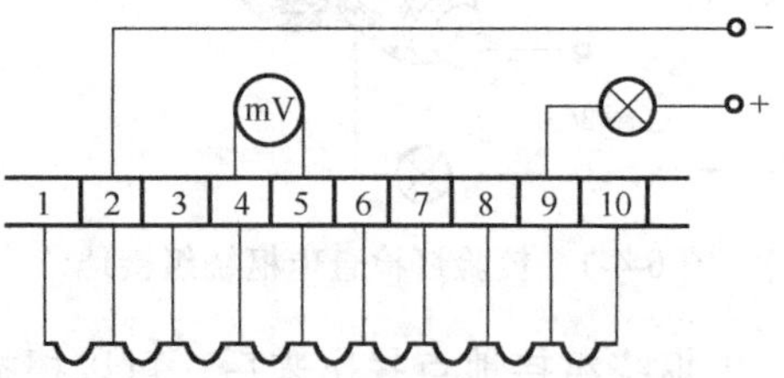

图 6-4-4　检查电枢绕组是否有断路

电枢绕组断路点若发生在绕组元件与换向片的焊接处，只要重新焊接好即可使用。若断路点不在槽内，则可以先焊接短线，再进行绝缘处理即可。如果断路点发生在铁芯槽内，且断路点只有一处，则将该绕组元件所连接的两换向片短接后，也可继续使用；若断路点较多，则必须更换电枢绕组。

三、换向器故障的检修

1．片间短路故障

按图 6-4-3 所示方法进行检测，如判定为换向器片间短路时，可先仔细观察发生短路的换向片表面的具体状况，一般均是由于电刷炭粉在槽口将换向片短路或是由于火花烧灼所致。

可用图 6-4-5 所示的拉槽工具刮去造成片间短路的金属屑末及电刷粉末即可。若用上述方法仍不能消除片间短路，即可确定短路发生在换向器内部，一般需要更换新的换向器。

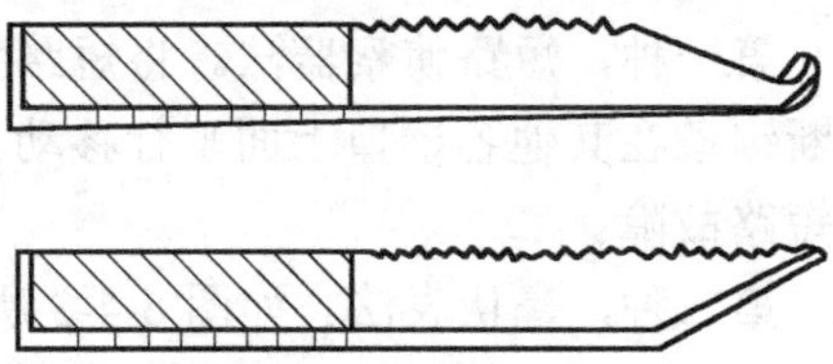

图 6-4-5　拉槽工具

2．换向器接地故障

接地故障一般发生在前端的云母环上，该环有一部分裸露在外面，由于灰尘、油污和其他杂物的堆积，很容易造成接地故障。当接地故障发生时，这部分的云母环大都已烧损，而且查找起来也比较容易。修理时，一般只要把击穿烧坏处的污物清除干净，并用虫胶漆和云母材料填补烧坏之处，再用可塑云母板覆盖 1～2 层即可。

3．云母片凸出

由于换向器上换向片的磨损比云母片要快，因此直流电动机使用较长一段时间后，有可能出现云母片凸起。在对其进行修理时，可用拉槽工具，把凸出的云母片刮削到比换向片约低 1mm 即可。

四、电刷中性线位置的确定及电刷的研磨

1．确定电刷中性线的位置

确定电刷中性线的位置常用的是感应法，如图 6-4-6 所示，励磁绕组通过开关接到 1.5～

3V 的直流电源上，毫伏表连接到相邻两组电刷上（电刷与换向器的接触一定要良好）。当断开或闭合开关时（交替接通和断开励磁绕组的电流），毫伏表的指针会左右摆动，这时将电刷架顺电动机转向或逆电动机转向缓慢移动，直到毫伏表指针几乎不动为止，此时刷架的位置就是中性线所在的位置。

2．电刷的研磨

电刷与换向器表面接触面积的大小将直接影响到电刷下火花的等级，对新更换的电刷必须进行研磨，以保证其接触面积在 80%以上。研磨电刷的接触面时，一般采用 0 号砂布，砂布的宽度等于换向器的长度，砂布应能将整个换向器表面包住，再用橡皮胶布或胶带将砂布固定在换向器上，如图 6-4-7 所示，将待研磨的电刷放入刷握内，然后按电动机旋转的方向转动电枢，即可进行研磨。

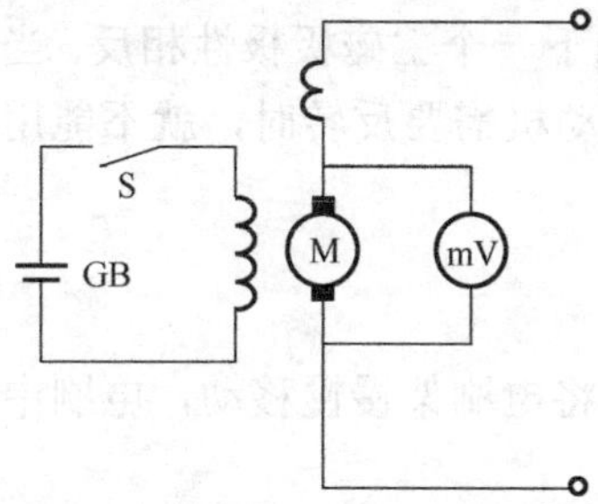

图 6-4-6 毫伏表调整电刷中性线位置

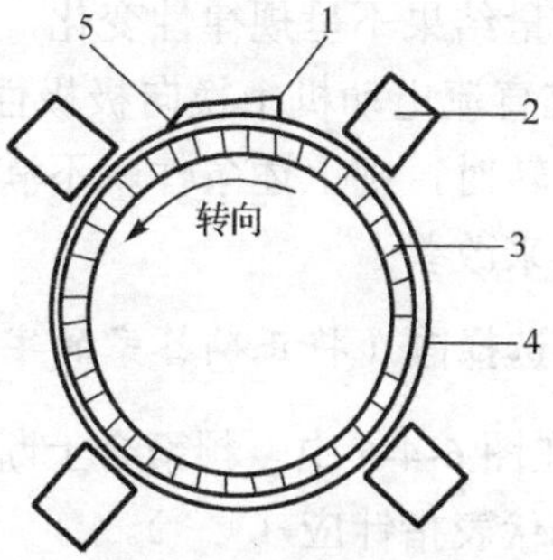

图 6-4-7 电刷的研磨

1—胶带；2—电刷；3—换向器；4—砂布；5—砂布末端

检查评议

对任务实施的完成情况进行检查，并将结果填入表 6-4-3 的评分表内。

表 6-4-3 任务测评表

序号	内容	评分标准		配分	得分
1	检修前的检查	（1）操作前未将所需工具准备好，扣 5 分 （2）操作前未将所需仪器及材料准备好，扣 5 分 （3）操作前未检查工具、仪表，扣 5 分 （4）操作前未检查电动机，扣 5 分		10	
2	直流电动机无法启动故障的检修	（1）未能根据故障现象进行故障分析，扣 10 分 （2）维修方法及步骤不正确，一次扣 10 分 （3）工具和仪表使用不正确，每次扣 5 分		40	
3	换向器故障的检修	（1）未能根据故障现象进行故障分析，扣 10 分 （2）维修方法及步骤不正确，一次扣 10 分 （3）工具和仪表使用不正确，每次扣 5 分		40	
4	安全文明生产	（1）违反安全文明生产规程，扣 10 分 （2）发生人身和设备安全事故，不及格		10	
5	定额时间	2h，超时扣 5 分			
6	备注		合计	100	

巩固与提高

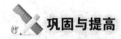

一、填空题（请将正确答案填在横线空白处）

1. 直流电动机通电后无法自动启动的故障原因可能有________、________、________、________、________。

2. 检查绕组元件接地时，将6～12V直流电压接到相隔________的换向片上，用毫伏表的一支表笔触及________，另一支表笔依次触及所有的________，若读数为________，则该换向片或该换向片所连接的绕组元件接地。

二、判断题（正确的在括号内打"√"，错误的打"×"）

1. 有些类型的电枢绕组在正常情况下，换向片间压降是不相等的，但呈现规律性变化，如发现测量结果不呈规律性变化，则说明电枢绕组有故障存在。（　）

2. 在直流电动机中换向极极性应顺着电枢转向的下一个主磁极极性相反。当直流电动机需要反转时，则上述条件就不满足，因此当直流电动机需要反转时，就不能用加装换向极的方法来改善。（　）

三、选择题（将正确答案的字母填入括号中）

1. 在图6-4-6中，频繁合上断开电源开关，同时将电刷架慢慢移动，电刷中性线位置正确，毫伏表指针应（　）。

A. 不动　　B. 摆动小　　C. 摆动大

2. 直流电动机通常采用（　）启动。

A. 直接启动　　B. 降压启动　　C. 电枢串电阻启动

3. 检测电枢断路或焊接不良时，则在相连接的两块换向片上测得的电压将比平均值（　）。

A. 大　　B. 小　　C. 一样

四、技能题

设置直流电动机的几个故障点，查找并处理。

项目 7 特种电机的使用与维护

特种电机（见图 7-0-1）是指具有特殊功能和作用的电动机，比如电磁调速异步电动机、伺服电动机、测速电动机、步进电动机、直线电动机、超声波电动机等。随着现代工业化发展以及自动化技术提高，特种电机的使用范围越来越广泛，种类也越来越多。如磁悬浮列车（见图 7-0-2）是用同步直流电动机驱动的，工业自动生产线、印刷机、航空系统中，都已成功应用了步进电动机。要正确使用和维护特种电机，必须掌握特种电机的相关知识和应用技能。

特种电机的基本原理和普通电机相同，也是根据电磁感应的原理制造的。但它们的结构、性能和用途等方面却有很大差别。普通电机一般是作为驱动机，而特种电机其主要任务是转换和传送信号。

图 7-0-1　特种电机

图 7-0-2　磁悬浮列车

任务 1　伺服电动机的使用与维护

学习目标

知识目标：

1. 了解交流伺服电动机和直流伺服电动机的结构。
2. 熟悉交流伺服电动机和直流伺服电动机的工作原理。
3. 了解交流伺服电动机的连接方法。

能力目标：

能够正确使用交流伺服电动机和直流伺服电动机。

工作任务

伺服电动机的作用是将输入的电信号转换成电机轴上的转速输出，在自动控制系统中，伺服电动机常作为执行元件使用，广泛应用于数控机床中。按其使用的电源不同，伺服电动机分为交流伺服电动机和直流伺服电动机。

本任务的主要内容是了解其结构、工作原理，会正确使用和定期维护伺服电动机，同时学会进行伺服电动机控制线路的安装。

相关理论

一、交流伺服电动机

1. 结构

图 7-1-1 所示是一台交流伺服电动机的实物图。它实质上就是一种微型交流异步电动机。其内部结构与单相电容运行式异步电动机相似，也由定子和转子两部分组成，如图 7-1-2 所示。

图 7-1-1　交流伺服电动机的实物

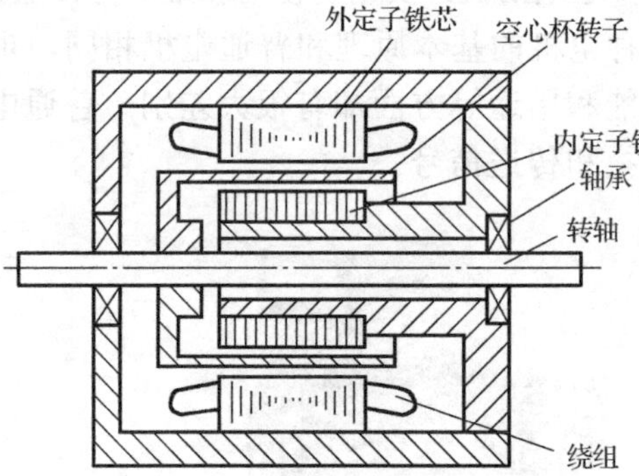

图 7-1-2　交流伺服电动机的内部结构

交流伺服电动机的定子绕组多制成两相的，它们在空间相差 90° 电角度。定子有内、外两个铁芯，均用硅钢片叠成。在外定子铁芯的圆周上装有两个对称绕组：一个称为励磁绕组，与交流电源相连，有固定电压励磁；另一个称为控制绕组，接在伺服放大器的输入信号电压端，所以交流伺服电动机又称两相伺服电动机。

转子采用了空心杯转子，但转子的电阻比一般异步电动机大得多，细而长。装在内、外定子之间，由铝或铝合金的非磁性金属制成，壁厚 0.2～0.8mm，用转子支架装在转轴上。惯性小，能极迅速和灵敏地启动、旋转和停止。

2. 工作原理

交流伺服电动机的工作原理和单相电容运转式异步电动机相似，如图 7-1-3 所示。

（1）在没有控制信号时，定子内只有励磁绕组产生的脉动磁场，转子上没有电磁转矩作用而静止不动。

（2）当有控制电压时，定子就在气隙中产生一个旋转磁场，并产生电磁转矩使转子沿旋转磁场的方向旋转。负载一定时，控制电压越高，转速也越高。

3. 工作特性

交流伺服电动机的工作特性用机械特性和调节特性来表征，如图 7-1-4(a)所示，控制电压一定时，负载增加转速下降；如图 7-1-4(b)所示，负载一定时，控制电压越高，转速越高。

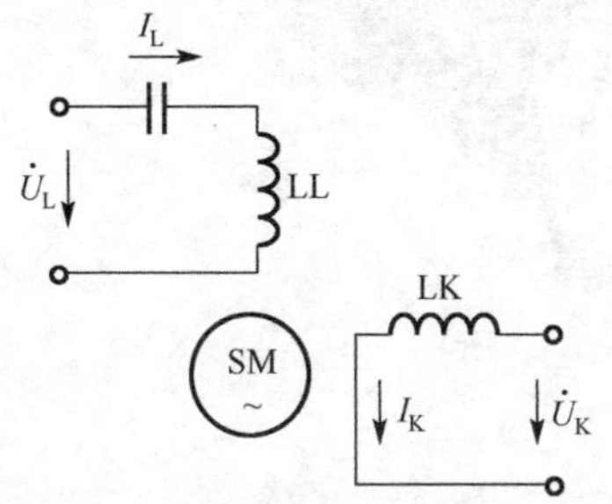

图 7-1-3 交流伺服电动机的工作原理

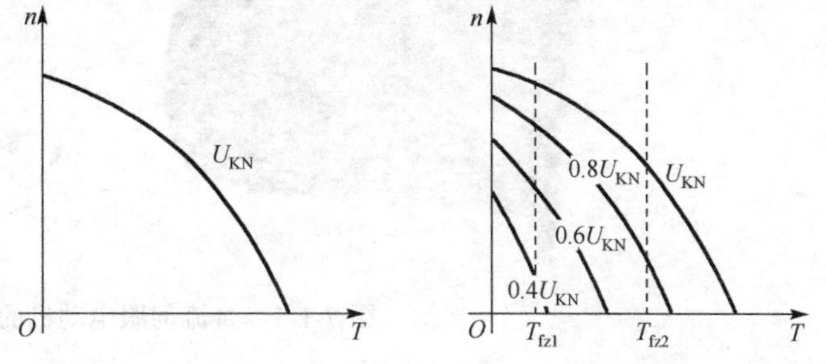

(a) 机械特性　　(b) 调节特性

图 7-1-4 交流伺服电动机的特性曲线

4. 防止“自转”现象

两相异步电动机正常运行时，若转子电阻较小，当控制电压变为零时，电动机便成为单相异步电动机，会继续运行（称为“自转”现象），而不能立即停转。而伺服电动机在自动控制系统中是起执行命令的作用的，因此，不仅要求它在静止状态下能服从控制电压的命令而转动，而且要求它在受控启动以后，一旦信号消失，即控制电压等于零，电动机能立即停转。

增大转子电阻可以防止“自转”现象的发生，当转子电阻增大到足够大时，两相异步电动机的一相断电（控制电压等于零）时电动机会停转。

为了使转子具有较大的电阻和较小的转动惯量，交流伺服电动机的转子一般有三种形式：高电阻率导条的笼型转子、非磁性空心转子和铁磁性空心转子。

5. 交流伺服电动机的控制方法

交流伺服电动机的控制方法有以下三种：

（1）幅值控制，即保持控制电压的相位不变，仅仅改变其幅值来进行控制。

（2）相位控制，即保持控制电压的幅值不变，仅仅改变其相位来进行控制。

（3）幅—相控制，即同时改变幅值和相位来进行控制。

这三种方法的实质和单相异步电动机一样，都是利用改变正转与反转旋转磁通大小的比例来改变正转和反转电磁转矩的大小，从而达到改变合成电磁转矩和转速的目的。

二、直流伺服电动机

1. 结构

图 7-1-5 所示为直流伺服电动机实物图。它实质上就是一台他励式直流电动机，其结构与一般直流电动机基本相同，但气隙比较小，电枢比较细长，转动惯量小；换向性能较好，不需换向极。信号电压一般加在电枢绕组两端，即电枢控制。主要分为无槽电枢直流

伺服电动机、空心杯电枢直流伺服电动机、印制绕组直流伺服电动机、低转动惯量直流伺服电动机四类。

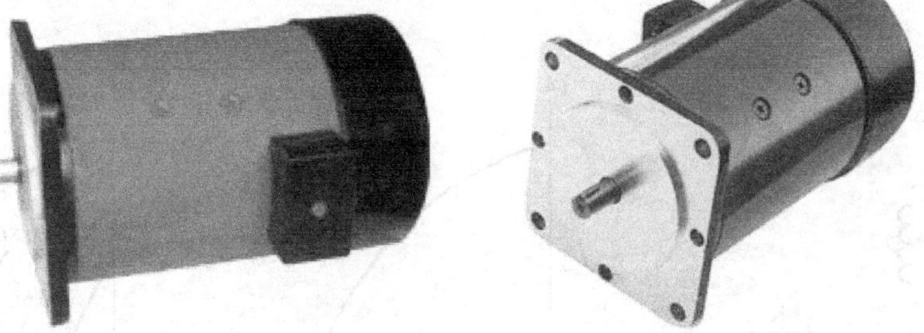

图 7-1-5　直流伺服电动机的实物

2．工作原理

直流伺服电动机的工作原理和普通他励直流电动机工作原理相同，如图 7-1-6 所示。

（1）定子上的励磁绕组通入直流电，控制信号加在电枢绕组上，没有控制信号时，电枢不受力，无转动现象。

（2）当有控制信号时，电枢受力转动，且电枢转动的速度快慢与控制信号的大小成正比。

3．工作特性

直流伺服电动机的工作特性由机械特性和调节特性来表征，如图 7-1-7(a)所示，励磁电压和电枢电压一定时，负载增加，转速下降；如图 7-1-7(b)所示，在一定负载转矩下，当磁通不变时，电枢电压升高，转速升高。

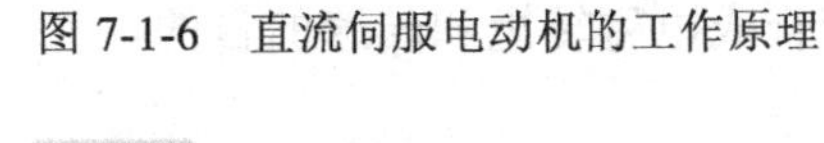

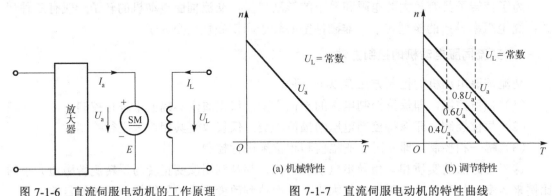

图 7-1-6　直流伺服电动机的工作原理

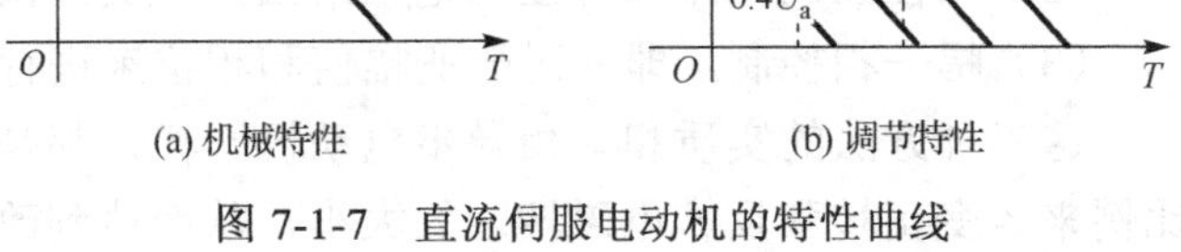

(a) 机械特性　(b) 调节特性

图 7-1-7　直流伺服电动机的特性曲线

任务实施

一、任务准备

实施本任务教学所使用的实训设备及工具材料可参考表 7-1-1。

表 7-1-1 实训设备及工具材料

序号	分类	名称	型号规格	数量	单位	备注
1	工具仪表	电工常用工具		1	套	
2		万用表	MF47 型或 MF30	1	块	
3		兆欧表	500V 0～2000MΩ	1	块	
4		双臂电桥	QJ44 型	1	块	
6	设备器材	交流伺服电动机	自定	1	台	
7		直流伺服电动机	自定	1	台	
8		导线	BVR2.5	若干	米	

二、伺服电动机的使用和维护

1．交流伺服电动机的使用和维护

交流伺服电动机因没有电刷之类的滑动接触，机械强度高，可靠性好，使用寿命长。只要选用恰当，使用正确，故障率通常很低。但要注意以下几项。

（1）励磁绕组经常接在电源上，要防止过热现象。为此，交流伺服电动机要安装在散热面积足够大的金属固定面板上，电动机与散热板应紧密接触，通风良好，必要时可以用风扇冷却。电动机与其他发热器件尽量隔开一定距离。

（2）输入控制信号的放大器的输出阻抗要小，防止机械特性变软。

（3）信号频率不能超过其额定范围，否则机械特性也会变软，还可能产生“自转”现象。

2．直流伺服电动机的使用和维护

（1）直流伺服电动机的特性与温度有关，使用寿命与环境温度、海拔高度、湿度、空气质量、冲击、振动及轴上负载等有关，选择时应综合考虑。

（2）电磁式电枢控制直流伺服电动机在使用时，要先接通励磁电源，然后再施加电枢控制电压。在电动机运行过程中，一定要避免励磁绕组断电，以免电枢电流过大和超速。

（3）采用晶闸管整流电源时，要带滤波装置。

（4）输入控制信号的放大器的输出阻抗要小，防止机械特性变软。

（5）运行中的直流伺服电动机，当控制电压消失或减小时，为了提高系统的快速响应性能，可以在电枢两端并联一个电阻，以便和电枢形成回路。

三、交流伺服电动机的连接

1．交流伺服驱动器与伺服电动机的连接

如图 7-1-8 所示，经交流伺服驱动器调整过的电源送至伺服电动机，而由编码器反馈回的转矩和转向信号送至伺服驱动器的 CN2 端口。

2．认识交流伺服驱动器面板结构和端口功能

图 7-1-9 所示为 MR-J2S 系列 100A 以下交流伺服驱动器面板结构和端口功能解释。将交流伺服驱动器实物与图 7-1-9 进行对照，并在实物中找出与图中对应的结构和端口。

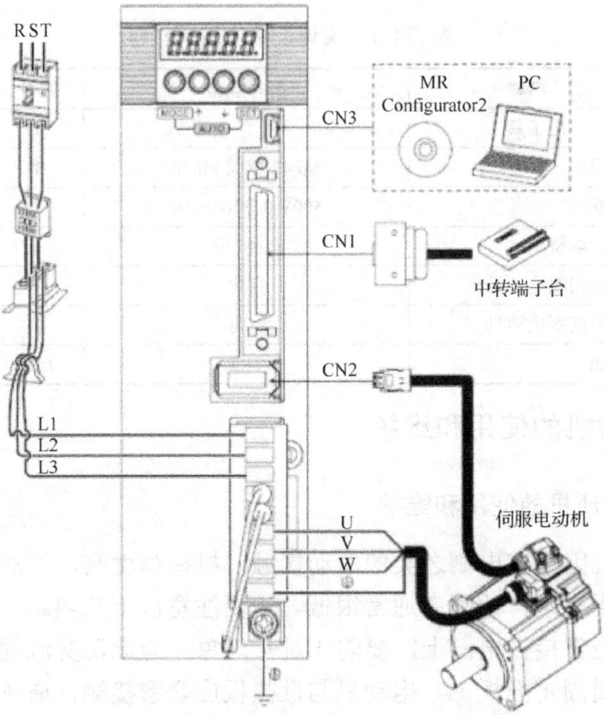

图 7-1-8　交流伺服驱动器与伺服电动机实物连接图

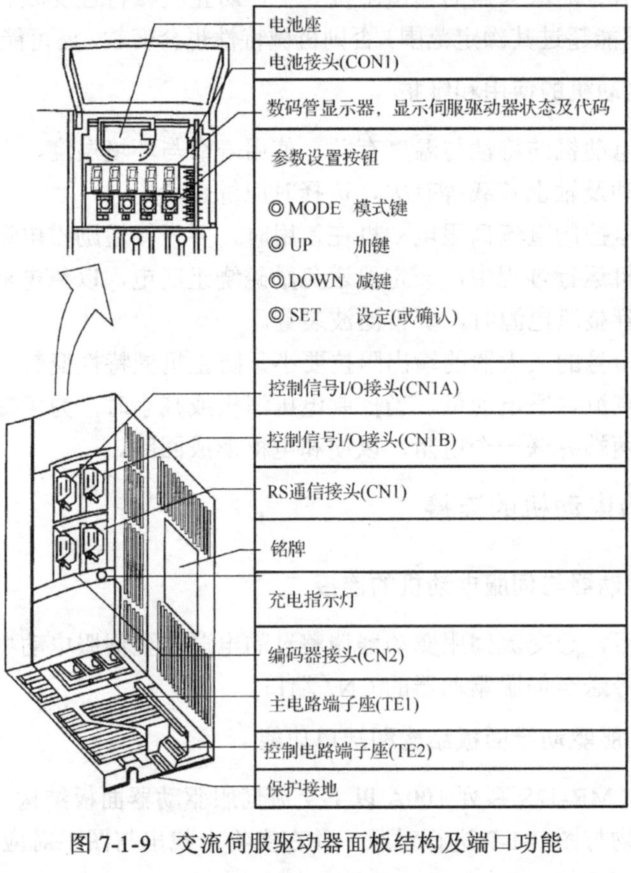

图 7-1-9　交流伺服驱动器面板结构及端口功能

3. MR–J2S 系列 100A 以下交流伺服系统主电路接线

图 7-1-10 所示为 MR–J2S 系列 100A 以下交流伺服系统主电路接线图。主电路接线步骤如下：

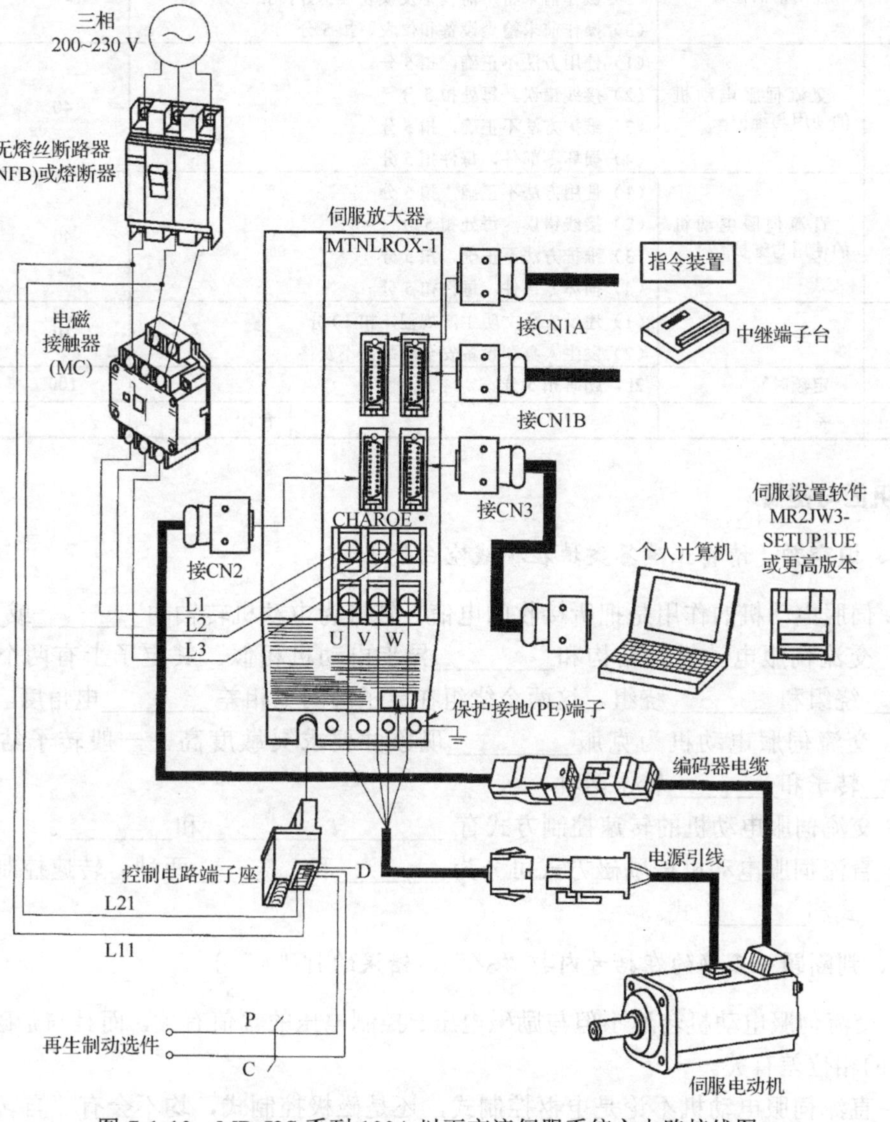

图 7-1-10 MR-J2S 系列 100A 以下交流伺服系统主电路接线图

三相电源经断路器→接触器→主电路端子座 TE1 中的输入端子（L1、L2、L3）→主电路端子座 TE1 中的输出端子（U、V、W）→伺服电动机。

注：控制电路电源是在断路器输出侧引出两根相线至控制电路端子座 TE2 中端子 L11、L12。

检查评议

对任务实施的完成情况进行检查，并将结果填入表 7-1-2 的评分表内。

表 7-1-2 任务测评表

步骤	内容	评分标准		配分	得分
1	使用前的检查	（1）操作前未将所需工具准备好，扣 5 分 （2）操作前未将所需设备及仪表准备好，扣 5 分 （3）操作前未检查设备和仪表，扣 5 分		10	
2	交流伺服电动机的使用与维护	（1）使用方法不正确，扣 5 分 （2）接线错误，每处扣 5 分 （3）维护方法不正确，扣 5 分 （4）损坏零部件，每件扣 5 分		40	
3	直流伺服电动机的使用与维护	（1）使用方法不正确，扣 5 分 （2）接线错误，每处扣 5 分 （3）维护方法不正确，扣 5 分 （4）损坏零部件，每件扣 5 分		40	
4	安全文明生产	（1）违反安全文明生产规程，扣 10 分 （2）发生人身和设备安全事故，不及格		10	
5	定额时间	2h，超时扣 5 分		100	
6	备注		合计		

巩固与提高

一、填空题（请将正确答案填在横线空白处）

1．伺服电动机的作用是把所接收的电信号转换为电动机转轴的________或________。

2．交流伺服电动机的结构和________异步电动机相似。其定子上有两个绕组，即________绕组和________绕组，这两个绕组在定子圆周上相差________电角度。

3．交流伺服电动机为克服________现象并要求灵敏度高，一般转子结构形式有________转子和________转子两种。

4．交流伺服电动机的转速控制方式有________、________和________。

5．直流伺服电动机按励磁方式可分为________和________两种。转速控制方式分为________式和________式。

二、判断题（正确的在括号内打“√”，错误的打“×”）

1．交流伺服电动机转速不但与励磁电压、控制电压的幅值有关，而且与励磁电压、控制电压的相位差有关。（　　）

2．直流伺服电动机不论是电枢控制式，还是磁极控制式，均不会有“自转”现象。（　　）

3．直流伺服电动机的转向不受控制电压极性的影响。（　　）

三、选择题（将正确答案的字母填入括号中）

1．空心杯交流伺服电动机，当只给励磁绕组通入励磁电流时，产生的磁场称为（　　）。

A．脉动磁场　　B．旋转磁场　　C．恒定磁场

2．存在“自转”现象的伺服电动机是（　　）。

A．交流伺服电动机　　B．直流伺服电动机

C．交流伺服电动机和直流伺服电动机

四、技能题

拆装一台损坏的交流伺服电动机和直流伺服电动机。

任务 2　步进电动机的使用与维护

学习目标

知识目标：

1. 了解步进电动机的结构。
2. 掌握步进电动机的工作原理。
3. 掌握步进电动机的使用和维护方法。

能力目标：

能对步进电动机进行拆卸和装配。

工作任务

步进电动机是一种将电脉冲信号转换成角位移或直线位移的执行元件，其运行特点是：每输入一个电脉冲，步进电动机就转动一个角度或前进一步。因此，步进电动机又称脉冲电动机，步进电动机控制精度高，常用于较为精密的电气传动控制系统中，例如裁线机、烫印机等要求较为准确的行程控制的场合。

本任务的主要内容是通过学习了解步进电动机的结构、工作原理，掌握步进电动机的使用和维护，并进行步进电动机的拆装。

相关理论

一、步进电动机的结构

图 7-2-1 所示是一台步进电动机的外形，和一般旋转电动机一样，也分为定子和转子两大部分，如图 7-2-2 所示。

图 7-2-1　步进电动机的外形图

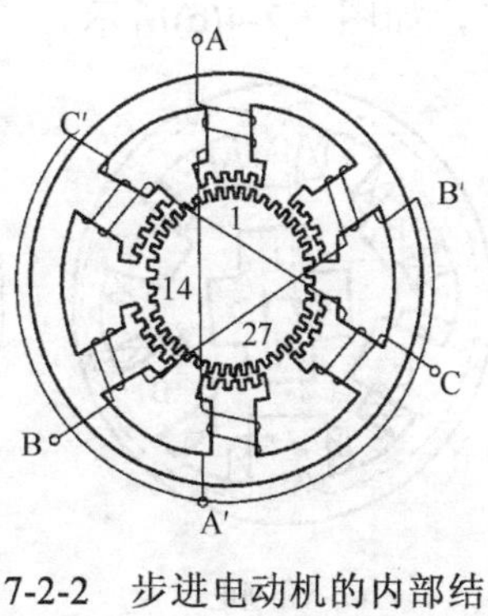

图 7-2-2　步进电动机的内部结构

定子由硅钢片叠成，装上一定相数的控制绕组，采用集中绕组，接成星形，其中每两个相对的磁极组成一相，由环形分配器送来的电脉冲对多相定子绕组轮流进行励磁。用永久磁铁做转子的叫做永磁式步进电动机，转子用硅钢片叠成或用软磁性材料做成凸极结构，转子本身没有励磁绕组的叫做反应式步进电动机，如图 7-2-3 所示。

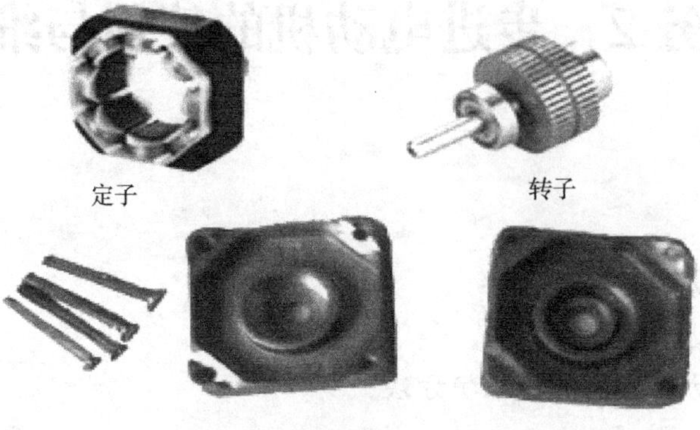

图 7-2-3　步进电动机实物解体图

二、步进电动机的工作原理

1. 工作原理

图 7-2-4 所示是一台三相反应式步进电动机的工作原理图。定子上装有 6 个均匀分布的磁极，每个磁极上都绕有控制绕组，绕组接成三相星形接法。转子上没有绕组，由硅钢片或软磁材料叠成。转子具有 4 个均匀分布的齿，如图 7-2-4 所示。

（1）由环形分配器送来的脉冲信号，对定子绕组轮流通电，设先对 A 相绕组通电，B 相和 C 相都不通电。由于磁通具有力图沿磁阻最小路径通过的特点，图中转子齿 1 和 3 的轴线与定子 A 极轴线对齐，即在电磁吸力作用下，将转子 1、3 齿吸引到 A 极下。此时，因转子只受径向力而无切线力，故转矩为零，转子被自锁在这个位置上。此时，B、C 两相的转子齿则和转子齿在不同方向各错开 30°，如图 7-2-4(a)所示。

（2）随后，如果 A 相断电，B 相控制绕组通电，则转子齿就和 B 相定子齿对齐，转子顺时针方向旋转 30°，如图 7-2-4(b)所示。

（3）然后使 B 相断电，C 相通电，同理转子齿就和 C 相定子齿对齐，转子又顺时针方向旋转 30°，如图 7-2-4(c)所示。

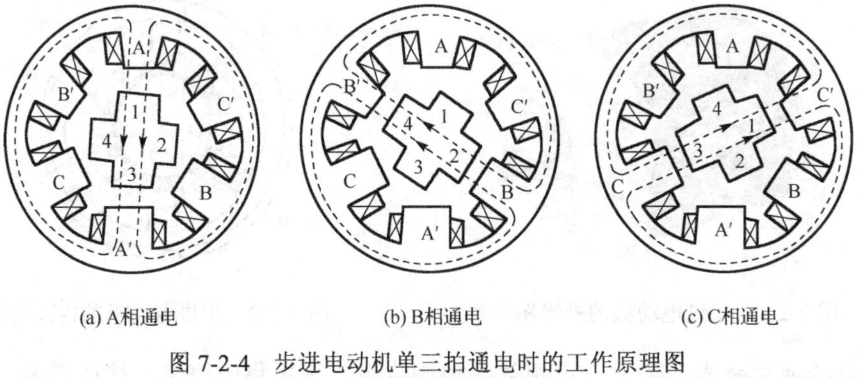

图 7-2-4　步进电动机单三拍通电时的工作原理图

可见，通电顺序为 A→B→C→A 时，转子便按顺时针方向一步一步转动。每换接一次，则转子前进一个步距角，步距角是 30°。

欲改变旋转方向，则只要改变通电顺序即可，例如通电顺序改为 A→C→B→A，转子就反向转动。

2. 通电方式

以三相步进电动机为例：

（1）单三拍：A→B→C→A。

（2）双三拍：AB→BC→CA→AB。

（3）单双六拍：A→AB→B→BC→C→CA→A。

由图 7-2-5 可明显看出，三相单双六拍步距角为 15°。

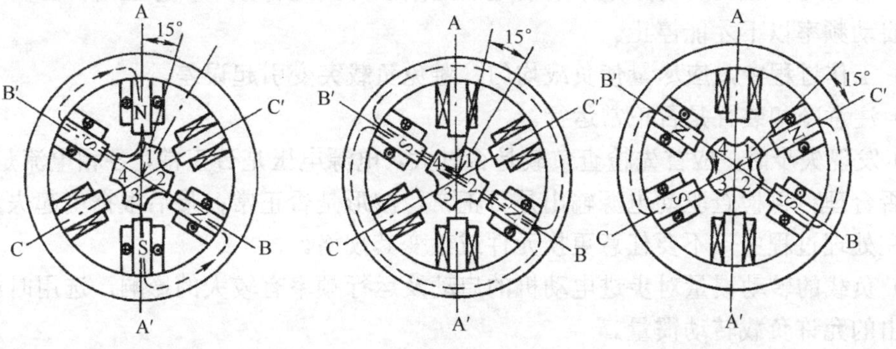

图 7-2-5 步进电动机单双六拍通电时的工作原理图

3. 步距角和转速

设转子齿数为 Z，则齿距为：$\tau=\dfrac{360^\circ}{Z}$

步距角为：$\beta=\dfrac{\text{齿距}}{\text{拍数}}=\dfrac{360^\circ}{ZK_\text{m}}$ （m—相数；单三拍、双三拍，$K=1$，单双六拍，$K=2$）

转速为：$n=\dfrac{60f}{K_\text{m}Z}$ （f 为电脉冲频率）

因此，步进电动机的转速既取决于控制绕组通电的频率，也取决于绕组通电方式。

步进电动机除三相以外，也可制成四相、五相、六相或更多相，相数越多，转子齿数越多，步距角越小；在同样脉冲频率下，转速越低，其他性能也有所改善。

三、步进电动机的驱动电源

驱动电源的基本部分由变频信号源、脉冲分配器和功能放大器三部分组成，其原理方框图如图 7-2-6 所示。

变频信号源即脉冲信号发生电路，产生基准频率信号供给脉冲分配电路，脉冲分配电路完成步进电动机控制的各种脉冲信号，功率放大电路对脉冲分配电路输出的控制信号进行放大，驱动步进电动机的各相绕组，使步进电动机转动。

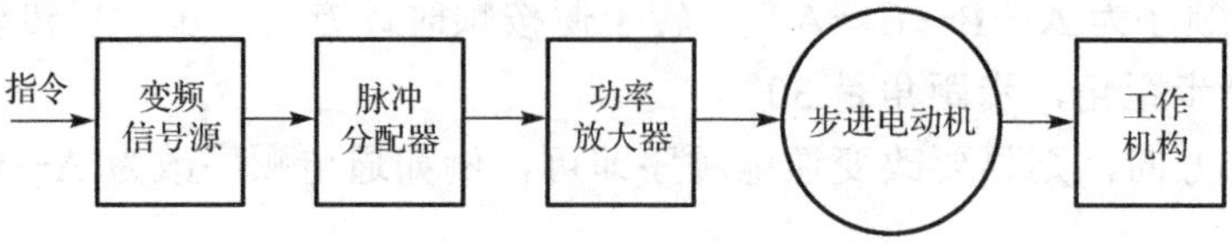

图 7-2-6　步进电动机的驱动电源

四、步进电动机的使用与维护

（1）步进电动机的引出线通常是用不同颜色加以区别的，其中颜色特别的一根是公共引出线，另外几根是各相绕组的首端。对三相步进电动机，如果要反向转动，只需将任意两相对调一下接线位置即可。

（2）启动时，应在启动频率下启动之后逐渐上升到运行频率；停止时，应将频率逐渐降低到启动频率以下才能停止。

（3）工作过程中，应尽量使负载均匀，避免负载突变引起误差。

（4）注意冷却装置是否正常运行。

（5）发现失步时，应首先检查负载是否过大，电源电压是否正常，各相电流是否相等，指标是否合理；再检查驱动电源输出是否正常，波形是否正常；最后根据引起失步的原因处理。在处理过程中，不要任意更换元件或改变其规格。

（6）负载的转动惯量对步进电动机的启动及运行频率有较大的影响，选用时应注意厂家所给出的允许负载转动惯量。

任务实施

一、任务准备

实施本任务教学所使用的实训设备及工具材料可参考表 7-2-1。

表 7-2-1　实训设备及工具材料

序号	分类	名称	型号规格	数量	单位	备注
1	工具仪表	电工常用工具		1	套	
2		万用表	MF47 型或 MF30	1	块	
3		兆欧表	500V 0～2000MΩ	1	块	
4		单臂电桥	QJ44 型	1	块	
5	设备器材	步进电动机	自定	1	台	

二、步进电动机的拆卸

（1）安装前的准备。准备好拆卸场地及摆放好各种拆卸、安装、接线与调试使用的各种工具，断开电源，拆卸电动机与电源线的连接线，并对电源线头做好绝缘处理。

（2）步进电动机的拆卸。步进电动机的拆卸步骤详见表 7-2-2。

表 7-2-2 步进电动机的拆卸步骤

序号	步骤	过程图片	相关描述
1	拆卸前端盖螺钉	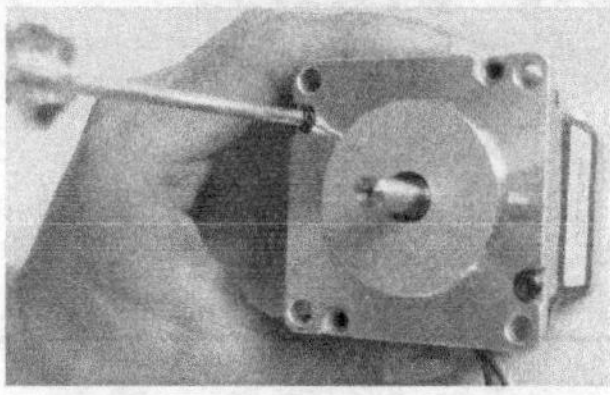	用旋具将步进电动机前端盖的4只螺钉拆卸下来
2	取出前端盖		待螺钉取下后，顺着转轴方向将端盖拔出来。在前端盖与轴承分离过程中轴承簧垫可能会掉下来，应当注意将它妥善保管好
3	拆卸转子		待前端盖拆卸后取出转子，因转子是永磁铁芯，所以在拔取过程中应注意用力的方向
4	拆卸后端盖		待前端盖和转子拆卸后就只剩定子和后端盖了。用手轻摇后端盖便可将定子和后端盖分离出来
5	拆卸完毕清点部件	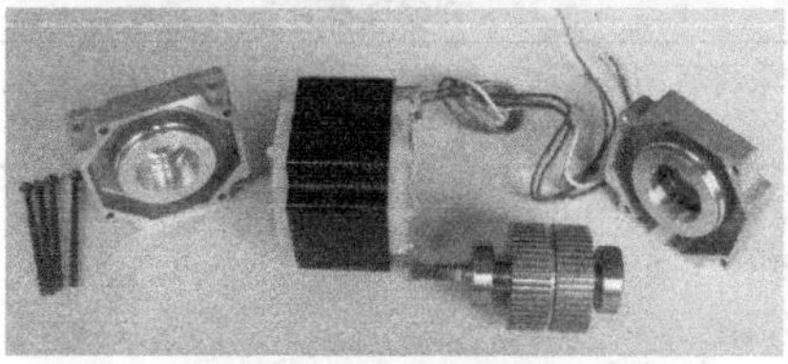	拆卸完毕将各部件摆放整齐并进行清点，以便减少重装过程中的疏忽
6	研究步进电动机定子结构		认真观察步进电动机的定子，留意其绕组和铁芯的结构（图中明显可看出是两相绕组），并清点定子铁芯磁极个数
7	研究步进电动机转子结构		认真观察步进电动机的转子，清点铁芯磁极个数，结合定子铁芯磁极个数和步进电动机工作原理分析其结构特点

续表

序号	步骤	过程图片	相关描述
8	研究步进电动机端盖结构		端盖的机械工艺要求很高，因为它们直接影响到转轴同心度和间隙问题。在观察过程中应注意保持端盖的洁净度

三、步进电动机的装配

将各零部件清洗干净，并检查完好后，按与拆卸步骤相反的顺序进行装配。

提示

（1）待步进电动机重新安装好后，首先要对转轴的灵活性进行实验，方法很简单，用手旋转转轴看转动是否灵活。值得注意的是，因其转子是永磁铁，所以在转动时力度稍大些。

（2）在拆卸与安装过程中绕组有可能会损坏，因此在安装好后对绕组的完好性进行检测是必要的。分别测量两相绕组的直流电阻值,其中一相绕组直流电阻值为 1.2Ω，属正常范围。

（3）用万用表的“×200MΩ”挡简易测量两相绕组各自对外壳的绝缘电阻值（测得其中一相绕组对外壳的绝缘电阻值为 194MΩ，属正常范围）。

检查评议

对任务实施的完成情况进行检查，并将结果填入表 7-2-3 的评分表内。

表 7-2-3　任务测评表

序号	主要内容	评分标准		配分	得分
1	拆装前的准备	（1）拆装前未将所需设备和工具准备好，扣 5 分 （2）拆装前未将所需仪表准备好，扣 5 分		10	
2	拆卸	（1）拆卸方法和步骤不正确，每次扣 5 分 （2）碰伤绕组，扣 5 分 （3）损坏零部件，每次扣 5 分 （4）装配标记不清楚，每处扣 2 分		30	
3	装配	（1）装配步骤方法错误，每次扣 5 分 （2）碰伤绕组，扣 5 分 （3）损伤零部件，每次扣 5 分 （4）轴承清洗不干净、加润滑油不适量，每次扣 5 分 （5）紧固螺钉未拧紧，每次扣 5 分 （6）装配后转动不灵活，扣 5 分		30	
4	维护	（1）不会测量绝缘电阻，扣 5 分 （2）不会测量直流电阻，扣 5 分 （3）电动机外壳接地不好，扣 5 分		20	
5	安全文明生产	（1）违反安全文明生产规程，扣 10 分 （2）发生人身和设备安全事故，不及格		10	
6	工时	定额时间 4h，超时扣 5 分			
7	备注		合计	100	

巩固与提高

一、填空题（请将正确答案填在横线空白处）

1. 步进电动机是把输入的________信号转换成________的控制电机。

2. 三相磁阻式步进电动机的定子绕组上装有________个均匀分布的磁极，每个磁极上都有________，绕组接成三相________接法。转子上没有绕组，有________叠成。

3. 步进电动机的转速大小取决于________，频率越高，转速________。转动方向取决于________。

4. 步进电动机的驱动电源的基本部分包括________、________和________三部分。

二、判断题（正确的在括号内打“√”，错误的打“×”）

1. 同一台步进电动机通电拍数增加 1 倍，步距角减少为原来的 1/2，控制的精度将有所提高。 （ ）

2. 不论通电拍数为多少，步进电动机步距角与通电拍数的乘积等于转子一个磁极在空间所占的角度。 （ ）

3. 对三相步进电动机，如果要反向转动，只需将任意两相接线对调接线位置即可。 （ ）

三、选择题（将正确答案的字母填入括号中）

1. 某三相反应式步进电动机转子有 40 个磁极，采用单三拍供电，步距角为（ ）。

A. 1.5° B. 3° C. 9°

2. 某三相反应式步进电动机采用六拍供电，通电次序为（ ）。

A. A—B—C—AB—BC—CA—A

B. A—BC—B—AC—C—BA—A

C. A—AB—B—BC—C—CA—A

3. 一台三相磁阻式步进电动机，采用三相单三拍方式通电时，步距角为 1.5°，则其转子齿数为（ ）。

A. 40 B. 60 C. 80

四、技能题

拆装一台损坏的步进电动机。